中文社会科学引文索引（CSSCI）收录集刊
中国人文社会科学（AMI）综合评价核心集刊

外国美学

International Aesthetics

第42辑

主编　高建平

中华美学学会外国美学学术委员会
中国社会科学院文学研究所文学理论研究室　编
扬州大学文学院

江苏凤凰教育出版社

图书在版编目(CIP)数据

外国美学. 第 42 辑/高建平主编. —南京：江苏凤凰教育出版社，2025.3. —ISBN 978-7-5743-1780-2

Ⅰ.B83-55

中国国家版本馆 CIP 数据核字第 2025CL8454 号

书　　名	外国美学（第 42 辑）
主　　编	高建平
责任编辑	牟盛洁
装帧设计	张金风
出版发行	江苏凤凰教育出版社（南京市湖南路 1 号 A 楼　邮编 210009）
苏教网址	http：//www.1088.com.cn
照　　排	南京前锦排版服务有限公司
印　　刷	江苏凤凰数码印务有限公司（025-83657309）
厂　　址	江苏省南京市新港经济技术开发区尧新大道399号
开　　本	787 毫米×1092 毫米　1/16
印　　张	18
版　　次	2025 年 3 月第 1 版 2025 年 3 月第 1 次印刷
书　　号	ISBN 978-7-5743-1780-2
定　　价	60.00 元
网店地址	http：//jsfhjycbs.tmall.com
公 众 号	江苏凤凰教育出版社（微信号：jsfhjy）
邮购电话	025-85406265，025-85400774
盗版举报	025-83658579

苏教版图书若有印装错误可向承印厂调换
提供盗版线索者给予重奖

名誉主编 汝　信

顾　　问 叶　朗　朱立元　钱中文　曾繁仁　滕守尧

主　　编 高建平

副 主 编 姚文放

编　　委（按姓氏笔画排序）

丁国旗　王　杰　王一川　王定勇　王柯平　尤西林
牛宏宝　史忠义　戎文敏　刘　卓　刘方喜　李心峰
何兰芳　沈语冰　宋　瑾　张　冰　张　法　陆　扬
陈定家　周　宪　周启超　周敬芝　赵彦芳　姚文放
徐碧辉　高建平　章俊弟　彭　锋

国际编委 佐佐木健一　日本东京大学荣休教授，国际美学协会前主席

阿列西·艾尔雅维奇（Aleš Erjavec）　斯洛文尼亚科学与人文研究院研究员，国际美学协会前主席

阿诺德·贝林特（Arnold Berleant）　美国长岛大学教授，国际美学协会前主席

柯提斯·卡特（Curtis Carter）　美国威斯康星麦魁特大学教授，国际美学协会前主席

理查德·舒斯特曼（Richard Shusterman）　美国佛罗里达亚特兰大大学教授

斯蒂凡·马耶夏克（Stefan Majetschak）　德国卡塞尔大学教授

沃尔夫冈·韦尔施（Wolfgang Welsch）　德国耶拿大学荣休教授

执行编辑 刘　卓

目　录

特稿　　1　思想的窗口，爱美人的家园——为纪念《外国美学》创刊 40 周年而作
　　　　　　　　高建平

经典选译　13　《美学》导论
　　　　　　　　欧仁·维龙　著
　　　　　　　　张　颖　译

　　　　　　25　论审美情感的本性
　　　　　　　　伯纳德·鲍桑葵　著
　　　　　　　　张　杨　译

媒介、技术与　37　贡布里希"图式"的知觉心理学解释
审美经验　　　　殷曼楟

　　　　　　55　什么是"混沌"美学——一个数学概念的美学与艺术旅行
　　　　　　　　耿弘明

　　　　　　73　社会、艺术与媒介：审美社会学视域下的"速度"
　　　　　　　　雷云茜　杨向荣

　　　　　　87　作为扩展场域的媒介——论罗莎琳·克劳斯的后媒介美学
　　　　　　　　周文姬

	106	一种生活经验的"能动性诗学"——控制论与音乐的技术问题
		王楷文
俄罗斯、东欧 美学专题	123	论《石榴的颜色》的美学问题
		张晓东
	134	个体命运与世界命运的隔绝——论别尔嘉耶夫的悲剧美学
		李一帅
	153	从"意向性"概念重估穆卡若夫斯基的接受理论
		高树博
	171	俄罗斯白银时代美学视角下的抽象艺术大综合理论探赜
		艾 欣
美学理论与 前沿问题	191	如何思考"如何思考审美价值"
		[加]洛佩斯 著
		周才庶 译
	206	由"共通感"到"普遍意识"——论费希特对"合目的性"原则的视域转换
		袁 青
	224	论罗蒂伦理美学思想的两个来源
		郝二涛
	239	鲍德里亚超美学思想的三个关键词与三重转向
		梁晓萍 冯倩雯

阅读与评论　　251　逻辑、辩证与修辞：评《思想与方法：T.J.克拉克艺术社会史研究》
　　　　　　　　　　蒋　苇

　　　　　　　　265　柏拉图思想的艺术之旅——评《柏拉图的艺术学遗产》
　　　　　　　　　　李　念

Contents

Special Article	1	Forty Anniversary Review of *International Aesthetics* Gao Jianping
Translation of Classics	13	Aesthetics Eugene Veron trans. by Zhang Ying
	25	On the Nature of Aesthetic Emotion Bernard Bosanquet trans. by Zhang Yang
Media Technology and Aesthetic Experience	37	A Perceptual Psychology Interpretation of Gombrich's Schema Yin Manting
	55	What is Chaos Aesthetics? — A Mathematic Concept and Its Modern and Artistic Travel Geng Hongming
	73	Society, Art and Media: "Speed" from the Perspective of Aesthetic Sociology Lei Yunqian Yang Xiangrong
	87	The Medium as Expanded Field: On Rosalind Krauss's Post-Medium Aesthetics Zhou Wenji

Russian and Eastern European Aesthetics

106 A Poetics of "Agency" in Life Experience—Cybernetics and the Technical Issues of Music

Wang Kaiwen

123 On the Aesthetic Problems of *The Color of Pomegranate*

Zhang Xiaodong

134 The Isolation of Individual Destiny from the World Destiny — On the Tragic Aesthetics of Nikolai Berdyaev

Li Yishuai

153 Reassessing Jan Mukařovský's Reception Theory from the Concept of Intentionality

Gao Shubo

171 An Exploration of the Great Synthesis Theory of Abstract Art from the Perspective of Russian Silver Age Aesthetics

Ai Xin

Rethinking "Aesthetics"

191 How to Think about How to Think about Aesthetic Value

Lopez trans. by Zhou Caishu

206 From "Common Sense" to "Universal Consciousness": On Fichte's Perspective Transformation of the Principle of "Purposiveness"

Yuan Qing

224 On the Origins of Rorty's Ethical-Aesthetic Thought

Hao Ertao

239 Three Key Words and Three Turns of Baudrillard's Transaesthetics

Liang Xiaoping　Feng Qianwen

Reading & Review　251 Logic, Dialectics and Rhetoric—Review of *Thoughts and Methods*: *A Study of T. J. Clark's Research in Social History of Art*

Jiang Wei

265 The Artistic Journey of Plato's Thought: A Review of *Plato's Legacy of Art Theory*

Li Nian

特 稿

思想的窗口,爱美人的家园
——为纪念《外国美学》创刊40周年而作

高建平

《外国美学》集刊创刊有40年了。在历史的长河中,40年只是短短的一瞬间,但对于中国社会和中国美学家来说,这40年经历了翻天覆地的变化,《外国美学》集刊也在这一过程中成长。

一、《外国美学》创刊的时代背景

《外国美学》集刊,是在20世纪80年代"美学热"后期创立的,由朱光潜任顾问,汝信任主编。20世纪后半叶的中国美学,经历了50年代至60年代前期的"美学大讨论",20世纪70年代末至80年代的"美学热",20世纪末至21世纪初的"美学的复兴",以及当下美学的繁荣。这个学科起起伏伏,在不同时期有着不同的特点。历史呈波浪式前进,美学也是如此。

1956年开始的"美学大讨论",目的在于在新中国成立以后实现思想改造,进行意识形态的革命;同时,也是通过"百家争鸣",建立中国特色的美学理论的尝试。由此,美学界形成了不同的美学派别,即后来俗称的"四大派"。这一争论到1964年逐渐弱化,1966年正式停止。

到了1978年,在改革开放的大潮中,关于美学的讨论得到重启。在被称为"美学热"的70年代末和80年代,美学学科呈现出不同的发展方向。正像许多的思想运动所呈现的那样,历史发展在最初阶段以回到过去的方式为自己开辟道路。

在70年代末,50年代形成的各家各派重新开始争论,并将此前争论的观点系统化。这时一些过去美学上的代表人物在做几件事:第一,将过去的一些文章整理成文集出版;第二,随着研究生教育制度的发展,这些美学家将个人观点发展为由导师带领自己的学生而形成的学派;第三,在吸收了国内外新的理论资源后,原有一些理论派别在理论上实现自我完善,努力追求进一步的体系化。这是"美学热"发展的一种趋向。

另一种趋向,是中国的美学家们不再满足于对美的本质的争论和美学派别建构,而是通过寻找新的资源而向深层次发展。早在1980年,"美学热"方兴未艾之时,一些思想敏锐的学者就感到,继续凭空构建大体系是在白白浪费脑力。这一见解慢慢成为共识,到了1985年,再接着争论美是"主观"还是"客观"使人感到索然无味,美学学科出现了危机感,要寻求新的出路。

在当时的中国,文学和艺术迎来了"新时期"的空前繁荣,佳作迭出,文学家、艺术家们新的美学探索和新的美学观念不断呈现,但这却与当时美学家们的研究形成严重的脱节。美学上关于"主观"与"客观"的讨论并不能解决文艺创作和评论中的问题,而文艺的创作与评论中所形成的经验也亟待获得理论上的提升。因此,寻找新的资源,深入消化,发展适应时代需要的美学理论,成为当时美学界共同的呼声。

这一时期的学术界也在重新理解"古为今用"和"洋为中用"的方针,不再是"旧瓶装新酒"和"洋瓶装土酒",而是从古代和外国汲取资源,建立适应当时中国需要的理论。这时一部分人开始专门进行中国古代美学理论的研究,写出了最早的中国美学史著作,而另一部分人则开始深入研究外国的美学理论。

《外国美学》正是在这个时期,为了深化美学研究的需要而创刊的。1985年是值得纪念的一年。这一年没有什么重大事件发生,历史在平顺地向前发展,但多年以后回想,却发现这一年确实发生了许多事:在文学艺术界,现代主义在兴起;在文艺理论和评论界,展开了关于"新方法"的讨论;在比较文学界,成立了中国比较文学学会;而在美学界,关于美是"主观"还是"客观"的讨论走到了尽头。

中国的学术开始向纵深发展,不再像过去那样,聚焦于某个议题进行争论,而是区分成不同的方向,进行各种深入的研究。在这些研究方向中,最主要的区分是,一些人研究中国古典美学,一些人研究外国美学。

《外国美学》集刊,正是在这一背景下诞生的。

二、前期《外国美学》的特点和价值

中国学术界对外国美学的研究,当然不是从1985年开始的。这种研究经历了一系列的发展过程。受20世纪50年代"美学大讨论"影响,60年代中国美学界主要出现了对西方古典美学的翻译热潮。朱光潜先生在翻译西方美学方面做了很多工作。他认为,西方美学史最重要的代表是四个人,即柏拉图、亚里士多德、康德和黑格尔。于是,他选择了《柏拉图文艺对话集》和黑格尔的《美学》,而罗念生翻译了亚里士多德的《诗学》,宗白华翻译了康德的《判断力批判》上卷。朱光潜还认为,另外几位也很重要,于是在新时期又翻译了爱克曼的《歌德谈话录》、莱辛的《拉奥孔》和维柯的《新科学》。朱光潜与他的同代人,例如罗念生、杨周翰、宗白华、缪朗山等人,都主要致力于翻译西方古典美学的名著,为西方美学的学习准备最基本的资料。

80年代"美学热"时期,出现了几个重要的译丛,其中包括"美学译丛""20世纪西方哲学译丛",以及"外国文艺理论丛书",等等。这些译丛有一个共同的特点,即收入一些近现代的,特别是20世纪前期或中期的理论著作,使国内的许多学者开拓了学术眼界。

《外国美学》的创刊适应了这一需要。这本刊物不仅会刊发一些国外文章和书籍的翻译,更为重要的是,它为发表有关外国美学的研究,引介国外美学新的学术动态,提供了一个平台。这里列举部分创刊号的目录:

朱光潜:《贺词》,这是他为新刊物写的贺词;
李泽厚:《美学》,这是他为大百科全书写的词条;
蔡仪:《美学的理论基础是认识论,首先是反映论的问题》;
陈涌:《历史唯物主义与艺术方法论——以恩格斯对歌德的论述为例》;
陆梅林:《马克思美学思想再探——从历史主义方法的逻辑起点谈起》;
郑涌:《艺术的第一性原理及其研究方法》。

这些文章都强调马克思主义对美学的指导,为这个集刊定下了基调。

第二组文章都是关于西方美学的专题研究,分别如下:

涂途:《早期空想社会主义者的美育思想》;
叶秀山:《论美学在康德哲学体系中的地位》;
王树人:《黑格尔美学两题》;
周来祥、栾贻信:《黑格尔论美学》;
汝信:《论尼采悲剧理论的起源》;
吴甲丰:《试释"有意味的形式"》;
朱狄:《论西方美学中"审美判断不一致"与客观论、主观论划分的标准问题》。

此外还有朱光潜翻译的《论民族所经历的历史过程》,选自维柯《新科学》;冯至与范大灿译的席勒《审美教育书简》的选段,周晓亮译的休谟关于趣味的论述,还有今道友信的作品选段。

最后有一个专栏,是关于外国美术和电影的评论,以及国外美学的信息、新译著即将出版的信息。

从这个目录,以及前几期的目录,我们看出许多信息,这构成了这个集刊的基本特色:第一,这个集刊坚持马克思主义指导,致力于为深入研究马克思主义美学服务;第二,这个集刊主要刊登关于外国美学研究的文章,既有欧洲古典美学,也有近代美学,还有少量20世纪前期美学的研究成果,除此以外,还有日本美学研究成果的介绍;第三,这个集刊以外国美学研究为中心,超越当时学术上的派别界限,兼收当时美学各家的研究成果;第四,这个集刊以理论探索为主,兼收一些西方学术名著选段和艺术评论的翻译。

翻看早期在《外国美学》上刊发文章的作者名字可以看出,集刊最早以老一代的专家刊登文章为主,最早出现的是朱光潜、蔡仪、李泽厚、陆梅林、吴甲丰,以及朱狄、叶廷芳、姚介厚这些老一辈学者的名字。从第4期起,陆续出现了张法、单世联、王一川、朱立元、张玉能、姚文放、周宪、杜卫、彭锋等学者的名字,这些名字后来在中国美学界变得越来越重要。随着时间的推移,新一代学者走进了学术界。这个集刊是一个培养人的地方,也伴随着美学这个学科在中国的成长而成长。

《外国美学》最初由汝信先生主编,共出了18辑,在商务印书馆出版。1985年时,"美学热"已经面临危机,同一时期出版的其他主要美学集刊,已经呈现出高潮已过,或陆续停刊,或印量大减的状况。《外国美学》正是在这种状况下创刊的。当人文学科普遍被冷落之时,美学首当其冲。在这种情况下,《外国美学》能够从1985年坚持到2000年,出版了18辑,给许多学者提供了平台,现在想来,真是不容易。在这里,我们要再次向汝信先生,向为《外国美学》创刊付出辛勤劳动的各位前辈学者致敬。

三、新世纪《外国美学》的新语境

从2005年,受汝信先生的委托,在《外国美学》停刊五年后,我和一批年轻的美学研究者重组编委会和编辑团队,将这个集刊在江苏凤凰教育出版社复刊。从那时起到现在,又是20年过去了,这个集刊在原有的18辑的基础上,又编了24辑,并形成了新的常态编辑出版机制。

《外国美学》的复刊是在"美学的复兴"大形势下的产物。在经历了经济大潮之后,人文精神被重新提起,文化的重要性受到了关注。在世纪之交,美学有回暖的迹象。经过一段时间的积累,一些美学新书出版了。在这些书中,占据着主要地位的,有三种类型:美学的教材和美学理论著作,中国古代美学的通史、断代史和概念范畴史,外国美学的译著和研究性的著作。

在这一时期,中外美学交流的大语境也在发生变化。1998年,中华美学学会作为团体会员加入了国际美学协会,将中外美学交流体制化。

2002年,中华美学学会与中国社会科学院、北京第二外国语学院合作,在北京召开了一次有国际美学协会会长、秘书长和许多国家的重要美学家出席的国际美学会,会议的题目是"美学与文化:东方与西方"。这些重要的西方美学家,例如沃尔夫冈·韦尔施、理查德·舒斯特曼、柯蒂斯·卡特,都是第一次访问中国。其他的几位,如阿诺德·贝林特、佐佐木健一、阿列西·艾尔雅维奇,尽管此前曾访问过中国,但这次会议为他们提供了与中国美学界深入接触的机会。这次会议后还出版了中英对照的论文集,受到中外学者的欢迎。在当代中国美学的历史上,这次会议的影响是深远的。

2006年,国际美学协会与中华美学学会和四川师范大学合作,在成都举办了国际美学协会中期会议,会议有20多位国外学者以及30多位国内学者参加。参加会议的国外学者,多为国际美学协会执委会成员,其中包括当时的国际美学协会会长、副会长、秘书长和世界各国美学组织的主要负责人。会议的论文,经选择编辑,在《国际美学年刊》上发表。会议期间召开了两次执委会的工作会议。在执委会会议上,经投票表决,确定2010年在北京召开第18届世界美学大会。

2010年8月,第18届世界美学大会在北京大学校园里如期召开,有近400名国外学者和400多名国内学者参加了这次大会,另有400多名中国学者和研究生旁听了大会。会议规模空前,是世界美学大会历史上参会人数最多的一次。这次会议对于中国美学走向世界、中外美学互鉴来说,是一个具有里程碑意义的事件。

这一时期也出现了一些美学译丛,例如,"新世纪美学译丛""现代性研究译丛""新时代美学译丛"等。这些译丛是在中外美学交流的大形势下出现的,呈现出中西对话的特点。如果说此前的美学翻译,主要是翻译西方经典,带有接受和学习的特点的话,那么,这一时期的翻译,则更具有交流和对话的特点。经过一系列的中外交流活动,中国学者与一些有国际影响的西方学者相互认识,成为朋友,也经常交流研究心得,翻译工作也成为交流的后续。一些被翻译成中文的著作的作者,常常是我们的同代人,有过许多面对面的交流。翻译所起的作用,也是相互了解和相互启发。

《外国美学》的复刊,正是在这一大语境下进行的。世界美学走进中国,中国美学走向世界,通过交流对话,激活思想,发展美学,这成了新世纪美学发展的新特点。

四、复刊后《外国美学》的创新

复刊后的《外国美学》,为适应时代的要求,作了许多创新。

新刊在版式、开本和封面上都有变化,以适应新世纪书籍的审美习惯。当然,这只是外在形式而已,更重要的是,新刊明确了一些专栏,使它从论文集向刊物转化迈出重要的一步。这方面具体的做法如下:

第一,来稿与约稿相结合,实行栏目主持人制度。邀请在某些美学的具体领域,特别是一些新领域有较深研究的专家,由他们约一些专题稿件,再将这些稿件与自然来稿相结合,形成一些专栏,并试图通过专栏,对美学上某些专门问题进行深入研究。这与过去的做法不一样。过去是向名家约稿和年轻学者投稿相结合,而现在则是加强专栏意识,以专栏为框架,将每一期的集刊分成几个版块。如果说,原来的刊物仍是优秀论文集的话,那么,这份刊物在这些年所做的,是去"论文集"化,并通过专栏实现"主题化"。

第二,经典问题研究与美学新趋势研究相结合。《外国美学》有一个明星专栏,即"经典选译"。这个专栏挑选一些在世界美学史上著名的美学论文,或者从美学名著中精选一些段落,翻译成中文发表。这些论文在美学史上受到过普遍的关注,引起过热烈的讨论,甚至其中有些在美学史上具有划时代意义,例如,在这个栏目中,翻译发表了阿瑟·丹托的《艺术界》、克里斯泰勒的《现代艺术体系》等著名论文。这个栏目从一些美学史上的名著,例如鲍姆加登的《美学》、夏尔·巴托的《归结为同一原理的美的艺术》、苏珊·朗格的《哲学新解》等著作中选出一些关键段落翻译成中文发表。这些经典文章和名著段落的翻译受到了学界热烈的欢迎。当然,《外国美学》更加关注的还是当代外国美学,介绍国外美学研究的新动向,研究新的美学话题。例如,在《外国美学》第40辑中就有"美学与新媒体""设计美学研究""科幻诗学研究"三个专栏。这些专栏都适应了当下时代的要求,给美学提出了一些新的问题。

第三,美学经典著作的深入研究与新的美学书籍阅读介绍相结合,对一些经典美学著作都曾有专栏进行深入的研究。例如,康德美学研究专栏、杜威美学研究专栏、本雅明逝世80周年纪念专栏、亚里士多德研究专栏,等等。这些对美学经典作家的专题研究,目的是推动研究的深化,给一些对外国美学进行深度研究的论文提供一个发表的园地。与此同时,本刊还有一个"阅读与评论"的栏目,介绍一些国外美学新书,也有一些对经典著作的阅读和阐释。在过去的几年里,我把阅读杜威的《艺术即经验》一书的阅读笔记在这一个栏目下连载，共有十多篇，十五万字，希望将来可编成一个集子出版。

第四，最新美学动态介绍。这是继承《外国美学》前18辑的做法，由于这些年美学上的国际交流频繁，这方面的分量也有所增大。每当国际上有重要的会议，如果有中国学者参加，我们都邀请参会的中国学者写一个会议综述，从而保持《外国美学》集刊的对外窗口的功能。当然，这个集刊每半年才能出一辑，难以做时效性很强的新闻性报道。我们所做的，是对一些新的美学动向做深度分析，从而做一些更具持久性的研究；同时，也是对一些重要的美学活动做历史记录。

《外国美学》的发展，有几个时间节点。2005年接办刊物以后，一开始还是像前18辑一样，根据来稿情况，不定期出版。

2010年世界美学大会在中国召开，推动了中国学术界研究外国美学热潮的兴起。中国学者对外国美学的关注，也逐渐从古代和近代转向当代。从新世纪开始，外国当代美学的学术著述，逐渐引起中国学界的注意。

对外国美学的研究，原本就应该具有当代性，而不是局限于对古典进行研究。20世纪30年代朱光潜写作《文艺心理学》时，他所引用的学术资源，是同时代在欧洲普遍流行的美学学说。但此后中国对欧洲美学的研究，由于交流少等历史原因，趋向于古典。21世纪初出现的中外美学交流局面，促成了中外美学家同代人的直接对话，也改变了中国学者对待西方美学的态度。

一般说来，对欧洲古典美学的引进，思想流向是单向的。尽管也有人说与柏拉图或康德对话，但这种对话不过是要强调，学习时要有一点主体性而已，我们是无法与已死两千或两百年的人对话的。真正的对话，即双向的思想交流，只有在同代人之间才能展开。因此，只有与当代国外学者见面，相互了解、相互争论，思想的分享和相互激励才是可能的。从这个意义上讲，2010年在中国召开的第18届世界美学大会，是一个具有标志性意义的事件，极大地促进了美学上的国际交流。与此相对应，相关的稿件也多了起来。从这时起，《外国美学》集刊的出版也从原本的不定期改成了定期，每年出刊两期。

2016年，《外国美学》入选CSSCI来源集刊，从此，稿源就变得更加丰富，约稿变得容易，自然来稿的质量也有了很大的提高，集刊顺应时代和当下学术规则的变化而进入良性循环阶段。以此为契机,这个集刊通过几次编辑组工作会议,制定了一些审稿和编稿的制度,编辑质量在不断提高。

2022年《外国美学》被列入AMI核心集刊,成为国内同类刊物中唯一的一种进入AMI核心集刊的刊物。乘此东风,编委会再次召开了编辑工作会议,明确了编辑、交稿和出版的具体时间表,集刊的编辑出版也进一步走向正规化。

五、《外国美学》在新时代的新要求

从新中国诞生时起,美学经历了"美学大讨论""美学热""美学的复兴"这三次美学的热潮,最近这几年,美学进入了大繁荣的时期。美学的繁荣,体现在两个方面:一是新的学派不断出现,二是各分支学科向纵深拓展。

美学上新学派的出现,依赖于历史的机遇。凭空构建大体系,是脑力的浪费,也常常只是古旧观点的重复而已。换一些新词,用新瓶装旧酒,并不能提供新的知识。中国美学上的派别众多,但其中一些只是在不断更换说法,作语词上的更新。考察欧美20世纪的美学,我们发现并没有出现许多的流派,而一些派别的出现,都与哲学上的转向有关。

美学上的流派与现代艺术上的派别不一样。20世纪的西方艺术,出现了各种新流派。这些流派的创始人发表各种宣言,显示自己的独特个性,因此有了各种新风格的艺术品。美学上的流派也与政治上的党派区分不一样。西方社会中有许多的政治派别,它们各自代表着不同的利益集团,产生许多政治观点上的区别。理论上的学派与这些派别都不一样。任何理论上的创新都不能仅仅通过一次宣言,喊出一个口号来实现。如果在理论上不断推倒重来,所实现的,也只能是脑力的浪费,将人们的思想搞乱而已。理论上的每人一派,并不是美学繁荣,恰恰是理论不成熟的表现。

当然,理论也有流派,也不可能一成不变。20世纪西方美学,出现了三个转向:世纪前期的"心理学转向"、世纪中期的"语言学转向"和世纪后期的"文化学转向"。各种具体的美学观点和创新,都大体可归属于这三个大的转向,而这些转向,背后也各自有着深厚的科学和哲学的背景。"心理学转向",与20世纪之初的科学主义思潮对哲学的浸润联系在一起;"语言学转向"是语言学对哲学的影响带来哲学上的分析时代,以及相应在美学上出现的分析美学大潮;至于"文化学转向",则又帮助美学走出语言的牢笼,走向广大的社会、人生和文化。在这三个转向中,会有一些个人观点上的差异,但他们分属于一些大的流派,而不是每人宣布要成立一个流派。美学上是不可能有很多派别的。任何有价值的新派别的诞生,都与构成美学学科基本依托的哲学和科学的重大改变有关。同时,流派和学派也大都不是自称的,而是在历史地形成以后由于某种原因而得名,常常是被别人或后人命名的。那种每人宣布自己成立了一个流派,或者一所学校、一个城市,就必须有一个学派,不过是说说而已,无须认真对待。美学研究还是要从知识本身的掌握、理解的深化、新知识的形成和发展开始。这不同于先锋艺术流派的建立,更不同于依托于利益集团所形成的政治派别。在新知识的形成、新领域的探索基础上,会逐渐形成一些研究的方法和路径,这在未来也可能形成派别。然而,对于研究者来说,还是多研究问题,少谈派别为好。让思想的流派在历史发展中自然形成,而不要像当下出现的一些现象那样,打出一杆杆的旗帜,在旗帜下却没有实在的内容。

20世纪的中国经历了从"美学在中国"到"中国美学"的发展历程。这个历程显示,美学上的中国主体性得到了不断提高。这是说,美学作为一门现代学科,有一个引进、消化、转化,并在中国发展,形成具有中国特色的美学的过程。从这个意义上讲,外国美学的研究对于在中国建立和发展美学学科具有重要的意义。然而,最初有引进与创造,并实现两者的结合,但这方面的工作发展到一定程度,就出现了分化,出现了两种倾向:一种是客观性的研究,另一种是主体性的建构。我们对外国美学的研究有两种态度:一是客观研究的态度,介绍、翻译、阐释,从而扩大我们对外国美学的知识,了解这个学科的世界动态;二是主体性的态度,从当下中国美学的立场来思考世界美学,汲取资源,推动中国美学的发展。这两者的区别,在最初时并不明确。朱光潜20世纪30年代所著的《文艺心理学》一书,既是对外国美学的研究,也是中国美学的建构。到了20世纪60年代,朱光潜努力发展美学上的主客观统一的思想,以及后来的美学上的实践观,这是美学的建构,吸收了一些外国的美学思想,致力于建构自己的思想体系;同时,他也写作《西方美学史》,翻译黑格尔的《美学》、维柯的《新科学》,以及阐释克罗齐的美学思想,这属于对外国美学的研究。这两种研究有所区分,又相辅相成。现代学术的发展,需要对两种研究既做更加明确的区分,又实现更加紧密的结合。这也将成为《外国美学》这份集刊组稿的两个发展方向。

新时代以来,美学研究的国际交流日益频繁,中国古老的文明要通过与其他文明的互鉴中得到发展,也必须跟上时代,实现文明的更新。以古老文明为依托,我们今天的研究可能会取两种态度:一是严守传统,号召将中国美学中国化,以文化的纯正化为追求,最大程度消除外来影响;二是面向未来,以发展为导向,吸收一切有益的因素,建立新时代的新美学。在这两种态度中,我们持后一种态度。

我们反对在美学上人为制造多种派别,但对美学的分支化持肯定的立场。《外国美学》中现有一些专栏,这些专栏将进一步得到丰富。中华美学学会近年来工作的一个亮点,是许多专业委员会或学术委员会的工作很突出。例如在马克思主义美学、文艺美学、生态美学、艺术哲学、美育、外国美学、中国美学、设计美学、审美文化等分支,每年都在召开一些各具特色、各有创意的会议,推动中华美学的繁荣。特别值得一提的是,青年美学专委会提出了一些新的话题,显示了中国新一代美学家的风貌。还有一些年轻人组织起来,展开对康德美学专题、神经美学专题、科幻文学和电影的美学专题,以及新媒介文学和艺术专题的研究。这些研究,将通过《外国美学》集刊在未来的各种新专栏中反映出来。

复刊后的《外国美学》,迎来了中国美学大繁荣的时机。近年来,有不少新的美学期刊问世,美学研究得到了各方面的重视,美学的各个分支都得到了发展。在新形势下,如何办好《外国美学》,又向我们提出了新挑战。《外国美学》秉持的宗旨是,做好对外国美学的专门研究,使这份集刊成为一个思想的窗口,起到提供思想资源,激发理论思考,实现文明互鉴的作用。办这样一个集刊,会有很多困难,美学低潮时,这样一个集刊会随着美学的退潮而被卷走,得不到社会重视而消失。从1985年到2000年,这个集刊就是顶住了种种压力,靠着坚强的毅力,在困难中坚持。从2005年到今天这20年中,美学越来越受到社会的重视,迎来了学科的繁荣。然而,在美学高潮时,我们仍需要提高警惕,不要让这样一个专门的研究溶解在普遍的热潮中。美学的杂志越来越多了,我们要坚持自身的特点,办出特色,继续坚持做一种尽管可能是小众的,但却不可替代的研究。在万花丛中,做一株在岩缝里顽强生长的小花。

(作者单位:深圳大学美学与文艺批评研究院)

学术编辑:张 冰

---经 典 选 译---

《美学》导论[1]

欧仁·维龙[2] 著
张 颖 译

没有哪门科学比美学更能引起形而上学家们的遐想。从柏拉图到我们今天的官方学说,艺术成了过于微妙的幻象和超验神秘的莫可名状的大杂烩,在理想美(Beau idéal)这一作为现实事物永恒不变的神圣原型的绝对概念里,那些幻象和神秘找到了它们的最高表现。

我们所要尝试反对的,正是这种空想本体论。

艺术无非是人类机体的一种自然结果,机体的构造使人在形式、线条、色彩、运动、声音、节奏、图像的某些组合里发现一种特殊快乐。不过,在表现人类灵魂面对生活中的偶然事件或诸事物的景观的感受(sentiments)[3]和情感(émotions)时,这些组合给人带来的乐趣最为强烈。造型艺术诉诸眼睛,它通过充分程度不等和直接地再现物体、形式、姿态以及引起这些印象的或真实或想象的场景,来呈现这些印象。其他艺术则诉诸耳朵,以无限多样的声音为领域和工具。

因此,光学和声学这两门分别研究视觉与听觉的科学,对前述两种集群所依据的原理给予物理上的解释。这种解释远远不够充分,尚

---

[1] Eugène Véron, "Introduction", L'Esthétique, Paris: C. Reinwald et c^{ie}, 1878. 本文译自欧仁·维龙《美学》的初版本(1878年版),该书后来在维龙手中有所修订和增删。欲见较新版本者,可参考雅克琳娜·利希滕斯坦(Jacqueline Lichitenstein)编订整理的新版:Eugène Véron, L'Esthétique, Paris: Librairie Philosophique J. VRIN, 2007.《比较美学》第二辑(四川大学出版社2024年版)所刊出的《美学》完整目录由张颖翻译,译自2007年版《美学》,特此说明。——译者注

[2] 欧仁·维龙(Eugène Véron, 1825—1889),法国美学家,社会活动家。1875年创办并主编《艺术》(Art)杂志。著有《现代艺术高于古代艺术》(Supériorité des arts moderns sur les arts anciens, 1862)、《美学》(L'Esthétique, 1878)等。——译者注

[3] 本文将"sentiment"统译"感受",以区别于"情感"(émotion)、感觉(sensation)等。——译者注

有大量问题有待解决。不过据我们现在所知，未来的解决可期。我们至少可以相当确定地指出大致方向。

对大脑现象的解释，即我们通常所说的艺术的道德效应（*les effets moraux de l'art*）①，则逊色得多，我们在大多数情况下只能采用一种纯粹的经验论。在这一点上，美学必然局限于观察和记录诸事实，并按照最可能的秩序对之做分类。在这方面，它不再是一门充分意义上的科学。

然而，对这些事实的观察可得出一个极其重要的原理，那就是，除去属于光学和声学的物质条件，主导着艺术作品并赋予其特性的乃是艺术家的个性（personnalité）。本体论消失，让位于人。问题不再涉及或多或少地实现柏拉图永恒不变的美（Beau）。艺术作品的价值完全在于它在多大程度上显现其作者的智性特征和审美印象。它所必须遵循的唯一规则，就是必须与它所诉诸的公众的理解和感受方式具有某种一致性。这种一致性未必增加或减少作品的任何内在价值。一首诗所表现的观念或感受，若非能够为同时代人所领会，却值得被更开明的时代或国家所推崇，这从理论上讲完全可以说通。但可以肯定的是，事实上，这种不协调足以让作品面临迅速消失于遗忘之中的危险。

幸运的是，这类情况并不常见，艺术家比思想家更不必担心这种危险。可以说，艺术家不属于其时代的情况极其罕见，几乎不可能发生。如前所述，哪怕不承认他必然是一种简单的回声，一把随同时代情感的气息而拨动的竖琴，但也可以肯定，由于种种原因，艺术家、诗人生活于他们所处的环境，因此，他们只有在例外情况下才会暴露于我们所指出的危险之中。

于是，要想让情感具有感染力，并获得应有的掌声，真正被感动的艺术家只需将自身交付给情感。他只要遵守实际规则（它们源于我们器官的生理需求，唯有它们是确定无疑的），便无需顾虑学院的种种惯例与秘诀。他是自由的，在自己的领域里绝对自由，唯一条件是做到绝对真诚，只表现属于自己的观念、感受、情感，而非抄袭他人。

---

① 斜体为原文所有。——译者注

由于绝对美（Beau absolu）是一种空想①，不存在自在的艺术，因此也不存在确定而封闭的美学。人们曾试图用以禁锢它的各种公式，理想、自然主义、现实主义，等等，皆只是对艺术的不同视点，但它们中任何一个都不包含艺术的全部。它们中的每一个都可能或多或少适合于或这或那的个体或民族的性情，而将之强加给有所排斥的性情则是荒谬的。以希腊雕塑的名义谴责佛兰德斯与荷兰艺术，跟以佛兰德斯与荷兰艺术的名义谴责希腊雕塑同样荒谬。库尔贝和拉斐尔同样合法。可以根据亲缘关系和自然吸引力而偏爱其中之一，但美学无权排除其中任何一个，除非它将激情与偏私引入科学。

这是否意味着，如哲学家们所言，艺术的自由是一种无动于衷的自由，任何方向于它而言皆无差别，而它所认识的法则仅仅是个体任性的无尽变化呢？那将是一种夸张和误解。如前所述，艺术家首先生活于所处的环境；他自然会追随那里的灵感。而尽管人类文明起伏不定，但显而易见，科学长期耽于追求本体论和神学的无解问题，如今终于把它的研究从天国带到大地。它以对事物、事实、存在的直接研究，取代了对古今形而上学和神话的虚幻解释。人们耗费漫长的几百年去寻求在神灵或实体的作用里解答那些曾困扰他们的谜题，而现在，他们直接转向自然和人类来解释物质世界和道德世界。人变成对于自身而言的一个永恒的观察主体，可以说，19世纪的光荣在于将科学的研究推向一个新方向。

这个方向同样是艺术所趋向的方向。艺术越来越远离神话和形而上学，因为只要文明本身仍然忠实于它们，艺术便保持为它们的附庸。这便解释了为何表现在艺术中越来越占主导地位；正是因此，关于感受和激情的绘画与日俱增地侵入艺术；这造成了风景画，即表现人面对自然的情感表现，在过去四十年里日益重要并占据一席之地。出于同样的原因，生命和运动改造了雕像，卡尔波②和达卢③的雕塑赢得公众的赞美。

---

① 另外，我们会指出，对于解释艺术显现的复杂性而言，美的原则，无论绝对美还是相对美的原则，都是完全不够的。——原注

② 应指让-巴蒂斯特·卡尔波（Jean-Baptiste Carpeaux, 1827—1875），法国雕塑家。——译者注

③ 应指艾米-朱尔斯·达卢（Aime-Jules Dalou, 1838—1902），法国雕塑家。——译者注

换言之,艺术曾经始终以人为出发点,体现人的种种情感与观念,而今其目标与主题同样变得如此。它并非歌颂和再现众神,抑或专注于一种注定以枯燥和微妙而告终的象征主义,而是显然努力返回纯粹的人性领域,自此,唯有在这个领域中才能唤起同情,若无同情,天赋甚至天才皆不会免于被遗忘,也唯有在这一领域里,艺术家才能直接汲取真挚而深沉的情感,从而激发出身上的创造(créer)之需求与才能(faculté)。

该运动一如既往地受到传统的用力制止与猛烈阻碍,在我们这里,传统在学院组织和官方教学中拥有一股特殊力量。这股倒退的力量对进步产生一种有害的影响,而由于受其影响的人们大多甚至无所察觉,致使其危害更甚。年轻人若未受过哲学教育,身处学校和生活环境的大量学院偏见之中,甚至在尚未想到针对这些事物进行反思并形成个人信念之前便会被它们抓住并束缚。从第一天起,他们便毫无意识地被招入官方阵营,唯有那些独立的、久经考验的头脑,才能或则一开始便抵制这种压力,或则嗣后摆脱它。因此,我们的目标在于尽其所能地抵抗过去对未来的这种操控,抵抗教条主义对自由的操控。我们排斥一切狭隘、陈旧的规则,任何解放的尝试都会在束缚下被扼杀和压垮,我们拒绝或驳斥这种傲慢无礼的批评,它以保护"良好趣味和健康学说"为借口,竭力挫败一切独立性,这种防御性的批评,正如古维利埃-弗勒里①先生所言,无非是学院教条主义和妒意无能的暴政。

我们尤其希望的,是努力宣传和捍卫欧仁·维奥莱-勒-杜克②先生在其所有著述中皆主张的这一基本论点,即若无独立,便无艺术,也无艺术家。

所有伟大的艺术时代都是自由时代。无论是伯利克里时期,还是利奥十世时期,无论是13世纪的法国,还是17世纪的荷兰,艺术家们都能随心所欲地工作,他们的想象力不受任何审美教条辖制,也不存在任何官方机构自认有权进行艺术独裁并对民族趣味的方向负责。

同样,在那些美好时代里,艺术真正是一种民族艺术。人们顺其

---

① 古维利埃-弗勒里(Auguste Alfred Cuvillier-Fleury, 1802—1887),法国记者和文学评论家。——译者注

② 欧仁·维奥莱-勒-杜克(Eugène Viollet-le-Duc, 1814—1879),法国建筑师和建筑理论家,是法国哥特复兴运动核心人物。——译者注

自然地在他们有所感觉的地方寻找艺术，或毋宁说，他们无需寻找，单凭想象力的自发运动便找到艺术，除了整个种族共有的本能偏好之外，没有其他的向导或规则。

正是这种被托付给他们自身的本能的共同体，解释了为何伟大时代的艺术作品彼此之间会有隐秘的相似性，同时自由的效果也体现在个体原创性（originalité individuelle）这一在艺术中无法被任何东西取代的特性上。

每个人在同一时期或多或少会被同样的事物打动。灵感的来源未必变化多端；有时，甚至一种感觉、单一观念会强加给整整一代人。然而，凭借充分独立的个人灵感，每个人会在自身特有的天才范围内以其方式进行诠释。

因此，在某些世纪突出存在着统一性里的无限多样性——在感受的统一性里的表现之多样性。这是因为，事实上，当艺术家发现自己与所生活的社会形成印象共同体时，会感到前所未有的力量与灵感；当艺术抨击那些渗透并支配整个社会的观念和感受时，它的伟大是前所未有的。

而在大多数民众智性演进的某一时刻艺术与艺术感受的普遍性，是人类智性显现历史中的一个首要事实。埃及人、亚述人、希腊人、中国人、日本人，等等，皆曾拥有一种自发艺术，它出乎民族的核心，看起来几乎同等地被同一种族的所有人所理解与领略。在中世纪的法国以及文艺复兴时期的意大利人中，情形大抵如此。

这样一种事实，在如此众多的不同民族中如此一致，无法被归结为偶然。偶然是一种过于便利的解释，其缺点在于什么也没有解释。偶然甚至不是一种假说，而是虚无。历史中不存在偶然。所有事实，无论大小，皆由一个连续的链条联系，其环状无法被我们逃脱，却并不因此而不存在。

从心理学角度看，艺术无非是对诸事物的某些看法的自发表现，这些看法从逻辑上衍生自各种族所经受的道德上或身体上的影响，并结合以这些种族自身原有或后天获得的资质和倾向。

它是对诞生于这种混合的种种感受的一种译解（traduction），这种译解在多大程度上是字面上的，在多大程度上是理想的，取决于民众在多大程度上任由自身受诸事物的物质现实或种族的倾向和习惯的支配。但无论这些混合的配比如何，可以肯定的是，其中始终可以发现现实性（réalité）与个性（personnalité）这两个原初元素，尽管有种种反面理论将艺术归结为对真实事物的照相式剽窃，抑或对理想类型的猜测式预言。

我们不强调上述考虑，而只是相信，接下来的几页论证已经足够充分。我们只想说，一切形式的艺术皆有其存在理由，皆非偶然，其趋势亦然。

所谓民族的，即为一个群体或一个种族的所有个体所共有，那么，一种艺术何时不再是民族的？趣味的普遍性乃是伟大艺术时代的主导性特征，该普遍性的消失则标志着艺术的衰落，那么，一个民族何时失去这种趣味的普遍性？

当艺术不再是普遍感受的真诚而自发的表现时，当它不再直接译解所有人或至少绝大多数人的共同印象和真情实感，而是着手分析自己的行为手法，将这些手法变为自己努力的目标，就会忽视情感的真诚性与自发性这同一个艺术原则。

这种衰落是致命的，原因在于法则禁止某一种族的人在同样景象上停留太久。当曾经激发一种文明和一种艺术的感受与观念，耗尽它们全部有用的效果、所有丰沃的成果时，当心灵在或长或短的一段时间内注定只能模仿和重述时，那样的时刻必然来临。

此时被模仿、被重述的，甚至不再是先前的感受和观念，而是这种感受和这种观念的表现，是用以译解它们的形式，自此已然空洞的、了无生气的形式。

但人们很快厌倦了简单的模仿，这恰恰由于它不再针对心灵产生任何影响。为了焕新感觉，人们强行表现，必然走向追求夸张，直至可能的最终极限。个体幻想绝对地误入歧途，放任自由。艺术变成一种练习（exercise），其程度与价值堪比小丑们的脱臼，他们只想着让公众大吃一惊，并欣赏其关节的柔软。

于是，公众被分成两个不同的类别：业余爱好者（dilettante），他们因想成为精英中的一员而假装在这些练习之精巧中发现一种特殊愉悦；其他人，即占人口百分之九十九的人，他们对这些精致的计算一无所知，对艺术的消亡听之任之，也毫不关心它为了凭借其预谋的独特性来吸引注意力而做的所有努力。

在这种情况下，假如有少量的艺术家，或技巧精湛到足以在枯竭的矿井中发掘几块金子，或在当时相当超前，能够窥见新的诗歌源泉，那么两类艺术家都极有可能置身于普遍的冷漠中而不为人知。

上述一切是致命的。因此，对之没什么可抱怨，尤其也没什么可惊奇的。

然而，一个种族的进步注定要竭尽其观念和感受，以便凭借新的观念和感受不断加以纠正和补充，而按照其应用的逻辑结果，在逝去的文明之后，同样的法则应当产生新的文明，并出于同样的理由产生与这些文明相适应的新艺术。

事实上，倘若朝向进步的趋势并未伴随另一种完全相反的趋势，这种趋势就会与先前的趋势对抗，而且经常压制先前的趋势。在一群人里，有些人为了追求最优而不断前进，另一些人则因教育、兴趣、习惯、心灵的懒惰、对未知的恐惧而回避任何新事物。

而在或长或短的一段时间里，优势必然属于那些代表先前文明的人。他们依靠社会的、政治的、行政的整个组织。此外，他们还握有事实，也即司法语言所谓的"判例"（précedent），而其他人则只能提出愿望，这些愿望起初是模糊的、不完整的，而且无论如何都缺乏经验的认可。对于曾经造就过去之荣耀的心灵习惯来说，他们只能是反对一个成问题的未来的多少不太确定的微光。因此，进步的趋势必定会遭到社会中一切已然构成的、僵化而稳定的东西的抵制。

在法国，应该说，在所有欧洲国家，今天的教育几乎只基于对过去的教育的模仿，至少在艺术方面是如此。进步的本能从孩提时代起就受到社会上所有有组织的力量的打击，在大学里如此，其他地方亦然。如果说还有什么令人惊愕的话，那就是这本能竟然相当有活力，不曾被敌对联盟的阴谋诡计完全扼杀。

在这些敌人中，最强大者无疑是美术学院（Académie des beaux-arts）①。该机构的成员个个才华横溢、贡献卓著，他们越是真诚地确信自己对艺术的贡献，对于艺术的进步就越是危险。这种真诚性造就了他们的力量。如果他们摆出一副进步之敌的姿态，很快会变得无能为力。然而，不，他们所想要的，他们所热切追求的，正是艺术的发展。他们坚信，唯有刻苦钻研以往的艺术，这种发展才是可能的。事实上，

---

① 此处译者遵从惯例，采用了"美术学院"这一译法。鉴于后文很快出现了"美术学校"，说明维龙并非特指某家学院或学校，而是泛指艺术教育机构，所以这里的"beaux-arts"并非今天所说的"美术"，而是美的艺术的统称。这一理解也符合《美学》一书包罗各门艺术的章节情况。——译者注

他们所依据的推理似是而非。

何处的艺术比古希腊以及文艺复兴时期的意大利更辉煌？必须承认，没有。那么，何处可觅比这两个民族的杰作更好的典范？为何竭尽个体努力去寻找久已被发现的东西？那么，请坚持不懈地学习这些不可超越的可敬天才们的作品吧，当你参透他们的所有秘密，如果自然赋予你这样的能力，那时的你方能振动自己的翅膀起飞，创造出自己的杰作。

根据这个如此简单而又如此明晰的推理，美术学校（Ecole des beaux-arts）的全部教学被简化为没完没了地重新开始那些已逝文明的艺术家们做过的事情，直至变得几乎做不了别的，除了些或成功或不大成功的仿作。

根据这种推理，竞赛和展览的评委们将十字勋章、奖品、奖章颁给那些最接近受推荐典范的艺术家们。

根据这种推理，政府部门只购买那些按照学院模式配制的作品，只委托给那些据它所知坚决不偏离学院模式的艺术家，因为那种模式是"伟大艺术"（grand art）的模式，而一个有自尊的政府部门不会鼓励另一种模式。

这便是安格尔何以变成19世纪法国艺术之完美的官方原型，也是卡巴内尔先生（M. Cabanel）何以变成他的先知，同时又是艺术家们的大法官以及所有评委的天然主席。

这便是为何那些年轻人曾经带着独立、真诚等最好的本能进入学校，离开时不同程度地被卡巴内尔化了（encabanellisés）①，换言之，奴化于常规，被阉割，迷失于艺术。他们不考虑自己的感受，不顺从自己的印象，不走向依循自己的趣味、偏好、资质所自发趋向之处，不走向作为艺术家和诗人所在之处，而是为了倾听大师的喊声而努力扼杀自己身上天然的喊声；他们自我折磨，为的是说服自己确信进步在于激活古代艺术，确信只有通过模仿希腊人或意大利人才能有原创性。

以此为代价，他们赢得评委的赞誉、政府部门的青睐、国家的订单、巴汝奇之羊②的钦佩；一旦踏上这条道路，他们便会被一系列道德

---

① 斜体为原文所有。——译者注
② 语出拉伯雷《巨人传》。故事中，巴汝奇（Panurge）驱赶一头羊入海，其他羊仿效之，喻指盲从效应。——译者注

的、金钱的枷锁所束缚和禁锢，再也无法重获自由。

这种国家、官方世界针对艺术家们的掌控极其可悲。他们①如若至少能在公众那里找到同情的、严肃的评判者，便会转向这一边，依靠这一边，抵御来自上方的可怕压力。

但是，今天的公众，伟大的公众，并不担心或挂虑这些东西。为什么？是因为变得不懂诗歌吗？是因为在利益斗争里不再有艺术的位置了吗？是因为科学扼杀了欣赏以及工业消灭了想象力和感受吗？

完全不是。19世纪的公众乐于相信自己是怀疑的、腻烦的，他们同所有时代、所有国家的所有公众一样，仍然对一切诗歌、一切真诚而真实的艺术保持开放的态度，但他们不可能被官方趣味的权威机构所倡导的混拼式艺术所触动。他们愿意欣赏彼时彼地的希腊人和罗马人，但并不认为这是牺牲法兰西艺术的一个充分理由；无论对艺术评议会的学识多么客气和尊重，他们都无法深入其中，直至在这些先生们的娴熟改编里找到与隐约瞥见的艺术旗鼓相当的东西，从而满足他潜在的愿望，并最终溢出连他自己都不曾猜想到的情感源泉。

就这样，学院和行政部门固执地想让死人复活，结果却是杀死活人，就这样，他们试图说服公众以为除学院和行政部门的艺术外并无其他艺术，他们最终扭曲了艺术家们身上的艺术感受，麻痹了其他人身上的艺术感受。

要知道，在目前的条件下，这种结果是不可避免的。自行招聘的团体，被设立的机构，无论其成员的个体价值如何，往往注定与进步为敌，原因很简单，一切团体必将形成一种集体的、折中的学说，这种学说对它来说最终成为永恒不变的真理（*vérité*）②，不可避免地排斥一切独立性、一切独创性，然后，它以一种不可动摇的信心反对个体天才的所有表现、所有反抗。

只要有机构在智性事物上被赋予任何权威，此类情况便会继续存在。

这一点无需再证明。但凡真实感受到艺术必要性的，都从未停止抗议学院古典主义的专制。居斯塔夫·普朗什③、维奥莱-勒-杜克已

---

① 指艺术家们。——译者注
② 斜体为原文所有。——译者注
③ 居斯塔夫·普朗什（Gustave Planche, 1808—1857），法国文学评论家。——译者注

经证明，艺术在法国复兴时所遇到的困难，大多应被归咎于这种可厌的影响。所有独立艺术家都遭到它的猛烈打压。我只能把这两位作家的作品，尤其是第二位作家的作品，推荐给那些有志于对这个令法兰西艺术的未来如此严峻的问题进行全面精确研究的读者们。我将仅限于引述蒙塔朗贝尔①就该问题发表的一篇文章，它非常奇特，不仅因为其充满愤慨，也因为署名者本人正是学院派。

在这篇围绕"法国的宗教艺术"（*l'Art religieux en France*）的文章中，他历数那些"旧古典主义的理论家和实践者"当中导致法国宗教艺术衰落的罪魁祸首。

他说："如果仅需考虑他们的作品和学说的价值、影响或流行度，的确有权提及他们，仅为记录在案（*pour mémoire*）②。不过，既然他们占据所有的官方位置，几乎垄断政府影响力，既然他们坚守位置有如坚守一座城堡，那么，那些有所作为的人会由此报复对自己作品的普遍谴责，对打破桎梏的天赋顽固拒绝，而那些无所作为的人则会由此而努力阻止别人比自己能干，尤其是既然他们仍然在所有用于年轻艺术家教育的国家财富上只手遮天，那么，必须毫不松懈地攻击他们，摧毁这种实为法兰西之耻的霸权，直到公众的愤怒和蔑视最终渗透权力的庇护所，从而驱逐这些属于其他时代的残渣。无论如何，聊可宽慰的是，如果说他们仍然能够伤天害理恶贯满盈，粉碎许多人的事业，将许多宝贵的希望扼杀于萌芽，但他们的统治行将告终。他们将不会长久地用恶意的气息去摧折未来，摧折配得上更好机运的年轻一代的天才。公众将公正对待这些奄奄一息的古典主义把戏，它们若非更加有害，便不会显得如此怪诞。罗马的竞赛将杀死它们。我们不会总是忍受那些人的统治，他们在1837年这个幸运的年份给学生们出题目，诸如，'阿波罗为阿德墨托斯放羊'（*Apollon gandant les troupeaux chez Admète*），又如，'马里乌斯在迦太基废墟上沉思'（*Marius méditant sur les ruines de Carthage*）③。"

除了日期，那画还有什么可改变的呢？

概言之，在我们看来，艺术只有三条道路可行：模仿一种先前艺

---

① 蒙塔朗贝尔（Charles-Forbes-René de Montalembert, 1810—1870），法国天主教政治家、作家、历史学家，以宗教自由和教育自由闻名。——译者注
② 斜体为原文所有。——译者注
③ 两处斜体均为原文所有。——译者注

术、复制真实事物和显现个体印象。

　　第一种方法是学院方法。它的原则或多或少是潜在的，即否定进步，甚至否定一切智性上的改变，其实践在于强迫19世纪的年轻人像伯利克里或利奥十世时代的人那样思考和感觉。而既然那是不可能的，结果便是大多数服从此纪律的艺术家更容易摒弃一切思想和感受，局限于研究步骤、套用公式、制造仿作。情感、信念、真诚、自发性，所有这一切构成真正艺术的东西都被一扫而空。若非有时遭到不可战胜的反抗，大学和学院教学的自然而然、合乎逻辑的成果将不是艺术家，而是译者。

　　假如因憎恨这种过度而投身于相反的过度，最终会走向现实主义，它也不是艺术，但至少通向艺术。若将现实主义理论推向极端后果，则艺术家将沦为抄写员(copiste)的角色。作品之完美在于彻底而绝对的幻象。卓越的艺术家同所有人一样观看和理解事物，像摄影师一样精确呈现它们，因为他已然发现复制色彩和形式的手段。理想最终会将人类带向机器的完美，也带向机器的冷漠。

　　幸运的是，对于现实主义理论而言，那是一种不可能的完善(perfectionnement)。人无论做什么，往往会保持一些自己的东西。无论多么努力地呈现如人人所能看到的那样的事物的可见表象，他总会在其上添加一些虽不在眼前却被他看到的东西，即他的情感，他的个人印象。这种干预从一开始便体现在主题的选择上，随后体现于各部分的安排和比例，体现于他无意中赋予某些部分以重要性而拒绝另一些部分的重要性，尽管后者在物质上的真实程度并不逊于前者。

　　而作品之所以成为艺术作品，恰恰凭借这种特征，这些本能的偏好，这些给听众或观众留下的印象特殊性。随便任谁都能数出一棵树的枝干，或者列举一幕中的波折。唯有艺术家呈现效果和印象，因为其天性恰恰在于对效果和印象比其他人更加敏感；他将用特定色彩自然而然地呈现它们，这些色彩是其特有的天性、秉性、个性的色彩。

　　由此推出，库尔贝是艺术家，尽管人们从他那里学到的是理论；但出于同样的原因，他只是二流艺术家，地位次于诸如卢梭、柯罗、米勒、儒勒·杜普雷[①]等人。无论其实践价值几何，其断续不定的个性缺

---

　　① 儒勒·杜普雷(Jules Dupré, 1811—1889)，他与此处列举的卢梭、克洛、米勒同属巴比松画派。——译者注

乏将他区分于同时代伟大者们的气势和腔调。

存在三种艺术：墨守成规的艺术（art conventionnel）、现实主义艺术（art réaliste）和个人艺术（art personnel），其中唯有最后一种真正配称"艺术"（*art*）①之名。第一种是对艺术的否定甚至冲突；第二种往往已然属于艺术，因为艺术家几乎不可能完全消隐于现实背后。不过，是艺术家的个性在本质上构成并规定了艺术；换言之，艺术家的首要义务是致力于呈现那真实地触动和感动他的东西。

我们不再强调上述观念。我们只消阐明我们的原则和目标便足够了。我们只针对那些相信艺术是一种纯粹人类事实、相信一切诗歌的源泉在于诗人灵魂的人发话。至于那些用一套公式取代艺术家个性、用记忆或计算替代想象、用惯例代替真诚的人，我们只能视作艺术的最坏公敌。

【本文为国家社会科学基金艺术学项目"法国近代艺术理论文献整理与研究"（批准号：22BA020）阶段性成果】

(作者单位：清华大学中文系)
学术编辑：赵　靓

---

① 斜体为原文所有。——译者注

论审美情感的本性[1]

伯纳德·鲍桑葵 著
张 杨 译

我们在探讨"美是什么"的时候，必然要处理纷繁复杂的现象。在美的整个范畴中，可能确实存在着某些明显的共同元素。"**形式化的感受（formal feelings）**"大概就是这样的元素。所谓形式化的感受，就是伴随着思绪的灵动泉涌或者湮塞阻滞而产生的愉悦或者痛苦。然而，如今很难把美感或者相反的感受仅仅归结于这些简单的元素。因此，我认为，在探讨美的本性时，必定要考察所谓的"**效果圈（circle of effects）**"。[2] 贝恩先生（Mr. Bain）和其他英国心理学家的观点可以支持我的这种立场。我要以此为论证起点，但也认为，一门科学把"**多因（plurality of cause）**"[3]理论作为自己的根本原则是自相矛盾的。对穆勒（Mill）来说，"多因"现象当然不是指"原因由多种要素组合而成"[4]，也不是指多种条件相互协调导向某个效果，而是指有多个可相互替代的原因（alternative causes），它们中任意一个都可以单独起作用，导向同样的效果。我认为贝恩先生的理解也大抵如此。

不过，从严格的科学意义上来说，假定 a 和 b 两个不同的原因中的任何一个都能单独产生效果 c，这是矛盾的。要么 a 和 b 之间必定存在某种共性，要么效果 c 可以被拆分成 d 和 e，而 d 和 e 分别由 a 和 b 引发。这种因果关系的假设应当被看作一种原则，放弃这一原则就

---

[1] *Mind*, Apr. 1894. New Series, Vol. 3, No. 10 (Apr. 1894) pp. 153–166. 本文以下脚注皆为原注。

[2] Bain, *Mental and Moral Science*, p. 202; *cf.* Sully, *Enc. Brit.*, i. 233, *Outlines of Psychology*, 538, or *Human Mind*, ii. 142 and 361. 对比以上文献，可以看出，在事实压力下，萨利先生对杜加尔德·斯图尔特（Dugald Stewart）的观点的支持态度发生了显著变化。

[3] Bain, l. c.

[4] Sully, *Human Mind*, ii. 361.

等于背离了科学的方法,尽管,我们对可相互替代的多个原因的剖析和厘清很难一蹴而就。许多被纳入审美科学(aesthetic science)范畴的研究对象,很可能并不真正属于这个领域。虽然审美科学通过自我批判已经对其予以排除,但我也认为且确信,仍有一些不属于审美科学范畴的因素被错误地引入进来。即便如此,在审美科学内部如果考虑效果圈中存在某种共性元素,审美科学是能够避免上述那种有问题的"多因"理论的。我们追问探究这一共性元素,不是假定某种虚构的统一性,而是要建立一致且连贯的原则。如果做不到这一点,我们完善审美科学的尝试就是失败的。

我现在想指出,审美情感(aesthetic emotion)的核心特征是构成**审美呈现**(**aesthetic presentation**)的核心特征的一个层面。

本文开篇时提到,人们对美的最初印象是它有丰富的种类。因此,我也无需费力在不同类型的美中找出某种同一的、简单的感受或直觉。在每种审美情感的例子当中,我们都要走到那种未经仔细思考的、通常用"好美啊"来表达的最初印象(如果有的话)的背后,努力探寻多样现象的共同根源。

对我来说,这一理路非但不是难题,反而正是我论证的关键所在。在思考美的相关素材时,我们可以采取被动或者主动两种不同的态度。如果以观众或听众自居,我们就是被动地感知来自外部事物的给予,从而更关注美的**呈现**(**presentation**)对我们的影响,追问它在我们内心唤起了怎样的愉悦感受。我认为,在很大程度上,英国的心理学家长久以来秉持的就是这种态度。我们的心态也可以更为主动,对普通人来说,即便没有独特的天赋,也可以在简单或熟悉的美的领域中体验过这种主动心态,而在更高层次上,它则表现为诗人或艺术家所拥有的那种富有生产或创造性的状态。无论是最寻常普通的体验,还是创作最伟大、最真挚的艺术所需要的心态,都有力地证明了主动的心态才是心智在审美时的自然和正常状态。我认为,支持这种观点的人正视了这些经验事实,反对它的人却忽略了。如果用欣赏的眼光评判匠人的构思,如果思考人类早期最朴素的艺术和普罗大众自然冲动的关联,我们就会倾向于从主动而非被动①的心智态度去解释美。

---

① 显然,英国心理学派的理论诞生于本国审美意识最为低迷的时期。不过,我在这里并不是在批评当代的作家,理论的延续与其起源是两个截然不同的问题。

"多因"理论符合审美理论在初始阶段面对的基本事实,因此,它与这一观点是相契合的。当我们最初被某种美的事物吸引或为之感到愉悦时,并不能完全领会其独有的个性特征。在这种情况下,我们无疑处于被动接受的状态。然而,随着我们对其关注愈久,就愈发沉浸在感知到的特别的愉悦或情感当中,也就是说,当我们越是充分基于其独特的**个体性**(individuality)去欣赏它的多样性时,我们就越会从单纯的旁观者态度抽离出来,转而秉持一种渴望表达和言说的心态,即"创作者"的心态。换言之,我们不再觉得自己只是面对来自外部的表象,而是将其视为我们内心渴望表达的情感的体现,从而全身心投入其中。当然,这种情感通常是由表象本身所激发的。但当我们完全沉浸其中时,我们似乎已使这一表象变得彻底透明或有机,使之成为我们情感的载体。节奏、韵律、歌唱和舞蹈这些基础元素与创作的各个阶段始终保持着与创作冲动的密切联系。在我看来,这些体验为我的观点提供了有力且丰富的支持。同时,凡对此深有体会的人,他们对审美科学的整体理解都会受到显著影响。那些倾向于认为在审美享受中,心智主要是处于被动接受①的人,自然会将审美科学看作对愉悦效果的分析。因此,他们常把美的表象解释为一系列令人愉悦的联想,这种解释方式在他人看来是有损审美情感的纯粹性和连贯性的。我认为,当我们避免了这种风险,对美的每种解释就会最终归结到**表现性**(expressiveness)。

　　我还要指出,将美和愉悦效果大体等同起来,导致了美与艺术之间严重的二元对立。因为敏锐的观察者会发现,至少在每个艺术发展的高峰时期,艺术并不是以追求愉悦效果为目的的。"美是艺术的结果而非目标"这一说法似乎合理,但如果在定义美时完全忽视艺术家创作冲动的本质,仍然是一个严重的问题。②

　　因此,我要指出一个基本事实,即审美情感是"被表现出来的",这是审美情感最根本、最普遍的特征,从这一点出发,我们可以推导出审美情感的所有共同特征。我也建议考察这种情况对审美情感本性可能产生的影响。

---

　　① 萨利先生对此的坚持显而易见。*Human Mind*, ii. 185 – 6.
　　② See Volkmann, *Lehrbuch* d. Psych., ii. 359. 福尔克曼接受这种二元论,并认为它得到了希腊美学的证实,例如,他在柏拉图的著作中发现了美与艺术的完全分离。但事实恰恰相反。柏拉图所排斥的艺术,是那些他无法纳入美的表达理论中的艺术。

然而，我们紧接着就遇到了一个模棱两可的难题。所有情感都是被表现出来的；情感实际上或许只是构成其表达的动作或器官变化的心理层面，因为身体内部反应和那些恰巧可被看见或听见的反应，很明显没有本质上的区别。那么，如果情感都是被表现出来的，且通过外在身体反应或与之并无本质区别的形式来实现，"表达"似乎就不是审美情感的本质特征。

　　在此，我们必须承认某种递进关系，在层次递进的转换之处，我们可以更为容易地探讨表达的真正本性。情感的释放会引起身体上的共鸣，这种单纯的生理反应，与刻意延长情感共鸣以获取享受的行为之间，在本质上有所不同。"欢呼雀跃"是纯粹的生理反应，它可能过渡到翩翩起舞；愤怒的身体反应可能过渡到猛烈抨击时弊的批判性诗歌；爱和仰慕最初可能通过表情和态度表现出来，但随后常常会发展为对其**对象**（**object**）的图像化或诗意化的再现。这样一来，一个有意思的情况就出现了：如果要有意识地**体验感受**（**feeling**），唯一明智的方式就是考察以具体对象（包括明确行为）进行的表达。为了享受某种情绪而沉溺其中，却不试图将其具象化，这是感伤主义的特征。然而，在区分纯粹情绪释放和情绪表达时，我们不应只关注释放或表达的方式在本质上是无意识的还是有意识的。无论表达者是否有意为之，当节奏、音乐或韵律开始塑造或影响快乐、悲伤以及愤怒的言说时，显然，某些新的表象元素就作为体会情感的方式介入进来。在这种情况下，情感就不仅仅是被释放的，更是被表达的；也就是说，积极的符号和表象延长并强化了原初的情感，使心智能够体会这些情感，且通过或多或少的明确的行为和感知勾画其本质，而不仅仅是沉溺其中。可以说，这种表达方式已不再是单纯的情感释放，也不是因情感释放而偶然产生的表达，这是真正的表达，或者说是为了表达而进行的表达。

　　那么，在这种表达或者情感的具象化（embodiment）中，表达是如何与情感相关联的呢？节奏、韵律和音乐等表象化元素又是如何与它们所表达的快乐或愤怒的情感产生联系的呢？初步的答案似乎是，情感和表象密不可分；因为情感界定了伴随其而来的愉悦或纯粹感受，情感——包括其中的感官元素和观念元素——就是表象的整体。从心理学的角度来看，个性化的行为或对象与它们所表达或体现的情感是精确对应的，因此，任何暗示它们可以被单独呈现于心智的提问方式都是不合理的。这一点非常重要,因为它帮助我们避免了可能导致荒谬结果的二元论。我们通常会用一般性概念来指称表象内容,仿佛这同一个内容可以被处理或具象化为不同情感的共同对象,例如死亡。与"死亡"呈现在我们面前的具体形式相比,抽象的"死亡"概念的确可以作为不同情感的共同对象。但如果不是为了这种对比,概念和情感的对应关系就不是这样了。我们以不同方式处理同一内容——比如以悲伤、幽默或愤怒的方式——内容就会被赋予不同的含义。它还会因为表象形式的不同而重新自我定义。这个内容作为不同情感的对象,实际上已经不再是原本的内容了。我们不能简单地说:"这是内容,现在我们要添加'表达'或与情感关系更加密切的元素了";就其本身而言,内容在这一程度上实际上就是情感的表达,或者说构成了情感的表达。简单讲,内容就是被感知到的东西,它必须以某种特定方式被感知。即使是一个抽象的概念,如死亡、毁灭、命运或胜利,无疑也具有一个与之相对应的情感元素,这是这些概念被感知的方式。但只要这个概念是不明确的,那么仅由该概念界定的情感也是不确定的,如果这个概念被赋予独特个性,那么它所界定的情感也会随之变得独特。

　　情绪只能通过它所感知的对象来表达,也就是说,它只能通过多少有些**个性化**(**individual**)的表象被表达出来。每一个表象都有其对应的情感(表象本身所界定的纯粹情绪),如果情感显得不明确,那只是因为其表象过于抽象,不足以决定整体心理状态的特征,并且又随时被心智产生的偶然内容所填充。因此,看起来只有高度个性化的表象才能成为构成整个心理状态的主要或主导成分的情感。尽管如此,抽象概念和情感表达之间并非完全对立,完全不同的只是表达模糊情感的抽象概念和表达高度明确情感的个性化概念。总的来说,表象与情感之间的关系,就是正常的心智必须以该特定的方式感知该特定的表象。要解释这种关系,我们似乎只能从表象元素中选取较为个性化的内容,比如一条曲线或一组音符,证明这些内容如何与其所修饰或强化的更大的观念特征相关联。当我们尽可能做到这一点时,就会发现,伴随着整体的纯粹情感——其愉悦或痛苦的程度——也同步得到了解释。无论我们是从情感还是内容出发,最终分析的都是同一个问题,即表达的内容与生命之间的关系;如我们所见,这其中当然包括了修正被表达内容的表达是否成功的问题。

如果情况确实如此,那么看起来每种情感只是作为其表达的对应物而存在;或者严格来说,我们并不是先有了情感,然后才去表达它;而是情感通过其表达的方式和程度形成了自身的特性,或者说,情感因表达而如其所是。因此,审美情感首先在"为表达而进行的表达"中产生,且本质上由这种表达所构成;换句话说,当我们以一种积极的创作或行动的方式释放情感,而这种创作或行动的唯一目的是表达情感的内容时,审美情感就产生了。

莱辛(Lessing)和贝尔奈斯(Bernays)解释拓展了亚里士多德的悲剧情感理论。如果我对该理论理解无误的话,关于情感在"被表达"的过程中必然经历的调整和变化问题分析得最为透彻的是亚里士多德的悲剧情感理论。据我所知,虽然莱辛和贝尔奈斯对亚里士多德这套理论经历了微调,但其基本观点至今仍然得到最优秀的评论家的认可。① 它的要点如下:有一种艺术形式叫作悲剧,它通过两种痛苦的情感——怜悯和恐惧——产生愉悦。这是如何做到的呢? 当我们思考艺术表达或再现的条件时,答案就自行显现了。那就是,在勾画典型人类生活的独立完整的故事中,从个人的情感中抽离出一般情感,并从人性中严肃且重要的方面获取内容。按照亚里士多德的观点,似乎只有这样,情感的精髓才能得到充分的表达和展现,同时以一种愉悦的方式释放出来,摆脱单纯的震惊和个人敏感之类的病态元素。怜悯和恐惧的联系是亚里士多德学说的核心。它表明,艺术意义上的恐惧情绪是通过表达或客观的具象化所产生的理想化的恐惧。反之,个体的人的恐惧情绪所呈现出的惊慌失措只会削弱和阻碍而非促进情感的自由表达。因此,只有通过这种方式,恐惧才能转化为一种审美情感,成为艺术享受或欣赏悲剧得到的快感的来源。这里有一个基本点,即并不是因为弱化了身体的反应,情感才得到了"**升华(refined)**"。虽然身体反应的变化伴随着情感的变化,但情绪的强弱与其是否具有审美特征并无本质关联。审美特征在于通过明确的表象充分体会和阐发特定情绪。从仅仅减弱情绪强度的意义上来讲,对情感的"升华"并不能使非审美情感转变为审美情感。不论感官上的愉悦多么微小,它都和个人的恐惧情绪一样,不具备审美价值。

---

① See Prof. S. H. Butcher's *Aspects of the Greek Genius*, 1st edition; and Susemihl, *Aristotle's Poetics*, Introduction.

根据以上论述，我们可以轻松得出审美视角与其他视角之间公认的区别。依据我们的假设，"为表达而进行的表达"是不受制于任何其他目的的，无论这些目的是伦理的、智识的还是感官的。

但我们还需要说明，如果审美情感应当是表达性的，它的各要素要有何限定？我们或许要问："某一特定表象实际上表达了多少内容？表达的内容是否有局限？任何人面对该表象时的任何所感都能被表达出来吗？"为此，我们必须重新审视抽象内容与因具体表象而个性化的内容之间的区别。

"两个交叉钉在一起的木条"（布朗宁，Browning）会引发从车轮辐条到任何十字形事物的联想。有人可能认为，这一表象能唤起各种想象性的情感。就其能唤起各种想象性的表象而言，这一说法不无合理性。不是同一表象内容唤起了不同的情感，而是一个本身尚未明确的内容在不同的心境中得到了不同的解读。当人们看到一个纯符号（如交叉的木条）时，心中浮现的、与其相关的情感并不是"表达的"或"具象化的"，因此不能赋予该符号以审美意义，且就与该符号相关的各种联想而言，这些情感也不是审美情感。当然，如果这些情感伴随着诗意或想象，还具有表达性的具象化的本性，那是看到交叉的木条后的偶然情况，而我们讨论的重点是交叉的木条本身。由纯粹联想所唤起的情感，不具有与表象元素真实或普遍的联系，所以不是审美情感。

个性化的表象比上述例子中的一般性表象更能唤起明确的情感模式。换句话说，它更接近正常心智的感知方式。因此，尽管没有任何表象能排除不同个体偶然的情感反应而独占支配地位，但原则上不同内容不可能唤起相同的情感，"多因"现象在原则上是说不通的。原因和效果精确对应，它们总是严格地保持着这种对应关系；尽管（或者说因为），个别的效果都与个别的原因相对应，但是（或者说所以），在"效果圈"中不会存在或伴随一个与多种原因的共性不相匹配的共同效果。因此，没有共同属性的表象不能以相同的方式被情感界定为美，因为在这种情况下，情感中的共同元素可能是偶然的，或者是与真正决定那些表象本质的元素不相关的。

通过美的对象或行为可能引发的愉悦感来确定美的来源，确实是探讨表达与情感之间联系的宝贵的观察方法。但作为审美科学的方法，我不禁认为它会因联想主义的普遍缺陷而无法奏效。这种缺陷就是试图通过特殊经历的偶然结合来解释内容的普遍联系。如果我的理解正确的话,这将导致两个原则性的错误。

第一个错误在于模糊了美与个人兴趣之间的界限。尽管在实践中确实难以清晰地划分两者,但在原则上和整体上,这种区分是必须保持的。某种过往经历可能使我享受青蛙①或乌鸦的叫声②,但这些声音因此就变得动听了吗?这些声音是否包含某些元素,能够在某种意义上或通过某种分析,被认定为乡村生活的象征呢?我的旧旅行箱让我愉快地回忆起许多美好的经历,但它是否因此就变得美观了呢?即使是美的"观念性"元素,也必须建立在与美的事物相关的普遍联系之上,而不能像前文提到的那样,以个体经历偶然形成的、完全未经分析的巧合为基础。

虽然我确信第一个错误是原则性的,但它与美只是程度上的差异,已经触及美的边缘。第二种错误是第一种错误的进一步恶化,在我看来,它几乎完全背离了审美的立场。当来自感官的本能愉悦掺入(即使是间接地)由联想所引发的愉悦时,第二种错误就产生了。

正如前文试图证明的那样,如果"**精巧的暗示(refinement of allusion)**"只是为了以虚假或隐晦的方式让人们联想起其他事物,那么这种方式并不能让非审美情感成为审美情感。比如,贝恩发现自己不得不在这些方面就艺术的范围采取某种观点③,而我认为,他是基于习惯而不是某种原则④来明确艺术的边界,这确实是一个非常严重的问题。但是,有人可能反驳说:"如果这些感官上的满足能够在艺术中表达出来,那么按照你自己的说法,它们就是审美的;如果不能被表达出来,那么问题就不存在了。"然而,我们必须牢记,有一种所谓的"坏艺术",这种艺术常常竭力去做那些依据其存在规律根本不可能做到的事情。在表现纯粹感官满足时,艺术是无法实现真正的表达的;但是,它可能会通过暗示来达到效果,最糟糕的艺术最常采用这种做法。我们可以想象醉酒带来的纯粹感官满足,但除了真实的饮酒过程,任何

---

① Cf. Ward in *Encyl. Brit.*, art. "Psychology".

② Sully, *Human Mind*, ii. 78. "这种享受并未被归为'审美'范畴,但我看不出它与审美有何区别。"

③ *Emotions and Will*, 3rd ed., p.227. "感官愉悦的理想表现严格来说属于艺术范畴,但出于审慎和道德的原因,其表现范围受到严格限制,而这些限制因时代和国家的不同而有所变化。"

④ 因为,正如贝恩所指出的,单纯的普遍性要求(理解为一般性)并不排除艺术或自然中的感官暗示。

艺术形式都无法重现其所包含的味道和特殊的兴奋感。当然，我们可以在绘画或者诗歌当中，通过描绘醉酒的行为或效果轻易地唤起醉酒的感受。不过，如果将这些看作是对相关愉悦的暗示，并因此将之视为美的要素，在我看来，就不仅是品味上的错误，而且是原则上的矛盾了。这是对审美形式独立性或纯洁性的侵犯（这里的纯洁性当然不是指道德意义上的纯洁）。审美形式的独立性或纯洁性被认为是审美法则的一部分（例如，席勒就曾提出过这一观点），它的主张是审美愉悦本身不会因为**所表现对象**的实际存在而得到增强。这一点在"为表达而表达"的原则中有所体现，并因此或因其他缘由被普遍接受。另一方面，这条法则所倡导的恰恰是，当情感通过表象被客体化时，激情或醉酒的元素就凸显出来，并成为爱情诗和祝酒诗所抒发的情感精髓。这种情况与对强烈、真实的愉悦感的微弱再现完全不同。它不仅仅是对普通人情绪的暗示，而比普通人的寻常情感更美好、更伟大、更深刻情绪的呈现。值得注意的是，尽管激情的艺术或诗歌不应以道德标准来评判，但在实践当中，它们几乎不会引发道德问题。然而，依赖精巧暗示的艺术可就不一样了。

假设有纯色或纯音符，或由简单几种颜色排列构成的色彩、简单几个音符合成的音调，以表达力为基础的理论无疑就会遭遇解释困难。这一研究既非常有趣也极其复杂，涉及对所谓审美感知的事实的一系列批判。在这里自然无法详细讨论，但我会列举几方面考虑，以说明这类现象能为我始终竭力论证的观点提供关键例证。首先，我们在追溯某个元素时，在其**消失点**（Vanishing Point）会遇到区分困难，或者说把一个元素抽象到纯形式时就很难对其予以辨别。但我们不能就此否认其在清晰阶段所确立的连续性。与此相类似，道德或判断被限定得越少，就越会表现出高度的不确定性。如果将美简化为单一颜色或音调，它是否会蓦然变成单纯的感官愉悦？当把道德回溯到原始人的行为时，它是否会突然变成单纯的冲动或对权威的恐惧？对某一元素的简化和回溯，总是可能让它转换为另一种事物，但只要它依然存在，就会保留其一贯表现出来的核心本质。其次，所有被看作非审美的**感觉**（sensation），如味觉、暖意、触感等特有的愉悦性。在审美感官体验中同样不可或缺，无论这种愉悦的元素性质如何。所以，从表面上看，高阶感觉极有可能在某种程度上具有双重性质，既包含"低阶"感觉的愉悦性，它们还有低阶感觉通常情况下不具备的愉悦感受。

我们大体上把眼睛或耳朵提供的愉悦叫作"身体上的愉悦"。或可进一步讲,高阶或至少独特的愉悦不因身体愉悦感的增强而增强,反而会因脱离身体愉悦感而变得强烈,未经训练的感知力无法捕捉它们的音律和色彩组合。我们通过一系列有关事例可以再次看到,当某种唤起审美愉悦的事物恰巧与"低阶"感觉紧密关联时,它并不是由"低阶"感觉的身体愉悦或其变化产生的,而是"低阶"感觉偶然地模仿了审美感觉的表达力。最后,如果有人用具体实例反驳我,或者要求我解释在很多明显有争议的情况中,审美享受是否真的不依赖黄色或红色、小号声或小提琴声的纯粹感觉性质。我会依据个人经验信心十足地回应,心智的确会沉醉在感觉的美妙之中,但总是探寻感觉的独特之处,沉思并揭示使其是其所是的条件,从而迅速过渡到对组合之美的体悟(就声音而言,这种组合之美源于其本身的复合本性),即便这种心智活动并非自始内在于整个过程。因此,我认为,即使是令人感到愉悦的颜色,也不是无声的感官满足,而是作为一种表达被人们所感知。我们沉思它的本质,沉思它那积极却难以定义的本质。我像格尼(Gurney)先生感受旋律一样感受颜色;它们向我诉说,虽然我若能明确知道它们在表达什么,不只是看到它们,它们就不再是颜色了。低阶感觉和"审美"感觉之间的区别广为人知,我有理由坚持这种区分。但要把两者都视为纯粹且简单的感觉,我还没有准备好相关理论依据。我更倾向于认为,声音或视觉并非因其作为感觉才具有审美价值。如果有人声称明亮光线让幼儿感到的愉悦在本质上与真正的审美感受相同,那么我想他必须讲清楚,对儿童来说,光线带来的愉悦与温暖或柔软带来的愉悦之间的差别。另一方面,我也承认,在通常被归类为非审美的感觉中存在着逐渐弱化的审美感受的元素,但只要这种感官体验中的愉悦源于对其独特个性的欣赏,这种欣赏使我们对其本性产生或多或少的真正兴趣,我们就认为它是审美的。①

我们几乎无需讨论遗传性联想,除非能够证明它们在解释审美情感时是具有明确形式的真正原因(vera causa),而唯有这种明确形式才能使它们在解释审美情感时变得有用。我们天生具有许多先天倾向;而额外的倾向,除非特别鲜明且明确,否则只会成为我们的心智在自我组织过程中所需的材料储备的一般补充。我们可以设想一种明

---

① Cp. Dr. Middleton's remarks on wines in *The Egoist*.

确的、遗传性的对森林的情感,但这种情感能否在我们对森林景观和环境的复杂情感中得到验证呢?它是否必然会被其他成分所掩盖和定义,以至于在解释审美情感时,其作用并不比我们对光线或音乐声的原始敏感性更大?这样一个没有确凿依据的冗余假设,很难引起关注。

有人可能认为,上述许多观点,可以被总结为"审美情感是'非个人的'(impersonal)"。然而,这个说法存在风险,我认为它在当今的艺术理论中引发了严重的误解。我更倾向于采用最近的一位作者在讨论另一个主题时使用的表达——把它称作"超个人的(superpersonal)"。在成为审美情感的过程中,情感并没有减少,反而有所增加;它并未失去个性的深度,而只是摆脱了其狭隘性,在扩展中得到强化。近来,人们认为艺术的非个人性接近于一种批判性或智性态度,我认为这是一个严重的错误,其根源在于对情感存在的误解。的确,情感存在于个人当中,人是情感存在的必要条件,但是,这并不意味着情感的内容必须被限制在个人最狭隘的自我当中。事实上,情感及其伴随因素在本质上并不要求这样的限制。

因此,我主张,审美情感是在创造其纯粹表达(即为表达而进行的表达)或调整自身以适应其纯粹表达的过程中,产生了明确的特性变化的情感。它依附于那些通常高度个性化,并与整体心理状态紧密相关的表象。在这个意义上,它变得"客观"了。这种个性化表象与整体心理状态之间的关系非常像抽象语言与抽象思想间的关系。我们可以基于这些前提推导出审美情感的非个体性或超个体性特征,而审美情感中的愉悦的典型特征,则必须在一切情感释放所带来的审美享受的普遍领域中去寻找。然而,作为一种审美现象,审美情感仅在以下情境中发生:在情感释放过程中,观念性或感官性的表象元素自然呈现出来,或者在完美的情况下,这两者完全融合在一起,通过赋予主要情感更深刻、更广泛的关于自身的观念性内容,来支持、证明主要情感,并使其更具独特性。我举几个简单的例子来进行对比,比如,一个普通人,在极度愤怒的情况下,愤怒情绪可能会使他的举止变得更加庄重,言辞也更为高贵。将这种普通人的愤怒与彭斯(Burns)在讽刺加洛韦伯爵的诗中所表现的愤怒相比,或者再进一步,与弥尔顿在《瓦尔登人之歌》中的愤怒,或但丁在《地狱篇》中对佛罗伦萨的讽刺进行比较,就能看出层次上的差异。如果我们深入分析这些例子,留意到当激情所对应的内容更深刻地触及人类生活的核心问题时,激情如何净化、协调其言语表达,我们也就找到了审美分析的正确方向。我认为,所有真正属于审美范围内的愉悦的暗示,都可以被证明是自我表达的有机组成部分,但如果仅仅因为这些暗示本身能带来愉悦而将其视为审美元素,那我们就搞错了方向。① 相反,这些暗示带来的愉悦实际上源自某种特性或状态——比如"高度专注"的状态——正是这些特性增强了它们的表达力。

(译者单位:广州大学)
学术编辑:刘 卓

---

① 参见沃德(Ward)在《大英百科全书》中关于"心理学"的条目。*Enycl. Brit.*, art. "Psychology", p.70, col.1.

媒介、技术与审美经验

贡布里希"图式"的知觉心理学解释

殷曼楟

内容提要 学界一般从概念性图像来理解贡布里希的图式,但从知觉心理学视角则可看到图式的双重面貌,而知觉心理学也是影响贡布里希图像再现观的理论资源之一。因而,图式一方面是概念性图像,在一定语境下,图式往往在画家绘画或观者观画时作为心理投射机制起作用;另一方面,考虑到初始图式何以能生成,则需要假定大脑存在着寻求秩序感的信息处理倾向,这即贡布里希所称的"特征提取器"。贡布里希把图式的双重面貌称为知觉中的意义感与秩序感。不过他始终是个怀疑论者,所以他从未真正接受图式有其确定的知觉心理学基础。初始图式仅是一个假设,它在"制作—匹配"的心理投射与矫正过程中不断消除虚伪性,但其结果也只是适于那一语境的图式假设。贡布里希运用的知觉心理学方法既引发了对图像及相关视知觉问题的重视,同时也为图像再现研究提出新问题给予了理论准备。

关键词 贡布里希 图式 知觉心理学 图像再现

对于贡布里希(E. H. Gombrich)对图像再现与"错觉"关系的看法及其艺术史风格发展的"制作—匹配"的大体逻辑,学界非常熟悉,不过细究而言,其核心概念"图式"究竟应如何理解仍存在模糊之处。对此,笔者打算从知觉心理学的视角入手,继续澄清三个问题:1. 贡布里希所指的"图式"是何性质的?它是社会的,是建构主义的,还是有其先天心理基础的?2. 贡布里希"制作—匹配"是否有某种参照系?这是心理经验上的,还是有客观现实的基础?当我们考虑再现艺术中的透视法技巧何以出现时,这似乎是一个尤其需要辨识的问题。3. 贡布里希的"制作—匹配"选择从艺术家描绘技巧的发展这个角度加以考察,那么如果从观画者视觉经验的角度来考虑,这是否还是同一个问题?并且其中还涉及图像再现图式与观看者视觉经验的关系,那么,观看者可能以什么途径获得图式?对这三个问题的追问不仅关系到对"图式"的清晰理解,更有助于考察贡布里希的图像再现观对当代图像再现研究的影响。从图像再现研究的当代转向来看,贡布里希理论的影响是里程碑式的。这表现在,他所运用的知觉心理学方法引发了对图像及相关视知觉问题的重视,同时也为图像再现研究提出新问题给予了理论准备。

一、"图式"的谜题

"图式"既是贡布里希图像再现论的核心概念,但又是一个不那么确定的概念。一般说来,它会被理解为"概念性图像"、认知结构、知识、某种类似惯例的与记忆积累有关的图式,而从这种角度来考虑,"图式"就很容易会被从符号惯例论与建构主义的角度来理解。上述看法广泛出现在纳尔逊·古德曼(Nelson Goodman)等人的解读中。古德曼在他著名的《艺术的语言》里,便从贡布里希的不存在纯真之眼的主张出发,提出了他的图像符号系统理论。

这种对"图式"的近似理解一直延续至今,比如库利夫(Leslie Cunliffe)将图式视为人们预测并接收特定信息的认知结构。[1] 肯尼迪(John M. Kennedy)则视图式为概念性的:

> 贡布里希认为,画家的出发点永远不能是对自然的观察和模仿,所有的艺术都是概念性的,是对词汇的操作,甚至是最自然的艺术,通常也是从一个简短的仪式性图式开始,这种图式必须加以修改和调整,直到它似乎符合最初的要求。[2]

此类理解并非毫无依据,我们在贡布里希本人那里也往往能看到相应的表述。他在《心理分析与艺术史》一文中将"制作—匹配"的逻辑描

---

[1] Leslie Cunliffe, "Gombrich on Art: A Social-Constructivist Interpretation of His Work and Its Relevance to Education", in *The Journal of Aesthetic Education*, Vol. 32, No. 4, p. 63.

[2] John M. Kennedy, "Gombrich and Winner: Schema Theories of Perception in Aesthetics", in *Visual Arts Research*, Vol. 10, No. 2, p. 31.

述为艺术,尤其是再现艺术风格发展中"对符号的不断延伸和修饰的历史"①。在这里,贡布里希所暗示的"图式",尤其是初始图式就接近于某种语言学意义上的"概念","对再现技巧的掌握在历史上是一个缓慢的过程:它是从所谓儿童艺术或原始艺术的概念性符号缓慢地接近我们所谓的外形。"②而我们在他的《木马沉思录》中对孩子与"马"、醉汉向灯柱致敬的例子中也能看到相似的意见。这或许也启发了贡布里希之后在《视觉图像在信息交流中的地位》中对"代码"等因素的讨论。

有关记忆与心理图像的关系也常常被贡布里希提及,在谈到"观看者的本分"时,贡布里希暗示了若要能让观看者顺利地理解图像制作者的意图,其先在的心理图像对记忆存在依赖。而在他早期对希尔德布兰德(Adolf Hildebrand)的介绍中,我们也能看到这位影响贡布里希颇深的艺术家正是用记忆图像,即"感觉印象的记忆痕迹"来理解儿童艺术的,并且该解释显然也被贡布里希接受了:

> 为了把可见世界读解为艺术……我们必须调动我们对以前看过的一些图画的记忆和经验,又是通过尝试着把它们投射到一片由边框界定的景色上去,来检验我们的母题。③

那么,我们是否可以循此思路来理解贡布里希的"图式",并如古德曼初期那样,将之单纯视为图像再现的一种符号学阐释模式呢?贡布里希的另一些陈述似乎表明情况未必如此简单。在论述希尔德布兰德和勒维(Emanuel Lowy)的观点时,贡布里希明确指出"在我们任何人的头脑中都没有勒维的理论所假定的那种人体、马匹或蜥蜴的图式性画面"④。该立场在之后表述得更加明确,"在生活中跟在艺术中一样,是由预测能力而不是由概念性的知识塑造我们的视觉印象"⑤。同样,

---

① 贡布里希:《心理分析与艺术史》,见于《木马沉思录》,曾四凯、徐一维等译,杨思梁校,广西美术出版社2015年版,第53页。
② 同上。
③ 贡布里希:《艺术与错觉》,林夕、李本正、范景中译,杨成凯校,浙江摄影出版社1987年版,第378页。
④ 同上,第25页。
⑤ 同上,第266页。

有关记忆问题,贡布里希在《通过艺术的视觉发现》中专门辨析了看画中的记忆与识别问题,纠正了勒维的"记忆图像"中图式与记忆的关系,即图式并非记忆图像,但图式能辅助记忆。①

对于上述这些现象及解读对"图式"概念带来的困扰,笔者以为可以参照贡布里希提出"图式与矫正"时的理论背景来进一步判断。贡布里希写出《艺术与错觉》的直接背景是印象主义与拉斯金等人所信任的"纯真之眼"的简单心理学解释。这种信念认为艺术家可以客观复制其视网膜图像,忠实地描绘实际所见的现实世界。而对"纯真之眼"的信任又是置于当时有关"观看"(seeing)和"知道"(knowing)的对立理解之下的。

追溯来看,"纯真之眼"反对的是西方自古代至19世纪主导的先知后看的传统。即用"所知"的先验观念来引导观看,所知决定了一个观看者的观看方式,决定了个人之所见。因此提倡"纯真之眼"的目标便是让人意识到他真正所见的视觉内容。但这同样基于一种知觉论上的信任,即眼睛能不偏不倚地接收所有信息,并将之完整地传递给视觉意识,或是描绘于画布之上。然而,从贝克莱的知觉研究开始,这种"纯真之眼"的信任也被打破了,视知觉,即视觉意识到的内容与现实对象之间存在着相当大的偏差,在视网膜刺激转换为视觉意识的过程中,有大量的主观建构力量的介入,这是大脑神经系统的作用。因此,我们可以留意到,在贡布里希的分析中,拉斯金之后所引介的希尔德布兰德的视觉观提供的是与贝克莱知觉论相契合的一种解释,他用触觉记忆与运动来解释视觉经验,主张视知觉是主观的。

可以看出,在贡布里希展开图像再现的知觉心理学阐释前,业已有三种主要的视知觉解释模型。其一是理性主义传统所推崇的基于先天概念的"所知"观,其二是"所见即所得的"视觉自然主义观;其三是贝克莱的经验主义解释。贝克莱的方案既反对"纯真之眼",也反对用先天观念来解释我们视知觉内容的性质,而主张用记忆、过往经验来解释什么因素建构了我们的视觉性。贡布里希的观点便是在批判反思这三种看法的基础上进行的。因此,正如他在《艺术与错觉》《秩序感》及《图像与眼睛》等文本中呈现的那样,"图式"是一个复杂的甚

---

① 贡布里希:《通过艺术的视觉发现》,《图像与眼睛》,范景中、杨思梁、徐一维、劳诚烈译,浙江摄影出版社1989年版,第8页。

至是有些含糊的范畴,不能简单地用知识、记忆、概念或概念性图像等等来理解。

"图式"谜题给我们留下两个疑问:其一,贡布里希的"图式"究竟是指什么?尤其是当追问到初始图式如何形成这一问题时,其令人疑惑之处会更为强烈。其二,从上述研究者及贡布里希对"图式"、概念性图像、认知结构、知识、记忆等的复杂态度中,我们看到了在贡布里希路径中两种研究方法之间的冲突。一方面我们都认同贡布里希的艺术史风格分析与符号学方法的关系;另一方面,他采用的知觉心理学与生理学研究方法显然又是他图像再现及形式风格研究的基础。那么,我们应该怎样看待这两者的关系?贡布里希是在一种什么视野下将这两种貌似有些冲突的路径统一在一起,并进而推进了对图像再现的"视觉"问题的探讨呢?笔者以为,从"图式"是什么这个问题进入,可以准确地回应这个问题。

二、图式与初始图式问题

首先,笔者拟从贡布里希对"图式"功能的理解入手来捕捉贡布里希对"图式"及初始图式的定位。因为相对而言,图式在艺术家"制作—匹配"过程,以及在观看者观画过程中所起的作用是很明确的。贡布里希主要用预测、心理定向、投射来解释它。

> 若要开动投射作用机制,显然有两个条件必须具备。一个条件是必须让观看者确知怎样填补遗留的空白;第二个条件是必须给观看者一个"屏幕",即一块空白或不明确的区域,使他能向上投射预测的物像。①

该原理可以用贡布里希所举的墨迹之例来理解。在谈到画家利用墨迹获得风景画创作的灵感时,贡布里希将之视为一种心理定向在起作用,即已有的图式会帮助画家在墨迹中看到风景。在墨迹与画家眼中"风景"的交互中,发生着双向的运动:一方是墨迹所提供的线索提示

---

① 贡布里希:《艺术与错觉》,林夕、李本正、范景中译,杨成凯校,第246页。

了某些观念,调动了观看者的心理定向;另一方则是画家的心理定向投射在纸面上,对墨迹信息加以筛选、组合,而想象力在其中起到了极重要的协调功能。

研究者霍洛维茨(Gregg M. Horowitz)有一处总结可以很好概括上述的这种双向运动。他将视错觉归于是对"图像技术与注意力习惯如何在历史地理上不同的再现性文化中积累和传播的问题"①。因此,从艺术描绘技术来说,"这个情形跟随着距离增大知觉趋于模糊的现象相似。"②就如达·芬奇所发现的渐隐法效果那样,通过提供含糊的图像信息或是留白、削减画面信息,画作可以调动我们的想象力、激发心理定向,从而顺利让眼睛看到"某物"。

而从观看者的视觉经验来说,其投射机制按照图式在先原则,便是观看者在特定语境下,带着某种预测,在画作中看到了被再现对象。贡布里希显然更关注图式在预测与投射中起作用的方式,它的知觉原理在《秩序感》中得到了深入说明。通过对格式塔心理学完形论与吉布森(James J. Gibson)信息理论的批判性借鉴,他提出了"视觉中断监测仪"原理:视知觉是有选择性"看到"的。

> 视觉焦点是狭窄的,但视域是广阔的,明显的中断即使是在视域的边缘也会被看到,因而引起中断监测仪的警觉,使它移向该点进行探测。……眼睛在快速扫描环境时并不向大脑提供任何信息,只有当它处于相对静止的状态时才能提供信息。③

这样,在眼睛快速沿着诸如轮廓这样的画面线索移动时,观看者是带着某种预测、按某种轨迹进行的,并在不经意间根据预测和画面的线索随时提供补充信息,从而轻而易举地看到某物。这种视觉经验会在诱导性的画面线索中,忽略掉在其中与预测相违合的缺省或冲突信

---

① Gregg M. Horowitz, "Gombrich, Ernst Hans Josef (1909 – 2001)", in Michael Kelly (ed.), *Encyclopedia of Aesthetics*. 2nd edition, Vol. 3, New York: Oxford University Press, 2014, p.209.

② 贡布里希:《艺术与错觉》,林夕、李本正、范景中译,杨成凯校,第270页,同时参见第262页。

③ 贡布里希:《秩序感》,范景中、杨思梁、徐一维译,湖南科学技术出版社1999年版,第137页。

息。这便是错觉画会成功的原因,这是"当心灵受骗而跑到事实之前"①时会出现的错觉。其实在错觉画中,其描绘技术与我们的投射习惯恰恰可以揭示出"所见"背后的图式影响。当然,反之,如果观看者眼睛确实意识到了"中断",我们则会看到"全新"的画面本身。

其二,据上述投射的知觉机制来看,图式,尤其是我们所能设想的初始图式可能是什么?既然它并非先验观念,也非建构论解释模型下的知识、认知型、记忆积累,那么这其中核心的问题是:"图式"是从社会语境论下来理解?抑或是它可从生理心理基础上得到充分解释?就贡布里希的回答看,他是综合了这两种方向上的解释模型,从而提供了综合符号论、知觉心理学与情境论的"图式"解释。

在《艺术与错觉》中,贡布里希尽管拒绝了知识、概念性图像与记忆的解释,但他给予的"图式"解释依然偏于含糊。我们大致从其论述中获得两点信息:一、图式可能源于某种个人主观猜测,它是在我们每个人脑中唤起的不确定的、瞬间出没的东西,是"一种随机的运动","由习惯和传统所决定的一个猜测"②;二、图式接近于分类。"图式代表那首次近似的、松散的类目,这个类目逐渐地加紧以适合那应该复现出来的形状。"③而投射从心理学上来说也就是一种心灵分类、归档的能力,投射机制即"我们心灵中的归档系统"④。这样,图式便是源于心灵先天的分类能力。不过,鉴于贡布里希讨论的知觉理论语境,这种心灵归档的分类能力需要与先验概念的理解区分开。有趣的问题便产生了:结合上述两种理解,贡布里希给我们提供了一种怎样的"图式"?它似乎过于不确定与含糊了。然而,贡布里希并未试图克服这种含糊性。或者说,关于图式究竟是源于后天语境建构,还是基于先天心理机制的可靠,他并不想给出确定的答案。正如他所说,"艺术家向它投射物像的那个初始形状是人造的还是发现的,这确实不太重要。重要的倒是他从这个初始形状中能够画出什么东西来。"⑤

我们如何看待贡布里希在《艺术与错觉》中含糊表述的"图式"性质?

---

① 贡布里希:《艺术与错觉》,林夕、李本正、范景中译,杨成凯校,第260—261页。
② 同上,第106页。
③ 同上,第86页。
④ 同上,第124页。
⑤ 同上,第225页。

结合《秩序感》中贡布里希的知觉理论方面的发展，他在《艺术与错觉》中一段用意不太明显的话或许应引起注意。他同意了语言学家沃尔夫（Benjamin Lee Whorf）的观点，"与其说语言是给已有的事物或概念命名，不如说它是把我们的经验世界分节。我们猜想艺术物像起同样的作用"①。这里所谓的"把我们的经验世界分节"是一个饶有兴味的表述，它似乎传递了图式所依据的心灵归纳能力中较之于分类更细微的一些操作，并且该操作能够包容初始图式的模糊、松散与灵活性。这是一种能够同时兼容视觉主观性与程式支配性的"关系模型"。②

恰恰是有关这一点，《秩序感》基于知觉心理学成果与波普尔（Karl Raimund Popper）的科学逻辑做出了更为系统的阐释。尽管《秩序感》分析的是装饰风格演变背后的心理动因，不过贡布里希用于理解其演变背后的理论资源与图像再现研究是一致的。

吉布森的生态光学与信息理论为贡布里希所讨论的"秩序感"提供了一种视知觉生理学心理学上的解释方案，从而取代了"照相机模式的知觉理论"③。这种生态光学论主张，有机体在运动中观察现实环境，并通过观察获得不断变化着的外在视觉环境的不变量信息，这包括了梯度层次秩序、边缘轮廓等，"我们在周围环境里活动时所感受到的种种变化之中隐含着的秩序"④。这种原理预设了我们的知觉系统获取、处理信息的能力及其与外在视觉环境的合作的能力，可以成为观看者在观看过程中做出"预测"的基础。并且，知觉系统在此过程中是有进化能力的，这也体现为有机体的预测能力的提高。这种理论成为贡布里希秩序感讨论中核心的"视觉中断监测仪"原理的基础。

吉布森的地面理论与知觉系统的信息理论一方面为贡布里希提供了理解"秩序感"的基础，也在一定程度上提供了有关初始图式何以获得一种先天秩序感需求及能力的假设。《艺术与错觉》中所指的某种心灵归纳能力，可以是源于大脑的信息处理机制，即《秩序感》中所称的"特征提取器"。贡布里希描述了它的几项特征：第一，这是一种选择原理，它将自外界而来的信息加以选择并整理，并存储在神经系

---

① 贡布里希：《艺术与错觉》，林夕、李本正、范景中译，杨成凯校，第107页。
② 同上，第108页。
③ 贡布里希：《秩序感》，范景中、杨思梁、徐一维译，第127页。
④ 同上，第4页。

统中。

　　脑子中的这类选择器是根据与有机体的生存有影响的印象进行工作的。有一部分图形已预先储存于中枢神经系统之中,一旦有机体在自然中遇见这类图形,便会马上引起一连串的反应。①

第二,这种"特征提取器"存在于有机体的知觉系统之中的,是一种"生物倾向"。第三,"这些装置又必须符合一般的几何关系",并"对诸如平行线和垂直线等特殊安排起反应"。② 据此,我们可以设想某种初始图式是如何在有机体与自然视觉环境的互动中形成的可能,这一解释显然也是贡布里希所赞成的。就如他在讨论透视法时也赞成了吉布森透视观的原理,即其生成于视觉世界中,是从特定角度获得的观察。③

然而,贡布里希有关初始图式的看法有一点却与吉布森有着根本差别,他质疑了吉布森所信任的视觉信息不变量获取的现实基础与生理基础。在1971年的评论中,贡布里希曾明确地指出了他不同意吉布森生态光学之处:吉布森是不能接受图式与矫正这种不断假设、检验假设、矫正假设的过程的,因为他相信自然环境能提供关于光学阵列的完整信息。④ 相较而言,贡布里希更信任波普尔的知觉证伪方法,即"图式"的开始仅是一种假设,而对图像再现的各种探索就是对初始假设的不断试错、证伪感知并矫正图式的过程。

结合贡布里希对吉布森知觉论的这双重立场,我们或可综合地来看他在最初讨论初始图式时呈现的模糊、不确定特征,以及提到的"把经验世界分节"的看法。图式的含糊性始于三种考虑:其一是由于贡布里希所坚持的始于"假设"的科学方法。其二,所谓的"心灵归纳分类"也不足以充分概括知觉系统获取视觉信息不变量时的特征。贡布

---

① 贡布里希:《秩序感》,范景中、杨思梁、徐一维译,第128页。
② 同上。
③ 同上,第125页。
④ E. H. Gombrich, "On Information Available in Pictures", in *Leonardo*, Vol. 4, No. 2, p.195.其实在《秩序感》中,贡布里希也不太明显地提到了这一点,"他在研究视知觉正常过程时拒绝使用'假设'这个术语",贡布里希:《秩序感》,范景中、杨思梁、徐一维译,第3页。

里希曾提出,人们对外形大小的感知是相对性的,这不能作为一种实体来理解,而应视为某种相对的关系模式。① 而在后来的《镜子和地图》中,他也更详尽地分析了相关的知觉问题。用吉布森的话来说,这是一种分化并辨析知觉,让知觉明确化的一种方式。在此过程中,有机体获得了对光学信息之间关系模式的把握,也包括了对不同知觉之间关系模式的把握。同时,"经验分节"的看法也同样出现在贡布里希对波普尔"心灵水桶理论"与"探照灯理论"的解析中,他以此来指有机体不断探索环境时,感知日益由模糊走向明确、分化、分节化的过程。可见,在此问题上,波普尔与吉布森有相近之处,并都启发了贡布里希。② 因此,"图式"不能简单地代表某种符号上的归纳分类,而是代表了对相关"关系"信息的获取。其三,"图式"不排斥社会历史语境中惯例、知识、认知结构、经验积累等后天因素的影响,这是贡布里布在《秩序感》中指出知觉中的意义感与秩序感两种因素的原因,这将在下文讨论。全面来看,贡布里希的"图式"是一个特别包容的、复杂性的、成长型概念。这也恰恰是其"图式"偏于含糊的主要原因。

三、匹配参照物的迷雾与情境逻辑中的"图式"

在上文中,我们已经接触到贡布里希是在何种考量下对"图式",尤其是初始图式概念做的相对含糊的处理。显而易见,随着我们聚焦"制作—匹配"与"矫正图式"的关系,"图式"这个概念会呈现出其更为错综复杂的特性。这种图式复杂性恰恰也是贡布里希在知觉心理学意义上所发现的知觉复杂性。

首先,从"制作—匹配"这个角度来考虑,其基本运作原理说明的正是我们在聚焦初始图式时所未必能注意到的那些性质。

按照贡布里希的理解,图像再现的创作过程也就是投射预测、检验乃至矫正预测的制作与匹配过程。艺术家带着某种或许一开始颇为简单的规律性猜测出发,这种猜测甚至可能是无根据而随机的,去

---

① 参见贡布里希:《艺术与错觉》,林夕、李本正、范景中译,杨成凯校,第363页。
② 同上,第31—32页。

考察自己的那个图像。按照波普尔验证假说的试错逻辑,通过排除法,通过种种猜测成功、失败的信息反馈,逐渐探究世界的真相。按照知觉心理学的理解,则知觉是主动的,这是在不断检验、矫正的过程。这是不断辨析知觉,使知觉变得明确的过程,是知觉系统在无数次的学习中进化的过程。"不论是在思想上还是在知觉上,我们都不是学概括。我们所学的是把毫无差别的一个整体特殊化,分节化,做出一些区分。"① 这应该是贡布里希选用皮格马利翁比喻的主要理由。或是如他那个堆雪人的比喻:并没有一个预先存在的雪人,我们只是在把玩、捏弄雪堆的过程中,最终得了某个"雪人"的形象而已。如若这个制作与匹配的过程不是依赖于某个"雪人"或"人"的理念,那它是遵循什么参照系去匹配的呢? 是否如我们在模仿说中一般所认为的那样,是比对真实的模仿对象? 恰如在探究"初始图式"时会遭遇的问题一样,对于匹配的参照系是什么这个问题,我们也往往看到不尽统一的回答。而对此问题的澄清,对于我们理解贡布里希的"(矫正)图式"也是相当重要的。

　　我们可以在贡布里希讨论"制作—匹配"时观察到一种貌似矛盾但又颇为统一的态度,即这种分析方法体现出某种怀疑论与相对主义的特征,但他又是反对学者们对他该理论的此种解读的。② 笔者因此也从这个角度切入贡布里希对"图式"的理解,从而进一步澄清"图式"概念。

　　其一,贡布里希的"制作—匹配"始于作为某个假设的图式,在"制作—匹配"连续的心理定向的投射与矫正过程中,其各阶段的结果也始终是某个作为假设的图式。在贡布里希的理论尤其是其早期理论中,这一理解是其主导的立场。人类"能够通过试错法,通过从一个假说转向另一个假说、不发现能确保我们生存的假说不罢休的方法,去进行探索和学习"。③ 这种态度总体上可视为一种视觉怀疑论的态度。贯穿并影响观看经验的"图式"始终被视为假说,这意味着"图式"不涉

---

① 贡布里希:《艺术与错觉》,林夕、李本正、范景中译,杨成凯校,第 118 页。
② Branko Mitrović, "Visuality After Gombrich: the Innocence of the Eye and Modern Research in the Philosophy and Psychology of Perception", in *Zeitschrift für Kunstgeschichte*, 76. Band, 2013, p.71. 作者与贡布里希有交往,提到了贡布里希是反对古德曼的误解,因而也反对相对主义立场的。
③ 贡布里希:《艺术与错觉》,林夕、李本正、范景中译,杨成凯校,第 396 页。

及正确错误,只涉及合适,以便更接近于预测与当下情境。并且,如果说初始图式是某种猜测与假说,那么,贡布里希也从未允诺在无数次的"制作—匹配"后,会建构出某个确定而正确的图式。这样,无论匹配参照系是什么,它也未能提供稳定的矫正标准。

> 每一个观察都是我们对大自然所提出的某一个问题的结果,而每一个问题又都蕴涵着一个尝试性的假说。我们之所以要寻找什么东西,那是由于我们的假说促使我们期待某些结果。我们且来看看那些结果是否出现,如果那些结果不出现,我们就必须修改我们的假说,再度尝试,尽可能严密地以观察去检验它……①

其二,需要注意的是,贡布里希早期这种颇具怀疑论色彩的态度在其后期的理论中则出现了一些调整。

这体现为他对吉布森知觉理论部分观点的认可,认为光学阵列提供了知觉物体边缘、形式、梯度关系所需的客观信息。这在很大程度上保证了在比照现实世界时,其匹配参照系的可靠性和稳定性,不过,将之归于现实可见世界提供的客观可靠性,这种结论未免过于简单,亦很易于与模仿现实的主张相混淆。而究其知觉理论的资源,这种客观可靠性其实是现实可见世界与知觉系统这两方面协作提供的。

霍洛维茨对"图式与矫正"提出过一种辩证的理解,称之为模仿的辩证性,该阐释可以很好地代表本文这里所遭遇的问题。"一幅图作为一个主题的忠实再现而画出,并根据它所塑造的视觉世界的元素进行测试,然后根据感知上的差异进行修改。"②这一判断既代表了制作与匹配原则的主流理解,同时也提炼出了匹配参照系理解的两个维度,即作为现实的参照系与感知经验上的参照系。

一则,恰如瓦萨里叙事及其影响所呈现的那样,将图像再现的制作与匹配过程理解为通过再现技巧的演变不断逼近对世界的客观表达的这种见解是相当有号召力的。许多研究者的初步判断便是画家是否能让观看者在其画作中辨认出再现对象。当然,从贡布里

---

① 贡布里希:《艺术与错觉》,林夕、李本正、范景中译,杨成凯校,第387页。
② Gregg M. Horowitz, "Gombrich, Ernst Hans Josef (1909 – 2001)", in Michael Kelly (ed.), *Encyclopedia of Aesthetics*. 2nd edition, Vol.3, p.209.

希的论述来看,他对此是不置可否的。对于现实作为客观参照系,他有着更辩证的分析,即主张在一定条件下承认现实真实作为参照系的可靠性。这令他与通常的视觉自然主义信任者,以及古德曼这样的符号惯例论者区分开来。在《艺术与错觉》第二版序言与中译本导言中,贡布里希回顾式地提到尽管他主张没有纯真之眼,但制作与匹配是有其客观性标准的,这保证了图像再现真实性、准确性等一系列的可靠性。"矫正这个词蕴涵着更为接近真实的意见,至少也是消除虚伪性。"①但对此问题的回答并不是在《艺术与错觉》,而是在之后的文章中。

在《艺术中的视觉分析》中,贡布里希为我们留下了如何理解其导言中所持立场的机会:画家所借助的是把物像保留在心灵中的能力,即"把大量相互关系保留在心灵里的官能"。② 贡布里希这里所说的便是他之后在《秩序感》中所提出的主张,即知觉预测的部分内容是由内在秩序感提供的,其内容不是对现实物像的复制,但却是对现实关系模式的把握。这可以令那个画月亮的孩子通过比对与努力,让他的再现内容被辨识为像轮月亮,即使它也很像一枚银币。这种图式与现实之间参照的桥梁有如知觉理论所表明的那样,秩序感是可以有现实基础的。自然环境中隐隐有着某种秩序,它可以呈现为光学现象上规律性的梯度变化与边缘轮廓,并且这些秩序在生理上能够被包括人与动物在内的有机体所把握。"在进化的过程中,各种秩序先经过检验而后得到确立。显然,文化可以得益于这样产生的秩序。一切秩序都不太可能是偶然产生的,这也许可以作为讨论的出发点。"③这一点或者就是在与古德曼的论争中,贡布里希认为透视法在其特定条件下具有客观有效性的原因。只有当透视法不仅仅是一个惯例时,瓦萨里叙事的再现技法才可能逐步完善下去。④ 也就是说,现实环境与知觉系统的能力可以为匹配提供一种可靠性。

---

① 贡布里希:《艺术与错觉》,林夕、李本正、范景中译,杨成凯校,第 V—VI 页。
② 同上,第 373—374 页。
③ 贡布里希:《秩序感》,范景中、杨思梁、徐一维译,第 7 页,《艺术与错觉》中虽所提不多,但亦有体现,参见贡布里希:《艺术与错觉》,林夕、李本正、范景中译,杨成凯校,第 331 页。
④ David Carrier, "Perspective as a Convention: On the Views of Nelson Goodman and Ernst Gombrich", in *Leonardo*, Vol.13, No.4, p.284.

这种对于知觉的理解其实正是"试错法"的核心理念,也是贡布里希综合科学方法与知觉心理学方法的根本理念:"坚持我们视觉经验中的主观因素并不意味着不承认其客观的真实成分。"①当然,贡布里希只是暂时认可了这种可靠性,因为自然中光影的梯度信息仅在近景观察时才是清晰和稳定的,而在观看远景时,梯度信息便会因距离拉远而变得模糊不清且不稳定。②贡布里希提出近景与远景这种视觉经验上的差异,尽管主旨是反对吉布森分离观看现实世界经验与观看视野经验的做法,但仍是在现实信息与知觉能力作为匹配参照系的客观可靠性与不确定性之间留下了游移的空间。

其三,"制作—匹配"中所遭遇的匹配参照标准问题,为我们辩证地理解"图式"的客观可靠性依据及其始终是"假设"的特征提供了依据。当然上文所提及的可见世界主要指的还是自然界,正如贡布里希所批评的那样,这种"世界"未免过于简化了,它只是自然生态情境,一种无干扰的标准情境,它并不能应对艺术实践与视觉实践中遭遇的大多数问题。于是,我们可以饶有兴味地看到,他会有"世界决不会向我们呈现中性的画面;意识到世界就是意识到我们能够试验并检验其有效性的那些可能情境"③的说法,指出这一点的意义在于,这扩大了考察"制作—匹配"进程的有效范围。观看者是在自然与社会文化情境中观察世界的,尽管贡布里希这里主要指是的图式投射于自然,但这种情境也应包括社会文化情境。这样的"情境"包含了记忆、知识、认识、惯例等因素,从而"制作—匹配"过程便涉及了知觉习得与再塑过程。这也与贡布里希对"图式"持猜测、假说的主导立场相一致。在特定情境下,个人会采取既符合个人心理倾向与行动目的,但又顺应社会情境的合乎逻辑的行动。这也就是我们所看到的"图式"的矫正。

可见,情境逻辑在贡布里希的图像再现知觉研究中的引入,很好地平衡了个体知觉与社会体制的关系,它保证了我们所理解的知觉过程不会进入一种彻底文化建构主义与相对主义的惯例论解释。"因

---

① 贡布里希:《镜子与地图》,《图像与眼睛》,范景中、杨思梁、徐一维、劳诚烈译,第223页。
② 参见贡布里希:《"天空是界限"苍天之穹与图画视觉》,《图像与眼睛》,范景中、杨思梁、徐一维、劳诚烈译,第205页。
③ 贡布里希:《艺术与错觉》,林夕、李本正、范景中译,杨成凯校,第332页。

此,所有图像都是通过惯例图式并运用特定媒介来构造的这一事实,这并不说明再现是相对的,就如极端相对主义的教条所坚持的那样。"①

四、两种知觉意义上的图式概念

综合上文的考察,笔者以为可以从上述三个层面来理解"图式"的复合性质。实际上,作为一种包容性颇高的概念,"图式"意味着一种可以理解图像再现演变及其观看图像实践的综合分析框架。正如贡布里希反复强调图式及其不断矫正过程也正是知觉过程那样,通过对于图像描绘中"知觉"性质的概括,贡布里希其实也从另一侧面协助了我们对"图式"的理解。

在《秩序感》中,贡布里希区分出了意义的知觉与秩序的知觉。尽管其表述未必特别起眼,但却非常关键。

> 再现意义的引进提出了完全不同的知觉问题,这一点还有待于证明。这种不同来源于知觉仪的两重性——它的秩序感和它的意义感。秩序感可以使我们找到刺激在时空中的位置;意义感可以使我们从生存的角度对刺激作出反应。②

这在另一处被表述为是画家描绘与人们观察环境过程中,"根据意义原理和简单原理对印象进行整理和分类这一点上的类比"③。

其中意义原理,即知觉的意义感是指观察者在观察其所处情境时,将其内在的预测与外部意义框架所进行的比对,这意义框架自然包括了各种社会情境、人的认知能力等诸多内容。它们共同调整了一个人知觉经验的内容。我们可以从"意义的知觉"角度来理解在《艺术与错觉》中多次出现的"调动我们对可见世界的记忆和经验,通过试验

---

① Leslie Cunliffe, "Gombrich on Art: A Social-Constructivist Interpretation of His Work and Its Relevance to Education", p. 68.
② 贡布里希:《秩序感》,范景中、杨思梁、徐一维译,第159页。
③ 同上,第130页。

性的投射来检验他的物像"①等诸如此类的表达。

而简单原理,即知觉的秩序感则是可见世界中光学信息的内在秩序、关系模式的获得与运用,它体现为观察者面对视觉空间时知觉系统的推算能力,即贡布里希反复强调的预测或心理定向。因此我们会看到,在提出了知觉的意义感与秩序感时,贡布里希迅速地把他在《秩序感》中所欲讨论的知觉的秩序议题与《艺术与错觉》中的图像再现议题建立了知觉意义上的底层联系。"我们便从一个有些无法预期的角度回到了《艺术与错觉》的主题之一——用'图式'来解释可见世界。"②

综合对知觉的秩序感与意义感的双重理解,可以认为,贡布里希提供了一种颇具灵活性的"图式"理解。而《艺术与错觉》与《秩序感》这两部集中从知觉原理来梳理艺术风格的著作,从知觉的不同维度,合力向我们呈现了一个完整的"图式"概念。就此而言,这两本著作中对鸭兔图的运用与阐释方式③,恰恰喻示了他在两本著作中对"图式"所作的各有侧重的分析。《艺术与错觉》中,鸭兔识别属于认识论上的意义知觉问题,因此观看者在预测与比对概念识别的过程中,只能或是看见鸭头,或是看见兔头。而在《秩序感》中,鸭兔图的系列纹样呈现的方向感则是秩序知觉的问题。④ 在此秩序感所引导的心理投射下,我们看到的是众多鸭兔图的图像序列所呈现的画面形式秩序。"'鸭—兔'图会使我们相信,秩序和意义的相互作用具有复杂的力量。"⑤而贡布里希在其中所意识到的显然也包括"图式"的复杂力量。

贡布里希对"图式"的多层次理解,内在包蕴了一个视知觉学习的主动过程。用他在《秩序感》中发展出的理解,它始于最简单的、最原始的假设,"制作—匹配"是一个从简单到复杂的领悟世界的过程,而不是从抽象到具体的发展。当他用这一思路来理解图像再现及其艺术错觉的目标时,也就是把视觉问题引入对图像再现的研究中,这种问题域上的拓展对于当代图像再现研究有着深远的影响,因此不少研

---

① 贡布里希:《艺术与错觉》,林夕、李本正、范景中译,杨成凯校,第378页。
② 贡布里希:《秩序感》,范景中、杨思梁、徐一维译,第130页。
③ 两图参见贡布里希:《艺术与错觉》,林夕、李本正、范景中译,杨成凯校,第4页;贡布里希:《秩序感》,范景中、杨思梁、徐一维译,第161页。
④ 贡布里希:《秩序感》,范景中、杨思梁、徐一维译,第161页。
⑤ 同上,第162页。

究者进入此话题的论争都会涉及对贡布里希图像再现错觉观的看法。

但他集中关注的仍是艺术家制像问题。因此在其分析中,艺术家描绘与观看者观画的视觉经验没有得到明确区分。他几乎默认了初始的、最简单的图式假说的前提,并且这会成为双方在图像再现在制作与欣赏过程中以及不断试错过程中的共同基础。但这并不能说明并不具备初始图式的观看者何以能欣赏图像。

在观看者观画的视觉经验中,他主要面临的任务有两种可能:他或是调用内在的心理投射,结合图像线索看到再现内容,这其中可能出现观看者有多个内在的心理预测,而他会在与图像线索的合作中,激发某个预测,看到画中对象;又或,我们不得不考虑观看者直接面对一幅极其陌生图像的机率,那么是否存在着观看者直接通过观察图像线索而获得图式,即图中视觉相关信息的可能性?尽管后种可能发生的概率很小,但仍然留下了一个有待考察的图像再现的视觉问题。

意识到这种视觉经验的区别是重要的,因为它直接牵涉到图像再现视觉问题中的二维平面与三维再现空间的视觉经验不一致这个核心问题。尽管贡布里希在反对纯真之眼的图像再现观中指出了两种视觉经验的差异,但他是用视知觉的心理定向与投射机制解决了这二者的冲突,而非真正地面对了这两种视觉经验的差别。这其实也是他与其他图像再现的知觉论者的主要分歧。贡布里希的知觉理解模式是能够解释文化环境中的通常观看经验的,甚至,这种知觉模式也在我们观画与绘画时起到至关重要的影响。但从知觉系统的主动性与可能性来说,他忽视了一个重要问题,即在观画之时,有无可能同时看到画面本身以及画中的再现内容。如鸭兔图所示,在他的知觉模式中,观看者是无法做到这一点的。

笔者以为,在此问题上,吉布森对于两种视觉经验的理解恰恰是提供了视觉注意双重性的这一可能。

> 当他看一张图画时,这和他看世界时是一样的。他只能注意到知觉所再现事物的信息,或者他能注意到图画本身,对媒介、技术、风格、构图、表面及表面的处理方式。当然,从一种态度转向另一种态度是可能的,有些图画简直是迫使我们在图画中的虚构对象与图画这个真实对象之间来回观看。而观看者有可能以各

种不同方式结合这些态度。①

在回应贡布里希时,吉布森提出了这种视觉注意力可不断切换的状态,以及观画中这两种观看方式的结合对于图像再现的重要意义。也就是说,看到图画本身与看到画中再现内容的结合能促使我们恰当地看到那再现性图像。这种观点一方面提示了观看者再现性观看的问题,同时也为观看非现实主义风格绘画提供了另一种知觉上的可能性,这在沃尔海姆的图像再现理论中得到了关键的发展。

(作者单位:南京大学哲学学院、艺术学院)
学术编辑:张 冰

---

① James J. Gibson, "The Information Available in Pictures", in *Leonardo*, Vol. 4, No. 1, p. 32.

什么是"混沌"美学
——一个数学概念的美学与艺术旅行

耿弘明

内容提要 混沌(chaos)是一个科学与艺术交汇的跨学科的重要概念。在现代性批判方面,混沌概念挑战了启蒙运动以来的线性进步观和决定论,同时肯定了非理性、反机械化的混沌的意义。在艺术创作论方面,混沌理论强调了创作中的偶然性和自组织性,肯定了孩童视角与非分化特征。关于艺术中的秩序与熵的问题,混沌理论则提供了一个调和秩序和无序的新视角,鲁道夫·阿恩海姆的理论认为艺术形式既不是完全的随机,也不是绝对的秩序,而是介于两者之间的复杂状态。在科技与艺术深度交互的未来,混沌不仅是一个历史上的跨学科概念,更是未来促进科学与艺术之间交互的重要工具。

关键词 混沌 熵 现代性批判 复杂艺术 解构

引言 混沌:一个概念与 N 个学科

什么是混沌(chaos)?为何这个概念可以跨越学科边界,同时出现在数学与美学中?为何它一方面是严肃的科学概念,一方面又像是前现代神秘学的残留?如今,混沌散落在自然科学、哲学社会科学、文学艺术、大众文化中,如果绘制一张简单的地图,大概是这副模样——

首先,地图的中心区域是数学和科学领域,混沌这一概念有着明确而严谨的定义,它指的是在确定性系统中出现的一种看似随机但实际上遵循某些内在规律的复杂行为,这种行为的核心特征是对初始条件的极度敏感性。这一概念的早期思想,如随机、细微干扰等,也体现在牛顿、拉普拉斯的思考中,在费根鲍姆(Feigenbaum)等现代科学家这里得到进一步发展。① 混沌现象可以在许多系统中观察到，如双摆系统（double pendulum）、湍流（turbulence），以及某些化学反应，大众文化中最为人熟知的模型是"蝴蝶效应"，在爱德华·洛伦兹（Edward Lorenz）的大气对流模型中，初始条件的微小变化可能导致完全不同的长期结果，从而构成蝴蝶效应：亚马孙雨林中一只蝴蝶翅膀的振动，也许两周后就会引起美国得克萨斯州的一场龙卷风。②

其次，地图四周则是更广泛的地带，是更广泛的艺术实践领域和大众文化领域，这里的混沌常常与创造力、无序、复杂性和不可预测性联系在一起。例如抽象表现主义画家杰克逊·波洛克（Jackson Pollock）的滴画技法，约翰·凯奇（John Cage）的作品通过引入环境声音作为音乐的一部分，都模糊了有序与无序、意图与偶然之间的界限。在某些新时代人生哲学和现代神秘学中，混沌与涌现等概念一起，同时借力复杂科学与古代哲学，成为反对过于科学化的还原论的一个重要概念，例如用混沌理论构建人生哲学，辅助人生决策。③

最后，构成连接地图中心与地图四周道路的，还有两类：第一类是分形艺术、控制论艺术、计算机艺术等领域，它们是艺术家、哲学家与数学家构成沟通的方式。许多复杂艺术作品模拟自然界中的模式和过程，如生态系统的动态、天气模式、生物进化等，呈现出如分形结构、混沌行为和自组织系统的特点。以分形艺术为例，分形是一种自相似的结构，即部分与整体在某种程度上呈现相似性，这种结构可以在自然界中找到，如雪花、树叶的脉络、河流的分支等，分形艺术通过数学算法生成这种重复且无限细化的图案，展现出视觉上的复杂性和美感。澳大利亚数字艺术家乔纳森·麦凯布（Jonathan McCabe）通过电脑生成的图像，采用基于自然界的算法，如反应—扩散系统（Reaction-Diffusion systems），生成既有自然感又具抽象美的图形。④ 约翰·布

---

① Christian Oestreicher, "A History of Chaos Theory", in *Dialogues in Clinical Neuroscience* 9.3(2007): pp.279–289.

② Edward N Lorenz, "Deterministic Nonperiodic Flow", in *Journal of the Atmospheric Sciences*, vol.20, no.2, 1963, pp.130–141.

③ Jonathan Kalan, "What Chaos Theory can Teach us about Life Transitions", accessed June 23, 2024, https://beunsettled.co/blog/chaos-theory-unsettled/.

④ Jonathan McCabe, "Cyclic Symmetric Multi-Scale Turing Patterens", accessed June 23, 2024, https://archive.bridgesmathart.org/2010/bridges2010-387.pdf.

里格斯(John Briggs)的《分形：混沌的模式》(*Fractals: The Patterns of Chaos*)专门探讨了分形(fractals)以及它在艺术、科学和自然中的广泛应用。[①] 第二类则是很多理论家使用的源自数学的概念，如平面、分子、复杂、熵等，探讨艺术思维与艺术创作中的秩序问题，20世纪三位重要的理论人物，德勒兹(Gilles Deleuze)、塞尔(Michel Serres)、莫兰(Edgar Morin)，都将"混沌"作为理论的一种思路，并广泛征引数学概念，将它写入了20世纪思想史的重要一页。再如，视觉艺术理论的代表性人物阿恩海姆(Rudolf Arnheim)等也都将复杂科学与艺术哲学融为一体，思考秩序与无序的问题。

这些混沌是分散在不同学科中的独立概念，还是说，它们可以构成一个整体的谱系？如果可以构成一个整体的谱系，那么，在思想史与艺术史的意义上，它们的因果关系与影响层级又该如何确定？本文将主要分三个部分探讨这一问题：第一，20世纪，"混沌"为何成为前现代的同义词，福柯等思想家为何使用这个概念来批判现代性，从而使它具有感性解放的美学意味？第二，在庄子、尼采、毕加索那里，为何艺术创作的发生是混沌化的，为何混沌思维能创作顶级艺术？第三，20世纪数学中的"混沌"体现出的秩序与无序的问题，如何与艺术形式构成了密切的关系？

一、前世界、前现代与反现代："混沌"如何构成现代性社会的批判

从时间属性上，"混沌"在有序世界之前；从生成属性上，它诞生了有序世界。在西方语境中，"混沌"一词的词源可以追溯到古希腊语。在古希腊神话和宇宙起源学中，这个词最初用来描述宇宙创生之前的原始状态，赫西俄德(Hesiod)在其著作《神谱》中将混沌描述为最初存在的事物。在东方文化传统中，也存在着类似于混沌的概念，尽管其表达和理解方式可能与西方传统有所不同，盘古开天辟地的故事是宇宙从一个混沌状态到有序状态的转变的故事，有关盘古的传说最早见

[①] John Briggs, *Fractals: The Patterns of Chaos*, New York: Simon and Schuster, 1992.

于《三五历纪》——"天地混沌如鸡子,盘古生其中。万八千岁,天地开辟,阳清为天,阴浊为地。盘古在其中,一日九变,神于天,圣于地。天日高一丈,地日厚一丈,盘古日长一丈。"这个故事中的混沌是一个无边无际、不分昼夜、一切元素混杂在一起的状态。

需要注意的是,在当代西方语言中,"chaos"这一概念具有多层含义,它同时包含了神话意义、科学意义和日常的意义。在神话中,混沌常被描述为宇宙创生前的原始状态;在科学领域,特别是混沌理论中,它指的是看似随机但实际上遵循某些复杂规律的系统;而在日常用语中,它往往表示极度的混乱和无序状态。本文在谈到这一概念时,综合考虑了这些不同层面的意义,这种多维度的理解使得它成为一个丰富而复杂的概念,呈现出秩序与无序、可预测性与不可预测性之间的张力。

在哲学和社会理论中,混沌概念被使用时,混杂了它的神话含义与日常含义,常体现出无序与有序、自然状态与文明状态之间的辩证关系,它与自然、魅等概念构成了近义词语族群,与机械、工业、理性、还原等构成了反义词语组群。混沌除了无言沉默与形式表达的对立外,还突出了无秩序世界与有秩序世界的对立。人类社会正是有秩序世界的演化与进步过程。"混沌"与现代性批判有关,也正是基于这个意义上的。

现代性正是意味着旧的混沌秩序的消失,规则社会与工业社会的建立。在近代中国无比渴望现代性的情绪里,《益世报》上刊登的一则讽刺小品,非常有趣地说明了这个问题,文章认为彼时中国的天气、社会、人性都一片混沌,渴求出离这种"混沌":"一混沌未去,一混沌又来,混沌之中,复有混沌。安得乞取盘古氏之斧,一一凿开其窍耶!呜呼!"[①]这一词在政治上颇有负面意味,人们无比渴望一种科学化的清晰,这才是现代国家的模样。

需要在现代性批判、技术批判这一传统中定位"混沌",才能理解为何现代中国渴望清晰,而现代西方则开始了对"混沌"的渴求——在现代性批判中,"混沌"与"秩序"倒转位置,"混沌"成为现代人充满乡愁的美好的家园状态与美学状态也就顺理成章了。

第一,在主体性层面,现代性社会的核心在于摆脱混沌,进入理

---

① 观钦:《说混沌》,《益世报》,1919年12月24日。

性、明晰的状态,现代性批判则呼唤对混沌状态的复归。在海德格尔的名篇《世界图像的时代》中,他使用了"混沌"一词,把它与主体理性放置在一起进行讨论,他指出:"一个特别因为本质上无条件的主体的优先权,源于人类对绝对不可动摇真理基础的要求,即对一个内在稳定、不可动摇的真理基础的要求,以确定性(Gewißheit)的意义……自由的本质,即绑定到一个有约束力的东西,被重新定义了。但是,因为根据这种自由,解放了的人自己设立了这个有约束力的东西,所以它现在可以被不同地定义了。这个有约束力的东西可以是人类的理性(menschenvernunft)及其法律,或者是从这样的理性中建立起来的、有对象性地排序的存在,或者是那个尚未排序的、通过对象化首先需要被控制的混乱(chaos),这在某个时代要求人们去克服。"[①]这段话鲜明地标识出一个由理性主导的时代的特征,海德格尔在这里探讨了混沌、自由、主体性和理性的主题,以及它们如何在现代世界被重新定义。海德格尔提到的"主体的优先权",强调了现代哲学中主体(即个体自我)的中心地位,他指出,这种主体的中心地位源自对一个稳定、不可动摇的真理基础的追求。这种追求不仅是对知识的确定性,也是对自由本质的一种重新定义。在这里,他暗示现代哲学重视理性和逻辑秩序,试图通过理性来控制和克服自然界和社会的"混沌"状态。理性不仅是一种对世界的认知方式,也是一种对世界进行秩序化的工具。通过理性,人类试图将自然界和社会生活中的混沌状态转变为有序状态。

第二,在科研方法层面,结构主义与解构主义的关系也暗含了清晰与混沌的对立,这是美学与文学研究方法论层面的现代性问题。结构主义语言学起源于瑞士语言学家索绪尔的《普通语言学教程》,在民族比较语言学占主导的时代,索绪尔提出语言是一个由差异构成的系统,主张进行对共时性的一般规律的研究。随后,结构主义在人类学、文学批评、心理学等领域得到广泛应用。结构即摆脱混沌,它容纳了对有序、明晰、可操作的渴望。列斐弗尔在谈及结构主义时,曾这样表达自己的看法:"结构这个概念之所以现在这么火热(prestige),很大程度上是因为大家普遍都糊涂了。怎么会不欢迎一个能给这团混沌

---

① Martin Heidegger, *Holzwege*, Frankfurt am Main: Vittorio Klostermann, 1977, p.107.

带来秩序和分类的概念呢?"①此处,结构与混沌二者鲜明地对立起来。不过,正是由于它过于远离混沌,因而才会重新受到批判,这也是结构与解构关系的一种说明:"然而,这种条理清晰不应该掩盖动态变化。如果结构概念在其逻辑应用下掩盖了正在进行的'解构'和'重构',以及变化和否定性的作用,那我们也得对它进行彻底的批判。"②海尔斯(N. Katherine Hayles)更是鲜明地指出混沌与解构的关联,他在《混沌的界限》(*Chaos Bound*)中提出,混沌理论与解构之间存在惊人的相似性。混沌理论表明,即使在看似确定的系统中,也可能存在根本的不可预测性。类似的,解构主义质疑文本意义的确定性,认为意义总是处于不稳定和延异(différance)的状态。③

第三,混沌概念也进入对现代社会的反思,此处以福柯为例说明这个问题,他通过使用混沌的近义词、混沌的反义词,表述对现代社会的理解。在《生命政治的诞生》中,福柯曾引用孔多塞的《人类精神的进步》一书,写道:"个体的利益将取决于自然事件,这些事件他无法控制,也无法预见。这取决于或多或少遥远的政治事件。简而言之,这个个体的享受将与一个他无法控制、无法预测的世界进程联系在一起。"④此段引文中也不断出现类似表述,如"无法控制"等,下文则出现"混沌"一词,"在这种看似混沌的情况下,我们仍然可以看到……这个个体的利益,尽管这个个体也不知道,也不希望如此,也无法控制,将与一系列积极的效应联系起来,这些效应将使得对他有利的一切也对其他人有利。"⑤除此之外,还有"无形"这一概念,福柯将此与亚当·斯密的"无形之手"联系起来。

与"混沌"相比,"混沌"的反面、反义词出现极多,那是一个清晰的、机械化的社会结构,体现在和机械(machine)有关词语的频繁使用上,福柯常将官僚机构系统理解为机器,《生命政治的诞生》全书正文含注释总共230页,"mécanique"与"machine"相关词出现共62次,且

---

① Henri Lefebvre, *Critique de la vie quotidienne. II. Fondements d'une sociologie de la quotidienneté*, L'Arche, 1961, pp. 33 – 34.

② Ibid., p. 34.

③ N. Katherine Hayles, *Chaos bound: Orderly Disorder in Contemporary Literature and Science*. Cornell University Press, 1990.

④ Michel Foucault, *Naissance de la biopolitique: Cours au Collège de France (1978 – 1979)*, Gallimard-Seuil, 1979, p. 281.

⑤ Ibid.

使用诸多贬义形容词覆盖它,细细观照,可以发现它们作为混沌的反面而出现。例如"笨重、缺乏灵活性的庞大机器"①,既然国家实体是机器,那么在资本主义制度下,人的自由渴求与自由主体便不再重要,重要的是成了自由的生产,"生产"与"机器"联用,的确再合适不过。"因此,新的治理艺术将表现为自由的管理者,不是以命令的方式'要自由',这会立即出现命令可能带来的矛盾。自由主义不是命令自由,而是简单地说:我会为你生产自由。"②与此相关,一些福柯研究者已经将福柯的现代性批判与混沌理论构建起连接。混沌是福柯隐含的一种方法论,例如,马克·奥尔森(Mark Olssen)指出,福柯认为历史是一个过程,但这个过程没有整合性原则或本质,强调了事件的独特性和不可预测性,认为知识对象应被视为历史事件,主体是历史构建的,而非先验存在的形而上学实体,拒绝寻求一个统一的、隐藏的核心或意义,身份为通过历史过程中的复杂互动形成的自我创造,话语的存在在于社会历史过程的"纯粹分散"。③

"混沌"由此与工业时代的社会批判、主体批判产生了关联。这个问题也因而和艺术及美学产生关联,正由于艺术具有混沌属性,它不仅在现代性批判的意味上,也在艺术创作论的意义上成为被赞颂与推崇的对象。

二、从起源描述到特征描述:混沌如何与
艺术创作发生关联

在艺术作品中,"混沌"一词总能引发一些浪漫的联想,脑中首先出现一幅天地未开、一切尚未形成的景象,光景与风物,都不再清晰,以模糊的点块、线团呈现出来,一切存在融化于原始性的暗夜之中,而它似乎又孕育着无限的可能。在文学作品中,这个特性让它被赋予一

---

① Michel Foucault, *Naissance de la biopolitique: Cours au Collège de France (1978 – 1979)*, Gallimard-Seuil, 1979, p.64.

② Ibid., p.65.

③ Mark Olssen, "Foucault as Complexity Theorist: Overcoming the problems of classical philosophical analysis", in *Educational Philosophy and Theory* 40.1(2008), pp: 96 – 117.

种原始、神秘而浪漫的氛围,《西游记》第一回就说:"混沌未分天地乱,茫茫渺渺无人见。"①这是《西游记》开篇的浪漫基调。那么,"混沌"为何会与这种浪漫情绪,与这种艺术心理学发生关联,有两个重要的原因。

第一,宇宙的混沌是创世起源,而人心的混沌则是人类艺术创造的起源。起源是从无到有的状态,这天然地与创造有关。混沌具有创生性,从中诞生了地球、天空、海洋和所有的神灵。上文已经提及,在神话传说中,混沌通常被描述为一个无形的深渊或无尽的空虚,从中孕育诞生了第一代神灵和万物,混沌是最先存在的实体,从混沌中首先分离出来的是盖亚(大地)、厄洛波斯(黑暗的迷雾)和塔尔塔洛斯(地狱的深渊)。这些原始的存在构成了世界的基础框架,宙斯等都是它们的后辈,人们熟悉的更丰富的希腊神话由此开始。

恰恰是这种起源属性的类比与联想,引发了混沌与艺术创造心理学的关系,尼采在《查拉图斯特拉如是说》前言说道:"我告诉你们:世人必须在自身中留有混沌,以便能生出舞蹈的星。我告诉你们:你们自身中还留有混沌。"②尼采所说的"混沌"并非单纯的无序或混乱,而是一种创造性的潜能和可能性。在尼采的哲学中,混沌代表了未被规范化、未被固化的原始状态,它是一切创造和变革的源泉。这种混沌状态与尼采的另一个重要概念"酒神精神"(das Dionysische)有着密切的联系。酒神精神象征着生命的狂热、激情和创造力,与理性、秩序相对的日神精神(das Apollinische)形成对比。尼采认为,真正的创造和自我超越需要这两种精神的平衡。"混沌"在这里可以理解为酒神精神的一种表现,它代表了人内心深处的原始力量和创造潜能。例如,艺术家在创作过程中常常需要进入一种似乎混乱无序的思维状态,才能突破常规,创造出新颖独特的作品。尼采强调"世人必须在自身中留有混沌",暗示了在文明化、理性化的过程中,人们不应完全抛弃或压制内心的混沌状态。相反,应该保留这种状态,因为它是创造力和自我超越的源泉。尼采认为,过度的理性化和规范化会扼杀人的创造力和生命力。例如,在教育领域,过于严格和僵化的教学方式可能会

---

① 吴承恩:《西游记》,黄周星点评,中华书局2009年版,第2页。
② Friedrich Nietzsche, *Also sprach Zarathustra: I-IV*, ed. Giorgio Colli and Mazzino Montinari, rev. 2nd ed., Deutscher Taschenbuch Verlag; de Gruyter, 1988, p.19.

抑制学生的创造性思维和个性发展。因此,保留一定程度的"混沌",允许不确定性和多样性的存在至关重要。与此相关的语例也有很多,例如,布朗肖用它去描述作者创作时与秩序、确定性进行博弈的状态,写道:"对于阅读卡夫卡的读者来说,这种焦虑转化为舒适和幸福,罪责的煎熬转化为无辜,每一个文本片段都带来了完整的陶醉感、完成的确信以及作品的独特、不可避免和不可预见的启示。这是阅读的精髓,一个轻盈的肯定,它比起创作者与混沌的黑暗斗争更能唤起创作的神圣性。"①

第二,混沌与创造性冲动构建起了密切的关系。起源之混沌类推出了创世之混沌,因此类推出了创造之混沌,这正是一个重要的艺术心理学解释。先有混沌心理,后有艺术创造,这种时序关系,将起源描述与创造性描述缠绕在一起,这成了后来重要的艺术心理学解释,也构成了艺术化生存的标签。混沌的知觉与思维方式是艺术创造的关键,朦胧含混、难以剖析的特征成为一种直觉思维方式的描述,与抽象、剖分、切割、理性、计算的方式不同,它于是与艺术哲学发生关联。它的本质与传统的理性、逻辑和结构化思维形成鲜明对比,提供了一种更为直觉和自由的创作路径。

在混沌理论诞生前,克罗齐在《美学》中深入探讨了艺术的本质,提出了"直觉"(intuition)这一核心概念,常被美学史引述。他认为艺术本质上是一种特殊的认知方式,这种认知方式与逻辑思维或概念性思维截然不同。"直觉"在克罗齐的理论中指的是一种直接、即时的认知过程,它不需要通过推理或分析就能把握事物的本质。这种直觉是艺术创作的起点和基础。克罗齐强调,艺术家通过直觉能够直接把握现实的本质,而不需要借助概念或逻辑。例如,当一个画家面对一片风景时,他不是通过分析树木的结构、光线的角度来创作,而是直接看到了整个画面。这种看到不仅仅是视觉上的感知,更是一种内在的、精神的把握。克罗齐认为,这种直觉能力是艺术家区别于普通人的关键特质。在阐述直觉概念时,克罗齐特别强调了它与概念思维的区别。他指出,概念思维(conceptual thinking)是将事物抽象化、普遍化的过程,而直觉则是对个别、具体事物的把握。例如,当我们思考树这个概念时,我们会抽象出所有树木的共同特征,形

---

① Maurice Blanchot, *L'Espace littéraire*. Éditions Gallimard, 1955, p.260.

成一个普遍的概念。但当艺术家直觉到一棵树时,他把握的是这棵特定的树的独特性和具体性,包括它的形态、颜色、光影等所有细节。克罗齐认为,正是这种对具体性的把握使得艺术能够表现生活的丰富性和复杂性。

这种对创造心理的解释,在前科学或非科学的一些经典思考中得到观照,在科学中的混沌概念诞生后依然出现,混沌理论、复杂科学开始与艺术心理学发生缠绕的关系。1967年,埃伦茨威格在《艺术的隐藏秩序》一书中指出混沌视角与孩童视角的关联,倡导"以孩童视角看世界"[1]。孩童看待世界的方式通常不像成年人那样受到社会和文化偏见的影响。他们对事物的认识更加直接和本真,这与混沌的特质——即非线性、非结构化和不可预测性——有着内在的联系。孩子们的视角常常是开放的,他们以一种更自由、更具探索性的态度来接受和理解周围的世界。孩子们在玩耍和创造时显示出无限的想象力和创造力,他们能够在看似混乱无章的游戏中创造出有意义和有序的模式。这种能力反映了混沌理论中的一个重要观点:即使在看似完全无序的系统中,也可能存在着内在的秩序和结构。联想到毕加索等现代绘画家对孩童视角的强调,这一联系的重要性不可低估。

书中还指出,在创作过程的某些阶段,艺术家的感知会进入一种去分化(de-differentiation)的状态,即暂时失去区分和分类的能力。在这种状态下,通常被认为是分离的元素会融合在一起,形成一种海洋状态(oceanic state)。他认为,这种去分化状态对于创造性思维至关重要,因为它允许艺术家打破常规思维模式,发现新的联系和可能性。例如,一位诗人在创作过程中可能会经历语言的"去分化",词语的常规含义暂时消失,允许新的和意想不到的联想。又如,一位音乐家可能会在即兴创作中经历音乐元素的"去分化",不同的音色、节奏和和声融合在一起,产生出新的音乐想法。

与之类似,在20世纪的法国理论中,"混沌"也经常出现,成为对艺术思维方式的描述,也成为对艺术现代性的定位。例如德勒兹写道:"这个充满差异的世界,在这里,各种特性找到了它们存在的理由,感性也找到了它的存在感。这正是高级经验主义(un empirisme

---

[1] Anton Ehrenzweig, *The Hidden Order of Art: A Study in the Psychology of Artistic Imagination*, University of California Press, 1967, p.3.

supérieur)所研究的对象。这种经验主义教会我们一种不寻常的'理性',那就是差异的多样和混沌。"①加塔里提出了主体性的新模式,认为主体性是由多种力量和过程共同生产的。加塔里提出的混沌互渗(chaosmosis)观念,用来描述主体性如何在混沌和秩序之间不断流动和重构。② 加塔里以艺术创作过程为例来说明这一点:一个画家在创作时,不仅受到自己个人经历和情感的影响,还受到所使用的材料、周围环境、艺术传统等多种因素的影响。这些因素共同参与了艺术家主体性的生产。

三、从秩序到熵增:艺术形式中的混沌问题

混沌有很多经典的数学定义,以德瓦尼(Robert L. Devaney)的定义为例,他认为混沌动态系统由三个基本特征组成:传递性、周期点的密集性,以及对初始条件的敏感依赖。③ 若通俗地解读,想象一下,如果你在一个很大的公园里,不管从哪个入口进去,都能到达公园里的任何地方,这就是传递性。无论你站在哪个地方,总能找到一个距离你非常近的喷泉,这个喷泉每隔固定时间喷水一次。在数学上,这意味着系统里存在很多周期性重复的状态,并且这些状态到处都是。敏感依赖于初始条件则意味着,如果你开始时站在公园的两个非常非常接近的地方,哪怕这两个地方只有一毫米的差别,随着时间的推移,你最终可能会发现自己在公园里两个完全不同的地方。

这里涉及秩序与无序的问题,可以发现,一些科学概念基本是同时对艺术创作与艺术思想产生影响,这些概念包括熵、复杂、混沌等。混沌理论与艺术的结合有多种可能,这一领域的诸多概念,如"迭代、耗散过程、开放系统、熵、对刺激的敏感性、自催化、子系统、分叉、随机性、不可预测性、不可逆性、组织水平的增加、远离平衡状态的条件、奇

---

① Gilles Deleuze, *Différence et répétition*, Presses Universitaires de France, 1968, p. 80.
② Félix Guattari, *Chaosmosis: An Ethico-Aesthetic Paradigm*, trans. by Paul Bains and Julian Pefanis, Indiana University Press, 1995.
③ J. Banks, et al. "On Devaney's Definition of Chaos", in *The American Mathematical Monthly* 99.4(1992): pp. 332-334.

异吸引子、周期加倍、间歇性和自相似的分形组织"①,它们都可以是对艺术创造的解释。它们其实关切到了共通的问题,此处姑且管它叫作混沌相关词组,它们核心观照的是艺术与秩序、随机、无序的关系问题。

  此部分以"熵"概念为例,对它的探讨集中体现了秩序与混沌的问题如何由物理学转译进入哲学与艺术。如今,"熵"(entropy)这个概念已经广泛出现在我们的语言世界中,除了物理学中的熵,我们还用它形容时间之矢带来的混乱,房屋不整洁导致的无序,乃至用它描摹现代艺术的随机性魅力,形容不可逆转的人生的悲剧性命运。熵概念的诞生可以追溯到19世纪中期的热力学研究。1850年,德国物理学家鲁道夫·克劳修斯(Rudolf Clausius)在研究卡诺循环(Carnot cycle)时引入了一个新的状态函数,他最初称之为"转化值"(verwandlungsinhalt)。这个函数描述了系统在可逆过程中热量与温度的比值。1865年,克劳修斯将这个概念正式命名为"熵"(Entropie),并提出了热力学第二定律的一个重要表述:在孤立系统中,熵总是增加的。通俗地说,熵可以理解为一个系统的"无序"或"混乱"程度。熵越高,系统的无序程度越高。一副新开封的扑克牌通常按照顺序排列,这是一种非常有序的状态,因此熵很低。但当你把这副牌洗乱后,每张牌的位置都变得随机,系统的熵就增加了,因为现在牌的排列更加无序。这个概念诞生之后,20世纪中期,开始跨越物理学的边界,在其他学科中找到了新的应用,最知名的案例便是1948年克劳德·香农(Claude Shannon)在其开创性论文《通信的数学理论》(*A Mathematical Theory of Communication*)中引入了信息熵(information entropy)的概念,用于量化信息的不确定性。

  熵被引入人文领域的讨论,有这样两个层面:

  第一,在本体论层面,熵概念被用来讨论宇宙的整体性质和命运。这种讨论主要围绕热力学第二定律展开,根据热力学第二定律,在封闭系统中,熵总是趋向于增加。如果将整个宇宙视为一个封闭系统,那么宇宙的熵也应该不断增加。这一观点导致了"热寂说"(Heat

---

  ① Tobi Zausner, "The Creative Chaos: Speculations on the connection between non-linear dynamics and the creative process", in *Nonlinear Dynamics in Human Behavior*, 1996, pp.343-349.

Death Theory)的提出。19世纪物理学家威廉·汤姆森(William Thomson)首次提出了宇宙热寂的概念。他认为,随着时间的推移,宇宙中的能量会逐渐均匀分布,最终达到一个热平衡状态,此时不再有可用于做功的自由能,宇宙将陷入"热寂"。这个理论引发了对宇宙终极命运的哲学思考。例如,德国哲学家汉斯·布鲁门贝格(Hans Blumenberg)在他的著作《世界的可读性》(*Die Lesbarkeit der Welt*)中讨论了热寂理论对人类理解世界方式的影响。他认为,这种宇宙终极命运的预测改变了人类对世界的隐喻理解,世界从一个永恒运转的"宇宙钟表"转变为一个逐渐耗尽的"宇宙热机"。[1]

另一个重要的本体论讨论涉及熵与时间之间的关系。美国哲学家汉斯·赖欣巴赫(Hans Reichenbach)在其著作《时间之箭》(*The Direction of Time*)中详细探讨了熵增加与时间不可逆性之间的关系,以及这种关系对因果律理解的影响。[2]

第二,在进化论层面,熵概念被用来讨论生命的起源、进化过程以及人类本性。布鲁克斯(Daniel R. Brooks)和威尔森(E. O. Wilson)提出了一种基于非平衡热力学和信息论的进化理论。根据他们的理论,进化动力源自历史上受限制的系统信息和熵的增加。[3] 对于进化是否是热力学过程这一点,也有很多支持者:"一种广义的进化理论不仅会包括内部信息处理和外部约束,而且还会用信息理论的术语描述两者之间的交互。组织的层次结构不仅向下延伸到分子、原子,甚至可能更远,而且也向上延伸到种群,生态系统和世界。情况会根据组织层次的不同而变化。同样的原则在各处都适用。"[4]

但从热力学角度看,生命系统又似乎违反了熵增定律,因为它们能够维持甚至降低局部熵,这个表面上的矛盾引发了对生命本质的哲学思考。例如,比利时物理化学家伊利亚·普里戈金(Ilya Prigogine)提出了"耗散结构"(dissipative structure)理论,解释了远离平衡态的

---

[1] Hans Blumenberg, *The Readability of the World*, trans. by Robert Savage, Stanford University Press, 2022.

[2] Hans Reichenbach, *The Direction of Time*. Uiversity of California Press, 1956.

[3] Daniel R. Brooks, Edward O. Wiley, *Evolution as Entropy*, Chicago: University of Chicago Press, 1988.

[4] John Collier, "Entropy in Evolution", in *Biology and Philosophy* 1(1986), pp.5 – 24.

开放系统如何通过与环境交换物质和能量来降低局部熵。这一理论为理解生命系统的自组织行为提供了新的视角。在生物进化的讨论中,美国理论生物学家斯图尔特·考夫曼(Stuart Kauffman)提出了"反熵"(anti-entropy)的概念,在其著作《宇宙中的自发秩序》(*At Home in the Universe*)中,考夫曼探讨了生命系统如何通过自组织过程来"对抗"环境的熵增趋势。这种观点为达尔文进化论提供了热力学视角的补充。

这些思考都展现了这一概念独特的在人文艺术领域掀起波澜的能力,而进入艺术哲学领域,代表性的人物则是阿恩海姆。鲁道夫·阿恩海姆的书籍《熵与艺术》(*Entropy and Art*)是一部关于艺术理论的经典作品。在这本书中,阿恩海姆借用了物理学中的熵的概念,来探讨艺术创作与理解的过程。阿恩海姆认为,这个概念也可以应用于艺术创作的过程。他认为,艺术作品是艺术家对混乱和无序感知的一种有序的表达,指出艺术创作可以被视为一种对抗熵增的过程。艺术家通过创作行为,将无序的元素组织成有序的整体,这个过程可以被理解为负熵(negative entropy)的产生。阿恩海姆在书中强调,艺术创作并非简单地从混乱中寻找有序,而是在有限的条件下,通过创造性的表达,寻找一种平衡状态。这种平衡状态既包括有序的元素,如规则和结构(rules and structure),也包括无序的元素,如随机性和不确定性(randomness and uncertainty)。与《艺术与视知觉》中的写法类似,他用图片说明了很多问题。

关于下面这幅图,阿恩海姆解释道:"为什么知觉方面的实验会表明大脑以这种方式自发地组织视觉模式,从而产生最简单的可用结构?可以肯定的是,人们可能会猜测,所有的感知都包含着理解的欲望,而最简单、最有序的结构有助于理解。如果一个线条图形(图 1a)可以被看作正方形和圆形的组合,那么它比图 1b 所示的三个单元的组合更容易理解。"[①]这种将无序与有序统一的思路也成了经典思路,它鼓励艺术家在既定秩序与动态之间寻得平衡,例如,有学者用它形容戏剧:"像罗伯特·威尔森(Robert Wilson)这样的艺术家,其作品不是由预定的叙事结构所支配,而是通过舞台元素的相互作用和内在逻

---

① Rudolf Arnheim, *Entropy and Art: An Essay on Disorder and Order*, University of California Press, 1971, p.3.

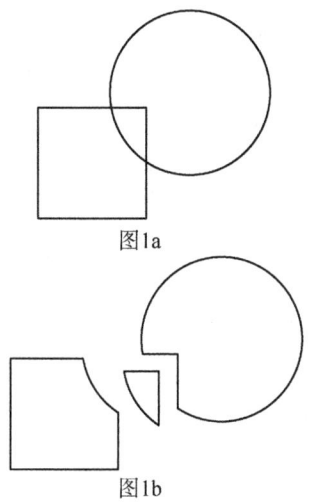

图1a

图1b

辑来创造动态结构。"①由此,混沌这一概念因为与理性化、工业化社会的区别,构成了现代性批判;因为与创作者朦胧的直觉相关,构成了艺术创作论;因为与秩序、熵等问题相关,构成了艺术形式论。

结语:"混沌"的艺术未来

科学与艺术都对"混沌"青睐有加,人们可以出于浪漫的期待对混沌进行唯美的描述,也可以出于探索的目的将它指认为艺术心理学的核心或大自然的根本法则。

我们该如何理解这一概念的跨学科流动与跨学科争议呢?似乎有三种思路:第一种思路是,科学会影响看到艺术的视角,提供给我们观察自然、空间与形式的新视角。② 科学的混沌发现在先,艺术的混沌实践居后。毫无疑问,这体现在诸多具体的艺术实践上,如分形艺术、算法艺术、人工智能生成艺术,与此同时,德勒兹、莫兰、塞尔等艺术哲

---

① Dean Wilcox, "What Does Chaos Theory Have to Do with Art?", in *Modern Drama* 39.4(1996), pp.698–711.

② Rhonda Roland Shearer, "Chaos Theory and Fractal Geometry: Their Potential Impact on the Future of art", in *Leonardo* 25.2(1992), pp.143–152.

学家的思考,也明显体现了科学的影响,他们吸纳了大量源自自然科学的语汇。不过,我们似乎不能认为在这一概念走俏之前,尼采等人的思考就没有触碰到这个问题。因此,另一种思路是,艺术和科学在历史上常常是平行发展的,它们尝试用各自的语言来表达尚未被言说的事物。① 从这个角度讲,科学家和艺术家虽远远相隔,却会同频共振。在这一思路中,实际上艺术会遭遇科技预见到的很多科学边界出的问题,有论者指出,混沌理论的领军人物对歌德的思想产生了兴趣,尤其是他对色彩的理论,歌德被认为预见了许多现代科学哲学的重要原则,如海森堡的科学理性重建的不可能性。② 第三种思路则是,事实上艺术中的混沌与科学中的混沌没有任何关系,艺术理论家只是拉大旗作虎皮,错误理解科学中的概念,而后拼凑成一盘盘理论快餐,例如,格罗斯(Paul Gross)在著名的《高级迷信》一书中便犀利地抨击,混沌理论和解构彼此之间没有任何关系。③

本文一定程度上认同第三种思路指出的问题,不过,混沌的数学原理虽与艺术相隔较远,但它提供的想象力和隐喻性质,与艺术可沟通之处很多,本文赞同这一说法:"隐喻用法既不应被认为免于批评,也不应被视为与科学探究无关而不受批评。"④而谈及这个概念的未来生命力,它仍旧会继续在科学、美学、大众文化中发挥作用。

首先,在人工智能等新技术文明形态的影响下,美学的人文主义话语得到回归,而秩序与混沌也引申为人文层面的问题,并因此获得新的生命力。混沌可以被理解为两种不同的状态:一是像熵或宇宙热寂一样的未分化的无序;二是类似于德勒兹、瓜塔里的一致性平面(plane of consistency)概念的超分化秩序状态。教育中的复杂性不能仅靠不断增加秩序和组织来维持,也需要通过对象或主体的虚拟维度

---

① Dean Wilcox, "What does Chaos Theory Have to Do with Art?", in *Modern Drama* 39.4(1996), pp.698 – 711.

② Herbert Rowland, "Chaos and Art in Goethe's Novelle", in *Goethe Yearbook* 8.1(1996), pp.93 – 119.

③ Paul R. Gross and Norman Levitt, *Higher Superstition: The Academic Left and Its Quarrels with Science*. JHU Press, 1997.

④ Stephen H. Kellert, "Science and Literature and Philosophy: The Case of Chaos Theory and Deconstruction", in *Configurations* 4.2(1996), pp.215 – 232.

来接近第二种意义上的混沌。① 这让我们想起《庄子》一书中对"混沌"的经典论述。《庄子》中有这样一则故事:"南海之帝为儵,北海之帝为忽,中央之帝为浑沌。儵与忽时相与遇于浑沌之地,浑沌待之甚善。儵与忽谋报浑沌之德,曰:'人皆有七窍以视听食息,此独无有,尝试凿之。'日凿一窍,七日而浑沌死。"②

其次,它与中国语境仍旧有继续融合的可能。1980年代,系统论、控制论、信息论风靡一时,诸多学者也借此对"混沌"概念进行思考、阐释,其中不乏一些艺术感很强的表述:"与宇宙的演化相似,人类的认识往往也经历着从混沌到有序,再到新的混沌的过程。人类(包含个人)在其幼年时期,处于混沌未开的蒙昧状态。当人类逐渐走向成熟,认识也进入有序状态;当人们对事物的本质和运动过程有了清晰的认识,洞察到人生、社会的真谛时,往往又显现出一种'大智若愚''大勇若怯'的'难得糊涂'的状态。"③1992年,《哲学译丛》刊登《混沌哲学》的译文④,该文梳理了数学、科学思想史领域的"混沌"理论后,对它的哲学可能进行了阐述。21世纪伴随着互联网文化的兴起,"集智俱乐部"等诸多融合了复杂科学的跨学科社区,产生了很大的影响力,促进了这一概念与传统人文学科、艺术学科话语的融合。这些都显示了这一概念与中国传统哲学和当代社会话题沟通的可能。

最后,在艺术与科学的交汇过程中,"混沌"概念有独特的生命力,它是自然科学的概念中与人文学科、艺术学科矛盾最小的一种思路,人类在漫长的演化过程中,天然地开发出一种能力,可以在无序与有序之间寻得一种平衡,人类的自然语言变身一个典范的案例,"自然语言在有序和随机之间保持平衡,以传达新信息"⑤。而"混沌"正是科学家用另一种方式肯定了曾经人文学者"日用而不知",或日用而不以科学方式认知,在这一维度上,科学与艺术达成了深度的交汇,如同一些德勒兹研究者所指出的,它会走到艺术与科学消弭彼此的层面,在其

---

① Joakim Larsson and Bo Dahlin, "Educating Far from Equilibrium: Chaos Philosophy and the Quest for Complexity in Education", in *Complicity: An International Journal of Complexity and Education* 9.2(2012).
② 《庄子集解》,王先谦撰,中华书局1987年版,第75页。
③ 沈小峰、姜璐、王德胜:《关于混沌的哲学问题》,《哲学研究》1988年第2期。
④ A.布多、世泉:《混沌哲学(续完)》,《哲学译丛》1992年第4期。
⑤ James P. Crutchfield, "What lies between order and chaos?", in *Art and complexity*, JAI, 2003. pp.31-45.

中,艺术、科学和哲学的界限以及它们本身都消失了,回到了混沌的思想领域中。①

【本文系教育部人文社会科学重点研究基地重大项目"新时期西方理论思潮与中国文论话语"(编号:22JJD750014)的阶段性成果】

(作者单位:清华大学人文学院写作与沟通教学中心;
北京师范大学文艺学研究中心)

学术编辑:刘　卓

---

① Arkady Plotnitsky, "Chaosmologies: Quantum Field Theory, Chaos and Thought in Deleuze and Guattari's What is Philosophy?", in *Paragraph* 29.2(2006), pp.40-56.

社会、艺术与媒介：审美社会学视域下的"速度"

雷云茜　杨向荣

内容提要　"速度"作为一个重要的美学关键词，在启蒙现代性与审美现代性的话语张力中形成，逐渐发展成一个具有当代性的美学范畴。速度审美话语经历了从社会美学到艺术美学，再转向媒介美学的发展过程。随着现代社会的快速变迁，速度作为一种审美体验开始受到关注，并随之开启了对速度审美的反思与批判。在现代性的语境中，现代艺术在创作主题和形式探索上都体现出这种速度特征。随着当下媒介变革的深入发展，速度建构了一种新的审美方式，带来了现代人感知结构的嬗变。关于速度审美话语的考察，不仅为我们理解当下的审美文化逻辑提供了理论资源，也为我们反思当下速度生存的现实境遇提供了理论路径。

关键词　速度审美　审美社会学　艺术现代性　媒介美学　审美反思

作为美学范畴的"速度"（speed）是从社会学与美学的交叉领域中衍生而来的理论话语，经历了从社会美学到艺术美学，再到媒介美学的话语转向。在现代社会的转型中，"速度"从一种伴随着社会变迁出现的特殊现象，逐渐发展为一种独特的现代性体验。现代人的速度体验被描述为一种"快速"或不断"加速"的时间体验，蕴含着当下的瞬时性、生活的快节奏和运动的速度感。随着科技革命的展开，现代人的感知模式和审美方式发生了嬗变，"速度"逐渐成为一个具有强烈人文意义的美学范畴，并对现代艺术的发展产生了深刻影响。在审美现代性的视域中，速度体现了现代审美文化的核心特质，尤其是随着媒介变革的深入，速度形塑了全新的时空体验，建构了一种新的审美方式。聚焦"速度"这一美学关键词，追溯审美社会学视域下速度话语的形成语境和内在逻辑，为考察当下竞速时代的审美文化提供了丰富的理论资源。

一、社会速度：速度作为审美体验

"速度"与理性、启蒙、进步等概念都是伴随启蒙运动、法国大革命和浪漫主义运动而产生的一种现代性话语。最初，欧洲社会被一场理性启蒙的风暴迅速席卷，这场运动旨在通过宣扬"理性"来破除宗教的权威，使人们摆脱蒙昧的状态。随着宗教的衰落，社会文化开始发生分化，世俗化的市民社会逐渐形成。随着工业革命的爆发，生产力的发展推动了工业化和城市化进程，传统的生活方式逐渐被现代的生活方式取代。在启蒙现代性的语境中，启蒙运动和工业革命拉动了社会加速发展的引擎，"速度"作为现代社会转型中的典型现象开始受到理论家的关注。这意味着关于速度的思考不再限制于物理学的概念中，而是逐渐成为人文科学领域中的重要议题。

"社会速度"问题的提出，源于对现代社会快速变迁的现实状况的特征性描绘，并作为一种时代特征受到关注。对"社会速度"问题的关注，最早出现在歌德、卢梭和马克思等理论家的著作中。歌德将"快速"（schnelligkeit）视为一种在现代社会不断蔓延的时代精神，他在《致策尔特》的信中写道："现在一切都走向了极端，万事万物都在不停地自我超越，在思想上和行动上亦如此。……年轻人被过早地唤起，然后被时代的漩流卷走。世人皆赞赏和追求财富与快速。"① 歌德察觉了资本主义现代化所带来的快速特征，并洞悉了现代人生存状态的改变——一种浮士德式的进取精神的蔓延，一旦停滞下来，就意味着死亡。在面对快速发展的欧洲社会时，马克思也曾做出"一切坚固的东西都烟消云散了"的经典论述："生产的不断变革，一切社会状况不停的动荡，永远的不安定和变动，这就是资产阶级时代不同于过去一切时代的地方。……一切等级的和固定的东西都烟消云散了，一切神圣的东西都被亵渎了。"② 工业革命实现了生产工具和交通工具的快速革新，资本的快速流动更是将世界一切民族都卷入现代化的加速漩涡之中。

---

① 贺骥：《歌德论现代性》，《北京第二外国语学院学报》2017 年第 2 期。
② 马克思、恩格斯：《共产党宣言》，《马克思恩格斯选集（第 1 卷）》，人民出版社 2012 年版，第 403—404 页。

对社会速度的关注呈现于现代社会的诸多领域之中,从工业革命中的生产速度和运输速度,到社会变迁的速度和都市的生活速度等都包含其中。哈尔特穆特·罗萨将社会加速归纳为三个维度,即科学技术的加速、社会变化的加速和生活节奏的加速[①],对社会速度的基本范畴进行了界定。在现代性的语境中,"速度"不仅指社会剧烈变迁下的一种特殊现象,还关涉一种伴随着都市人的独特的现代性体验。总体而言,对速度问题的考察包含"外部世界的速度"和"内在体验的速度"两个重要维度。现代社会的快速变迁,以及现代生活的匆忙节奏,都对现代人的内在精神世界产生了剧烈冲击,从而使速度内化为一种特殊的现代性体验。现代人内在体验的速度指向一种基于人的主观感受——"速度感"或"速度体验",成为人们感知和理解现代社会的一种特殊方式。这种内在体验的速度感是一种心理变化与时间感知维度的概念,潜藏于人们对外部世界和内在记忆的感受与体验之中。

速度审美话语的形成,源于速度作为现代人面临的这种特殊现代性体验,以及社会速度所带来的一系列精神症候的出现。速度体验对于现代生活而言是根本性的,彼得·康拉德提出"现代性就是时间的加速"[②]。作为一种整体性的社会特质的速度,逐渐内化为都市个体的独特体验,其最初给现代人以一种新奇和欣快的感觉,随着社会加速的深入,一系列都市精神症候开始出现。韦伯曾忧虑地指出,工具理性的发展建造了现代社会的"铁笼",并将带来现代人价值理性与生存意义的失落。"理性屈从于其神话的起源,令人迷惑地与神话纠缠在一起……神话已经成了启蒙,而启蒙则退化为神话学。"[③]在宗教被祛魅的现代社会,根源于启蒙理性的速度成为新的神话。速度崇拜和功利主义塑造的现代都市是剧烈变迁和动荡不安的,当社会发展速度与个体内在节奏之间展现出一种紧张关系,随之而来的是主体性问题的出现。速度给现代人带来效率、愉悦和解放的同时,也带来了时间的焦虑感、个体的不安全感以及意义的丧失感等精神困境。

速度的审美话语从启蒙现代性的语境出发,旨在以一种审美的方式来对速度生存下的现代性困境进行反思。尼采深刻地感受到了现

---

① 罗萨:《加速:现代社会中时间结构的改变》,董璐译,北京大学出版社2015年版,第86页。
② 同上,第19页。
③ 哈维:《后现代的状况》,阎嘉译,商务印书馆2003年版,第46页。

代人那种分秒必争的"匆忙症":现代人就像打着三个 M 烙印的奴隶,在他们的皮肤上可以清晰地看见"即刻"(Moment)、"舆论"(Meinung)和"时尚"(Modern)的印记①。在现代都市生活中,人们时刻关注着手表和时钟,不再有闲暇去思考,也不再拥有宁静的内心。作为现代性思路的转折,尼采提出一种以审美来对抗启蒙现代性的方案,他将美学置于科学和理性之上,通过审美的超越性来实现对生命意志的高扬。韦伯也认为审美具有一种将现代人从现代生活的铁笼中"救赎"出来的功能。齐美尔则指出现代性在本质上是一种心理主义的审美感觉,他在都市日常生活中发掘了一种新的审美——印象主义。都市生活节奏的加快制造了越来越多的视觉印象,这就对现代人的感知模式提出了挑战。现代人通过对都市生活印象的审美体验,实现对变动不居的现代日常生活的审美超越。

齐美尔是最早对都市生活速度表现出关注的美学家,他关注这种印象主义的都市风格,即一种对都市生活的速度审美。在关于都市风格的研究中,齐美尔发现了距离、节奏之外的第三种因素——速度。他将"速度"作为塑造都市风格的重要因素进行审视,探讨了社会文化发展进程对生活节奏的影响,进而聚焦了作为节奏与对称的类似物的"货币"。齐美尔将货币经济视为社会之网编织过程中最重要的部分,现实世界中最短暂同时也是最稳定的存在。"货币给现代生活装上了一个无法停转的轮子,它使生活这架机器成为一部'永动机',由此就产生了现代生活常见的骚动不安和狂热不休。"②齐美尔认为,货币是加快现代都市生活进程和节奏的根本因素,并塑造了现代都市人的精神生活。货币经济下的现代生活是短暂的、流动的,一切坚固的、稳定的形式都被抛弃在传统的生活之中。然而,他并非通过对现代社会结构的分析,而是从个体生命体验和心性结构出发来对现代社会进行诊断。③ 在 19 世纪大都市的浮光掠影中,现代生活呈现出一种印象主义的品格,而他最关注的是现代个体在面对都市生活时的短暂体验以及内在心灵的变化。

齐美尔认为,现代性在本质上是心理主义的,在外部世界永不停息

---

① 尼采:《作为教育家的叔本华》,周国平译,译林出版社 2014 年版,第 68 页。
② 齐美尔:《金钱、性别、现代生活风格》,顾仁明译,学林出版社 2000 年版,第 12 页。
③ 杨向荣:《现代性与距离》,社会科学文献出版社 2009 年版,第 12—13 页。

的流动中,现代人通过速度审美体验以寻求一种对日常生活的审美超越。齐美尔对现代人"表面和内心印象的接连不断地迅速变化而引起的精神生活的紧张"①表现出特殊的关注,并认为其是现代人都市性格特征赖以建立的心理基础。这种短暂的、碎片化的现代性体验,源于不断加快的都市生活速度对现代人心理层面的冲击。都市生活中不断增加的视觉印象,促进了现代人感觉方式的嬗变,印象主义的都市审美风格源于这种对变动不居的外部世界的接纳与反应方式。齐美尔在感觉社会学中提出了现代个体的一种审美生存,强调现代人日常生活中的审美体验。齐美尔始终深信:"一个人,一片景致,或者一种情绪。……生活的细节、表象,是有可能与它的最深奥、最本质的运动联系起来的。"②印象主义审美的提出源于他对日常生活碎片的敏锐感受,他往往能在展示这些碎片的同时洞悉其背后的本质。齐美尔认为,印象主义是一种对整体性的现代生活风格的表征,不仅是一种艺术表现方式,更成为一种现代性的诊断方式。③ 在齐美尔那里,速度审美体验是一种心理主义的审美感觉,在超越具体时间的印象中捕捉现代性,是一种对永恒印象的审美追求,其意义在于在现代生活的细节中去发现总体性的可能。齐美尔研究现代生活的印象审美,即一种从心理主义的角度出发的速度审美,旨在以此实现对现代都市速度生存的审美超越。

速度审美话语在启蒙现代性与审美现代性的话语张力中不断发展,逐渐形成了自身的发展脉络。随着审美维度的发掘,对社会速度的关注开始进入了审美的视野。现代人对社会速度的感知最为深刻地体现为对时间和空间的敏锐感受,与齐美尔相似的是,波德莱尔和本雅明等人对现代性的中心关怀也表现为对"过渡、飞逝和任意的时间、空间和因果性这三者的不连续的体验"④。如果说速度是一种新的社会力量,那么对短暂性的关注就是在个体心理上与之对应的另一面。由此,速度审美在一种断裂的审美时间观中逐渐形成,实现了对面向未来的、单向线性的现代时间观念的反思。在早期的速度审美话语中,现代人通过瞬间印象的审美体验以重建一种整体性,或以审美的方式来实现对社会现实的反思与批判,以此寻求对生存困境的审美

---

① 齐美尔:《桥与门》,涯鸿等译,上海三联出版社1991年版,第259页。
② 弗里斯比:《现代性的碎片》,卢晖临等译,商务印书馆2013年版,第65页。
③ 杨向荣:《文化、现代性与审美救赎》,中国社会科学出版社2017年版,第93页。
④ 弗里斯比:《现代性的碎片》,卢晖临等译,第8页。

超越或审美救赎的可能。

二、艺术速度:速度作为审美特征

波德莱尔对艺术现代性的发掘具有重要意义,关于社会速度的考察开始转向对现代艺术的关注。现代社会的快速变迁带来了一种瞬息万变的现代生活,这种欣快而狂乱的生活节奏对现代艺术产生了剧烈冲击。波德莱尔在《现代生活的画家》中提出了现代性的经典定义:"现代性就是过渡、短暂、偶然,就是艺术的一半,另一半是永恒和不变。"[①]波德莱尔的定义被认为包含了"两种现代性"[②],即社会生活的现代性和艺术的现代性。一方面,波德莱尔用现代性来概括现代生活那种充满短暂性、瞬间性和偶然性的基本特征,现代世界始终处于一种永无止境的革新和变化之中。正是这种转瞬即逝的现代生活,成为艺术现代性的重要源泉。另一方面,他从艺术的角度来界定现代性,认为现代生活中蕴含着的美不仅体现于短暂性和偶然性,也寓于一种永恒性之中。在波德莱尔那里,现代生活和现代艺术是融为一体的,充满激情的现代艺术家建立起了二者间彼此沟通的桥梁。现代艺术家敏锐地感受到了这种变动不居的现代生活,在创作主题和形式探索上都呈现出一种现代性转变。

一方面,速度作为一种现代性的审美特征呈现于艺术审美对象的现代转型之中。现代性的速度从文化精神上形塑了现代艺术的部分面貌,城市街道中流动的人群和新奇之物、工业生产中不断运转的机器以及现代人面对变动不居的现代生活时内心的焦虑不安,成为艺术家们新的创作源泉。古典主义和中世纪艺术致力于对神话、历史和宗教形象的描绘,现代艺术则对现代人和现代生活中的当下性表现出更为强烈的关注。现代艺术不再钟情于宏大的历史主题和英雄神话,"他们都摒弃了传统的人的形象,那种庄严、高贵、以过去的牺牲品为修饰的形象,而转向了赤裸裸的当代人。"[③]现代生活也不再像过去那

---

① 波德莱尔:《美学珍玩》,郭宏安译,译林出版社2013年版,第295页。
② 汪民安:《现代性》,南京大学出版社2012年版,第17页。
③ 本雅明:《经验与贫乏》,王炳钧等译,百花文艺出版社1999年版,第255页。

样是持续而稳定的,而是充满着变化和不确定性,现代都市如同万花筒般不断更新,创造着新奇的现代景观。现代艺术将目光投注到都市日常生活中充满当下性的短暂瞬间和新奇之物上,传统艺术的审美对象被逐渐颠覆和消解,艺术与生活的界限也被逐渐打破,古典艺术中的韵味也正在逐渐消逝。

随着现代艺术的发展,一种关注当下的瞬间审美逐渐取代了传统艺术寓于历史性中的审美静观,孕育了审美现代性的发生。现代艺术对现代生活中当下性和瞬间性的关注,本质上源于对社会速度的审美体验。首先,现代都市中的新奇之物是现代艺术重要的灵感来源。城市的快速变迁给现代人带来了一种新奇体验,波德莱尔在画家居伊身上发现了这种儿童般的好奇心,并将之视为其艺术激情产生的源泉。居伊欣赏的是都市生活的变动不居,人群对他来说就像一个充满能量的电源,激发了他对现代生活的观察与感受。在波德莱尔眼中,居伊不仅是一个画家,还是一个对社会有深刻洞察力的社交家,他的速写作品散发出一种不可抗拒的艺术激情。作为都市漫游者,他始终欣赏和凝视着现代都市这条生命之河,在旅行速写中将那些匆忙的、闪动的、震颤的新奇之物用画笔迅速捕捉下来。本雅明则在迷恋都市人群的闲逛者身上发现了一种"震惊"(chockerfahrung)体验,他们在人群流动的巴黎街头、充满新奇商品的拱廊街和博览会中游荡,不断寻找着新奇。本雅明认为,这种新奇事物带来的震惊对于波德莱尔的精神世界而言是一种决定性的体验,同时也是他抒情诗创作的源泉与法则。

其次,现代艺术还致力于捕捉现代生活中一种转瞬即逝的时间体验。波德莱尔将身处人群中的体验比作进入一个巨大的电源,面对一面镜子抑或观看一台具有意识的万花筒,快速变化的现代生活具有一种变动的魅力和转瞬即逝的美。波德莱尔称赞风俗画家的才能,面对变动不居的城市生活他们必须画得同样迅速,才能捕捉到不断逃逸的瞬间。他们往往拥有一种混合的才能,可以被称为观察者、漫游者,抑或哲学家,"善于从现时的生活攫取其史诗的一面"[①]。波德莱尔称居伊为现代生活的画家,推崇他从瞬间中提取出诗意的艺术才能。在居伊那里,艺术与现代生活在这些短暂的瞬间性和易逝的当下性中连接在了一起,而他在寻找的正是那种可以被称为现代性的东西。波德莱

---

① 波德莱尔:《美学珍玩》,郭宏安译,第53页。

尔对艺术现代性的论述，强调了对现代生活中转瞬即逝性的表现，即对现代艺术这种速度审美特征的关注。画家居伊所做的，就是从偶然的瞬间中提取出历史的诗意，从过渡中抽取出通向永恒的部分，现代艺术便是短暂瞬间与永恒不变的二重性的统一。

　　此外，现代艺术还热衷于对现代工业文明中的机械美和速度美的表现，探索对于物体运动感的描绘。未来主义者马里内蒂主张将机械技术带来的"速度之美"作为艺术表现的核心，在当时掀起了一场激进的艺术革新运动。马里内蒂宣称："时间和空间已于昨天死亡。我们已经生活在绝对之中，因为我们已经创造了无处不在的、永不停息的速度。"①马里内蒂认为，科技和工业发展塑造的速度社会改变了现代人的时空观念和物质生活方式，他提出了一种新的艺术理念，强调对现代生活最核心的特征速度之美的表现。未来主义艺术赞美速度所具有的强大力量，呼吁崇拜进步的激情和永恒的能量，狂热而彻底地反抗和破坏陈旧不变的传统事物，展现出强烈的激进主义的色彩。他们热爱的现代生活是动态而热烈的，主张文艺应以机器、速度和力量为创作对象。"一切都在运动，一切都在运转，一切都在迅速变化。事物的轮廓从来不会在我们眼前静止不动，而是不停地出现和消失。"②未来主义画派陶醉在这种对速度的感觉之中，他们热衷于通过非逻辑的线条、焰火般的色彩、狂热的激情来再现动力的感觉、物体的节奏和速度的动感，致力于追求一种表现外部世界的速度的美学。

　　另一方面，速度作为一种现代性的审美特征，还表现为对现代艺术形式上的永无休止的求新。从印象派、立体派再到未来主义、达达主义等激进的先锋派，现代艺术在形式上的不断求新在本质上呈现出一种速度特征。现代主义艺术实现了对古典艺术的反叛，以不断否定传统、自我更新的方式变化发展，其最为显著地表现为对艺术形式的永不休止的探索。现代艺术的核心特征之一就是形式上的不断求新，这种形式创新起初源于转瞬即逝的现代生活对视觉感知的冲击。印象派通过线条、色彩和透视法等形式探索，以更好地表现转瞬即逝、变化流动的现代生活。印象派画家通过简单的线条、短小的笔触或光影

---

　　① 马里内蒂：《未来主义的创立和宣言》，吴正仪译，柳鸣九编：《未来主义、超现实主义、魔幻现实主义》，中国社会科学出版社1987年版，第47页。
　　② Lawrence Rainey ed, *Futurism: An Anthology*, New Haven: Yale University Press, 2009, p.64.

捕捉来表现事物的模糊轮廓,以呈现出现代生活的速度感和流动感。他们还通过打破传统空间透视法来追求一种平面化的空间表达方式。可以说,印象派完成了从传统到现代的视觉转向,开启了一种从直观的、形象的向抽象的、观念的绘画形式的转变过程。

在更为激进的先锋派艺术中,现实生活和主体情感都不再是艺术创作的核心,对艺术形式的绝对追求成了实践先锋性理念的主要方式。在未来主义、达达主义和超现实主义等先锋派艺术中,形式革新成了一种先锋理念的绝对表达。先锋派艺术被用来描述一种任何时刻都是新的艺术,一切新的艺术形式都以令人惊讶的速度成为一种新的传统。比格尔提出,"先锋派只有把审美潜能从体制限制中解放出来,使之获得社会有效性,才能成功实现艺术和生活相融合的意图。"①在先锋艺术的形式实验中,这种新之追求得到了最为彻底地实践,艺术家们通过激进的方式彻底地废除传统的艺术形式,以实现对艺术体制的反叛和对现实生活的介入。如果说早期先锋派尚与资本主义市场保持着疏离,那么在后期发展中则陷入了一种商业逻辑的漩涡之中。格林伯格尖锐地指出,先锋派与商业市场之间存在一种脐带关系。② 当艺术品进入市场化的评价体系,新先锋派开始遵循一种时尚的逻辑,当某种形式变成流行和庸俗之前就必须将之抛弃。因而,虽然新先锋派继承了先锋派对艺术自律的反叛精神,但在文化工业的冲击下难以幸免地被卷入商业的逻辑运作之中,最终丧失了其社会批判功能。

现代艺术的发展经历了一个不断自我更新和打破边界的过程,这种革新和反叛的传统深深地根植于现代文化的悖论性之中。阿多诺认为,"新异"是现代艺术的核心范畴,现代主义寻求与此前流行的一切彻底决裂,最终实现对整个艺术传统的否定。面向未来的现代艺术对新异的追求,源于进步论在文化上的根本性影响。求新的传统以否定自身为一种传统,在这种自我否定的矛盾中展现了审美现代性的悖论式命运。③ 现代艺术的悖论性在于,其对新的信仰建立在诸多矛盾之上,因而与传统、自身以及艺术体制决裂。齐美尔分析了这种根

---

① 比格尔:《先锋派与新先锋派》,周韵译,周宪主编:《艺术理论基本文献》,生活·读书·新知三联书店2014年版,第369页。
② 格林伯格:《艺术与文化》,沈语冰译,广西师范大学出版社2009年版,第8页。
③ 贡巴尼翁:《现代性的五个悖论》,许钧译,商务印书馆2013年版,第2页。

植于现代文化的形式悖论,现代文化形式通过永不停止的斗争确证自身,现代经济生活为其提供了源源不断的驱动力。现代艺术史观认为,艺术遵循着现代性历史进步的线性时间逻辑,经历了向前发展的演变过程,呈现出不断求新的速度特征。在新先锋派那里,艺术形式逐渐开始遵循的商业市场下的时尚逻辑,也即一种新的速度逻辑。正如波吉奥利所言,当先锋派受制于时尚的法则,试图实现对它所蔑视的那种通俗性的追求时,就是其走向终结的开始。

三、媒介速度:速度作为审美方式

从始于欧洲的工业革命到当下的信息时代,速度不仅带来了一种特殊的现代性体验,更逐渐发展为一种随处可见的文化景观。随着科技的不断革新,尤其是媒介变革的深入,现代人的生活方式和感知模式被不断重塑。新技术作为艺术表现的重要媒介塑造了审美文化的新形态,纷繁而至的视觉图像对现代人而言是一种复杂的训练。从机械复制时代摄影术和电影的发明,到数字媒介时代直播和短视频的兴起,媒介技术的革新对人的感觉系统不断提出新的挑战。电影艺术将静止的画面活动起来,制造出一系列连续的动态影像,数字技术更是打开了视觉想象的无限可能。在当下媒介技术时代,速度存身于数字的虚拟世界,数字媒介通过视听技术制造出更为丰富的感官体验,建构了一种全新的速度美学。

本雅明敏锐地洞悉了新技术对审美文化的剧烈冲击,机械复制技术为文化传播带来了前所未有的效率,催生了新的艺术形态。"魔术幻灯、万花筒、摄影术以及最终的电影技术,不仅促进了一种新的视觉文化的发展,而且为描述现代性体验提供了新的媒介。"[1]最初,平版印刷术的发明使文字和图像数量激增,并以一种迅速更新的形态被投入市场。工业技术的快速发展给文学和艺术带来了冲击,这种变化来自机器运作带来的生产节奏的加速。机器生产的狂乱节奏将一切事物的期限都缩短了,包括文学、绘画和音乐在内的现代艺术都受到了这

---

[1] Marit Grøtta, *Baudelaire's Media Aesthetics*, New York: Bloomsbury, 2015, pp. 143-144.

种生产节奏的剧烈影响。其后,照相术实现了对平版印刷的超越,它将手从工艺技能中解放出来,并将更多的关注投向摄影机后方的眼睛。"由于眼睛能比手的动作更迅速地捕获对象,图像复制工序的速度便急剧加快,以至于它能够同说话步调一致了。"[1]摄影师能够像说话那样快速地捕捉各种形象,图像复制的加速在电影中最终实现了对运动形象的记录。现代技术不仅能够复制所有流传下来的艺术作品,还使得复制品以越来越快的速度增加。本雅明认为,机械复制技术和电影的发明实现了对传统艺术形态的冲击,他将之称为一种"灵韵"(Aura)的消逝。

在艺术裂变的时代,传统艺术中那种凝神静观的审美方式被一种令人震惊的速度审美方式取代。都市生活的节奏和不断变幻的景观让人无暇细嚼,在机械复制技术的节奏中,现代个体不得不建立起一种快速的反应模式以适应新的现代生存环境。机械给本雅明带来的震动首先是心理学的,然后才是美学的。"照相机赋予瞬间一种追忆的震惊。"[2]摄影术以其忠实再现自然的逼真性,以及快门的迅捷感给现代人带来了一种全新的视觉体验。本雅明发现了现代技术变革对艺术产生的剧烈影响,尤其是印刷术和照相术等新技术的广泛应用,称其标志着一个机械复制时代的来临。机器运转的快速节奏带来了现代人感知模式的转变,传统的持续性的静观模式被一种瞬间性的震惊模式取代。现代生活中不断飞逝的印象带来了全新的震惊体验,传统生活中的连续性经验被切断了。新技术对现代个体的视觉经验造成了冲击并加速了经验的碎片化,以这种方式与过去的感知方式彻底决裂。本雅明聚焦新技术给现代艺术带来的根本性变革,对技术与艺术的关系进行了深入思考。随着以摄影为代表的机械复制技术的发明,传统社会中的持续性经验被现代都市中的碎片化体验取代,凝神静观的传统审美方式也让位于一种速度审美方式。这种以震惊为基础的速度审美在电影中得以确立,连续变化的视觉图像如同快速穿行的车辆把人们一次次卷入震惊体验之中。

如果说机械时代是一个向外扩张的时代,那么电子媒介时代就是

---

[1] 本雅明:《启迪:本雅明文选》,张旭东、王斑译,生活·读书·新知三联书店2012年版,第233页。

[2] 本雅明:《发达资本主义时代的抒情诗人》,张旭东、魏文生译,生活·读书·新知三联书店2012年版,第163页。

一个信息"内爆"的时代,速度审美话语也随之转向新的论域。麦克卢汉揭示了这种社会的激变:"机械形式转向瞬息万里的电力形式,这种加速度使外向爆炸(explosion)逆转为内向爆炸(implosion)。"①首先,数字媒介技术时代的艺术生成于一种"即时性"的文化情境之中。汤林森则提出媒介技术时代形成了一种全新的"即时性"状况(the condition of immediacy)②,面向未来的现代线性时间观被一种"即时在场"情境下的断裂时间观取代。此外,数字时代的技术还产生于一种"拟态化"的文化情境之中。鲍德里亚将后现代社会视为由一系列"拟像"构成的超真实世界;维利里奥则提出,我们透过电子屏幕看到的是一个正在消逝的世界。在媒介文化的语境中,速度美学即一种数字技术作用下的新美学,技术的革新带来了现代人感知结构和审美方式的嬗变。

面对电子媒介时代的新状况,维利里奥提出了一种"失神症"(Picnolespy)③式的审美方式。"失神症"指涉一种持续的、无法预期的、频繁的失神状态,这种失神常见于儿童的游戏中。维利里奥认为,儿童在失神体验中获得了一种自由时间结构,成人则丧失了这种"去同步性"(desynchronizing)的能力,只能受制于快速流逝的时间结构之中。因而,成人为了缓解和适应这种转变开始纵情地使用各种"技术义肢"(technical prostheses)④,以此重建这种去同步性情境。在技术速度带来的失神体验中,成年人得以修复和弥合信息流逝中产生的时间断裂感,从而重构了一种时间性。维利里奥提出,当下以加速为核心的技术义肢,既是对我们终将衰退的视力的弥补,也将日益成为当代文化艺术形式的基础。摄影、电影以及视觉机器等都依赖于对科

---

① 麦克卢汉:《理解媒介》,何道宽译,商务印书馆2000年版,第67页。
② John Tomlinson, *The Culture of Speed: The Coming of Immediacy*, London: SAGE Publications, 2007, p.72.
③ "失神症"一词来源于希腊文"picnos"(频繁的),"epilesy"(癫痫症)则指突如其来的神经丛的高同步放电症状。维利里奥通过对孩童视觉及游戏的观察,发现了频繁地发生在他们身上的失神现象。孩童常通过绕圈与失衡的旋转以寻求眩晕或癫狂的感受,并以之为失神的自我诱导衍生物。参见维利里奥:《消失的美学》,杨凯麟译,河南大出版社2018年版,第79—80页。
④ 维利里奥提出"技术义肢"的概念,即用来协助人类的技术机器,既包括火车、汽车和飞机等运输工具,也涉及照相机、摄像机、电视等视觉机器。参见维利里奥:《消失的美学》,杨凯麟译,第85—86页。

技的速度逻辑和技术义肢功能的最大化使用。在技术竞速时代,"消失的美学"(aesthetics of disappearance)取代了"显现的美学"(aesthetics of appearance),"科技超高速度的发展导致作为对象的直接知觉的意识之消失"①。从机械技术带来的震惊体验,到数字技术带来的失神体验,我们可以看到维利里奥对本雅明审美心理学研究路径的延续。技术媒介通过心理知觉层面的冲击作用于人类的感知模式,从而与现代人的审美方式转型紧密联系在了一起。

维利里奥认为,电影是一种典型的"技术义肢"的产物,并对其如何建构这种"失神症"式的新型审美方式展开了论述。首先,他对技术义肢的运行方式进行了解释,认为技术义肢的组织结构是通过技术超越实现的。维利里奥基于对战争与电影的关注提出了他的"知觉的后勤学"(logistics of perception)理论,认为电影的发明即一种实现技术超越的产物,影像技术为战争提供了重要的知觉供给。其次,他从人类感知结构的角度出发,进一步分析了军事系统与影像系统之间的逻辑同构性,即以一种速度逻辑对人的知觉产生作用。电影画面在胶片的每一帧运动中快速变化、转瞬即逝,形成了一种竞速观看的视觉体验,技术速度从身体知觉经验的层面对视觉审美转向产生了深层影响。然而,在维利里奥看来,技术义肢的危险在于把我们卷入了不断竞速的技术、军事以及移动化的系统之中,而我们所能做的就是把我们的身体融入各种机器义肢,最终面临的是自我主体意识的丧失。作为技术艺术批评家,维利里奥质询了当代艺术与速度、技术和事故(accident)②之间的关联性,并提出了建立"事故博物馆"的美学方案,以此唤起公共情感和主体经验,重建当代艺术的批判性功能。

结语

作为美学关键词的"速度",经历了从社会美学到艺术美学,再转

---

① 维利里奥:《消失的美学》,杨凯麟译,第211页。
② 维利里奥的"事故"理论是其晚期研究的核心,是对贯穿其一生的"竞速学"研究的延续。他将事故视为社会竞速和技术进步所带来的隐藏后果,并用以更好地回应关于技术批判的问题。参见 Paul Virilio, *The Original Accident*, Cambridge: Polity, 2007, p.3.

向媒介美学的发展过程。速度审美话语在启蒙现代性与审美现代性的话语张力中形成,跨学科的论域也使得速度研究在社会学、美学、艺术学、文化学和传播学等多学科话语对话中不断发展。关于速度美学的研究在考察其理论话语发展脉络的基础上,仍需要深入当下的审美文化现象来进行思考,才能不断发掘其当代性价值。当下,我们生活在一个充斥着竞速的时代,城市化进程的加速带来了日新月异的城市面貌,交通工具的提速加快了地域间的流动,媒介变革更是加深了这种瞬息万变的感觉。在数字媒介时代,视觉文化和技术艺术迅速发展,速度逻辑正在形塑一种独特的当代审美文化。以速度为切口来考察当下不断涌现的短视频、线上直播、商业电影和时尚产品等文化景观,速度审美批评话语在与视觉、技术和消费等文化批评话语的碰撞中形成新的拓展空间,并不断焕发出新的活力。在全球加速的语境下,不断渗透的加速体验给人们带来了日益加深的时间焦虑和精神困境,作为对加速现代性的反思,慢速、空间、身体等审美维度的价值开始受到关注。"速度"作为一个极具生命力的美学范畴,不仅为我们对当下的审美文化进行反思提供了理论资源,也为我们反思当下速度生存的现实境遇提供了理论路径。

【本文为湖南省哲学社会科学基金项目"保罗·维利里奥的速度美学思想及其当代价值研究"(21YBQ089)、湖南省教育厅科学研究优秀青年项目"速度、视觉与审美:视觉现代性语境中的速度美学研究"(22B0819)阶段性成果】

(作者单位:湘南学院文学与新闻学院,杭州师范大学人文学院)

学术编辑:李永胜

作为扩展场域的媒介
——论罗莎琳·克劳斯的后媒介美学

周文姬

内容提要 罗莎琳·克劳斯的后媒介美学建构了作为扩展场域的媒介,媒介、技术支柱、装置和媚俗构成扩展场域的四组群。装置在白立方、黑立方观念下呈现了不同的表征机制。克劳斯沿着格林伯格的媚俗批判,指出后媒介情境下媚俗的欺诈性使得艺术失去了媒介独异性。后媒介是再造媒介,是技术支柱,克劳斯采用了卡维尔的自动主义媒介美学建构媒介的合法性和主体性。技术支柱具有自身的惯例或规则,规则是技术支柱的核心,也是构成技术支柱—后媒介的递归性结构之所在,是克劳斯后媒介美学的独异所在。后媒介美学重新建构了关于媒介和艺术的主体性话语。

关键词 扩展场域 装置 技术支柱 媚俗 媒介独异

引言

罗莎琳·克劳斯(Rosalind Krauss)是继美国艺术理论家格林伯格(Clement Greenberg)之后对美国艺术学界最有影响的批评家之一。克劳斯的经典著作《前卫的原创性及其他现代主义神话》摒弃了格林伯格的历史主义,反对现代主义塑造艺术作品的各种神话叙事,从艺术哲学批评角度重新阐释了现当代艺术的美学思想。面对20世纪六七十年代雕塑新现象的兴起,克劳斯赋予了新兴雕塑语言的合法性:扩展场域中的雕塑,使得新兴的雕塑语言在艺术体制中获得了认可和系统性的发展。到了后媒介时期,克劳斯注意到媒介的变化与雕塑扩展背后的类似性,于是,她考察当代作品中的媒介,最终建构了作为扩展场域的媒介(the medium as expanded field)(如图1),整个场域由媒介(Medium)、技术支柱(Technical Support)、媚俗(Kitsch)、装置(Installation)四组群构成。基于现当代很多作品正在以新的媒介取代传统媒介,那么传统媒介是否作为记忆中的东西而被逐渐忽视?克劳斯把记忆作为出发点,记忆与遗忘表征着艺术作品的媒介的存在状态。四组群从记忆(memory)、遗忘(forgetting)、非记忆(not memory)、非遗忘(not forgetting)的关系去考察当代艺术作品媒介的具体美学语言。作为扩展场域中的媒介即艺术学界所说的克劳斯的后媒介美学,扩展了当代艺术的美学语言和话语体系。后媒介美学虽然是克劳斯美学理论体系中的重要组成部分,但也受到一些学者的质疑。鉴于国内对克劳斯的后媒介理论的研究甚少,本文在阅读克劳斯原著和国内外学者相关研究的基础上,对克劳斯的后媒介美学进行探究。

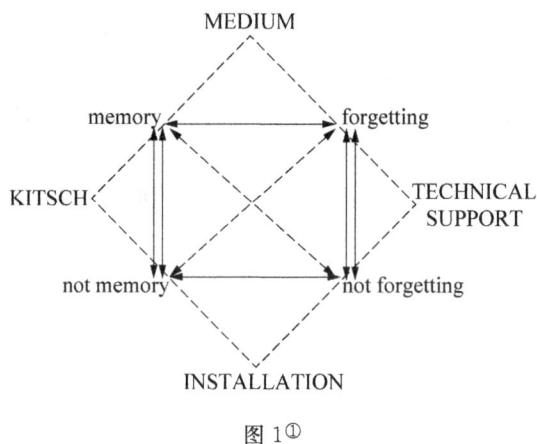

图1①

一、不同表征机制的装置:白立方?黑立方?

在作为扩展场域的媒介四矩阵中,记忆与遗忘构成媒介,意味着

---

① Rosalind Krauss, *Under Blue Cup*, Cambridge: MIT Press, 2011, p.128.

媒介是经验的载体,也指向形式与内容并存建构的双重性。与之相对的是,非记忆(not memory)与非遗忘(not forgetting)构成了装置,克劳斯对装置的思考来自对第十届卡塞尔文献展①的批评。本次文献展由卡特琳·大卫(Catherine David)担任艺术总监,从卡塞尔车站到展览公园都以电影镜头的剪辑和叙事方式呈现着一个个序列,这些序列都叙述着同一个剧本主题:白立方的终结。克劳斯认为本次展览放弃了艺术本体论,以观念和意识形态为导向。文献展以剧本主题的面貌出现,其背后逻辑是宣告现代艺术的终结,因为现代艺术一直在抵制文本、文学、轶闻和寓言进入视觉艺术领域。既然现代艺术在大卫看来走向终结,那么本次文献展所要做的就是打破传统的艺术体制,即对白立方的颠覆。由此,克劳斯认为第十届文献展就是一个大型装置,当然,这是一次把白立方颠覆为黑立方的装置。

克劳斯从空间场所白立方和当代艺术展览现象着手,探讨艺术的纯粹性和自治性问题。首先,罗伯特·斯密森(Robert Smithson)②的空间观念引起克劳斯对白立方的思考,她认为斯密森是现代主义演变的先知者,他于20世纪60年代末建构了场地(site)和非场地的推论性空间。场地指涉外在景观,比如,把外在景观搬进纯粹性的画廊白立方中,需通过地图的方式,同时从原场地中挖掘物质碎片,再将两者放到白立方画廊里,这意味着此时的画廊场地变成了非场地,如室内大地作品的展示。由此,作为非场地,白立方失去了原先的自治性,当外在变成内在,犹如莫比乌斯那样互相交叠,那么,美学支柱的模式不再是原先白立方的四面墙,而是自然历史博物馆的透景画,但在这里,尽管白立方不再以传统的建筑符号出现,但白立方的精神内核仍然以艺术本体为导向。其次,克劳斯探讨了观念艺术家和评论家布莱恩(Brian O'Doherty)的白立方观点,布莱恩认为白立方外形的变化是现代艺术家的一次共谋,即当博物馆和艺术画廊单纯以建筑面目出现

---

① 卡塞尔文献展五年一度,与威尼斯双年展、巴西圣保罗双年展并立为世界三大艺术展。作为先锋艺术的实验现场,卡塞尔文献展已经成为国际当代艺术的一个重要坐标。第十届卡塞尔文献展是20世纪最后一届,由法国策展人卡特琳·大卫担任艺术总监。第十届文献展呼吁对当代全球化世界的政治、社会、经济和文化问题进行批判性评鉴,引发了人们对于艺术自主的担忧。克劳斯正是看到本届文献展艺术让位于思想观念、政治、文化,因此从媒介上去思考艺术的自治与本体性。

② 罗伯特·斯密森(1938—1973),美国著名的大地艺术家,代表作有《螺旋形的防波堤》《螺旋形山丘》等。

时,这意味着两者已被转变成纯粹的艺术符号,比如,在现代艺术中,那些画廊空间似乎被悬置在时间和空间之外,不再作为纯然的画廊。

如果说布莱恩的白立方是艺术体制中的圣殿,那么对大卫来说,其一,白立方表征着艺术的自治,意味着从日常的撤退,是以艺术的纯粹性为目标,但这些观念已然过时。其二,作为博物馆和艺术画廊的白立方,其自吹的纯粹性已被商业利益所浸染。如果抽象作品是一种商品,那么白立方就是一个市场。同样,那些装置艺术的命名是因为其最先的交易是针对美学物体的商品化,它的交易场所就是那些装置艺术展览的地方。其三,作为现代画廊空间,白立方自身就是一种现成品,内里又充斥着各种现成品,比如卡塞尔文献展中特罗凯尔(Rosemarie Trockel)和霍勒(Carsten Holler)作品中的猪[1],以此来激起对空间自身特质的批判性阅读,暴露白立方中那些不为人知的肮脏,同时呈现了白立方自身产生的悖论。其四,白立方是皇宫转成博物馆来展示帝国珍宝的地方,之所以是白色是因为白立方要表达纯粹性,这个被神圣化的匣子顽强地抵制着来自外部的干扰,包括政治的、意识形态的以及宗教的都无法进入。白立方在当代艺术世界中已经结束了,取而代之的应该是带有媒体性的黑立方。从以上四点可看出,大卫以个人的艺术认识论去理解白立方,让白立方向黑立方转化。

对此,克劳斯指出,首先,卡塞尔文献展从车站到展览公园以电影序列装置方式出现,是一次通过媒体的操演,是黑立方中的展览;大卫不认同艺术的真实性、纯粹性,也不认同艺术与媒体两者从本体上的对立。本体对立意味着艺术自身的独异(specificity)本质无法与媒体本质共享,但是大卫把媒体引入文献展中,认为任何美学体验都与媒体有关。其次,电影装置是对白立方倒塌的反复说教,装置的叙事方式是对卡塞尔地缘政治意义的冗长陈述。这种叙事讲述了艺术自治终结的故事,也罔顾艺术独异性。比如,在现成品全盛期,并无绘画、雕塑的位置,同时这种叙事也形成了不同的观众,然而,这是关于艺术政治学而非美学的观众。[2] 因此,如果按照大卫说的白立方是现成品,可以看到大卫策划下的文献展中黑立方的装置化。那么,如果说白立

---

[1] 克劳斯认为此作品以艺术之名,把猪当作现成品,因此可以看到,那些卑微的日常对象被搬进这个节庆的美学空间,被赋予了艺术名义与情境。

[2] Rosalind Krauss, *Under Blue Cup*, p.62.

方是一种关于艺术的宏观性装置,从白立方到黑立方,无疑,在扩展场域的媒介中,装置在白、黑立方观念下呈现了不同的表征机制。比如,白立方中斯密森的装置与大卫的大型电影化装置自然不同,前者从艺术自治性和纯粹性出发,后者是对白立方的消解,并不认同艺术的自治性和纯粹性。在扩展场域的媒介中,装置作为媒介的语言范式,是处在白立方的观念之下。无疑,当代艺术如果要回归白立方,首先考虑的是艺术的自治性与纯粹性,这也在克劳斯列举的艺术家的装置中得以佐证。

针对大卫的卡塞尔文献展,克劳斯以罗兰·巴特的"文本的愉悦"来批评大卫的艺术观。当读者拒绝放慢节奏(比如掠过文本中的细节描述),直接去追寻剧情,这就无法细细品尝阅读过程给人带来的具体经验的愉悦。慢阅读要求在既定的名词替代物于纵向上的能指和所指上空去细微体味,来抵制横向叙事的更迭。巴特把这种纵向称为文本。文本的愉悦是巴特所说的"能指文化",与尼采的"闪光的实在"(luminous concreteness)有异曲同工之妙,可见,巴特的能指文化实际上强调了文本自身的美学独异性。巴特谴责能指文化被政治所淹没,他称那些支持以政治取代能指文化的人为文本的敌人,"那些用文化顺势主义或者顽固的理性主义或者政治道德主义,或者用对能指的批评,或者用愚蠢的实用主义,或者讽刺的虚空,或者用解构话语以及词语欲望的丧失,来颁布取消文本和愉悦,他们是各种愚人。"[1]对此,克劳斯以卡塞尔文献展中以政治学为导向的装置来佐证巴特的"政治道德主义",指出关系美学就是巴特所谴责的文化顺势主义。与文化顺势主义相区别的是,巴特把"文本的愉悦"称为"非社会",是一种幸福,是文本的一种情欲。这种情欲显然无关乎用户友好型的关系美学,后者用艺术去改变公共领域中传统的资产阶级体制,强调了博物馆从一个思考空间转变成如何生活的实验场地,这种转变无疑忽视了巴特所言的文本,忽视了白立方对艺术精神影响力的思考。与巴特的情欲相似的是,克劳斯提到苏珊·桑塔格在《反对阐释》结尾处的诉求,以一种艺术的情欲来替代当代难以控制的阐释学倾向。而大卫所论的本体对立性的死亡和白立方的终结是一种欲望丧失,后现代媒介情境拒

---

[1] Roland Barthes, *The Pleasure of Text*, trans. Richard Miller, New York: Hill and Wang, 1975, p.15.

绝巴特所提倡的阅读愉悦。克劳斯认为,热衷于政治道德主义是一种疾病,巴特的文本愉悦与桑塔格的情欲才是后媒介时代所要保持的。艺术的自治性与纯粹性拒绝黑立方和关系美学下的装置,无论是装置还是其他形式的艺术,必须在白立方的艺术观框架中建构,才能产生媒介文化即能指文化,才有媒介独异,只有这样,艺术才有自身之独立,而不是被政治和意识形态以及文化顺势主义等所淹没甚至被取代。

二、媚俗的欺诈性

在作为扩展场域的媒介中,除了需要重新审视后媒介情境下的装置,还需进一步探讨媚俗(kitsch)。格林伯格曾在《前卫艺术与媚俗艺术》中对媚俗作了深刻的批判。媚俗在于用模仿艺术的效果而非其过程,去反对形成艺术作品独异性的条件,模仿艺术的效果势必无视媒介的合理性与逻辑性,格林伯格把这种模拟界定为艺术品位的腐败。克劳斯看到第十届卡塞尔文献展中媚俗作品大行其道,她指出,如果认可诸如特罗凯尔和霍勒的猪圈作品,那是因为人们呼吸的是媚俗的文化空气。"没有了媒介逻辑,艺术就会面临坠入媚俗的危险。"[①]猪圈一类作品之所以媚俗,在于此类作品漠视媒介的独异性和艺术的本体与主体性。对媚俗进行激烈批评的还有米兰·昆德拉,他在《生命不能承受之轻》中称媚俗为"屎"。克劳斯把昆德拉的"不能承受之轻"延伸到这一届文献展上诸如猪圈的装置,认为这是一个不能承受之轻的装置,这个作品无视以猪为媒介的艺术逻辑。在克劳斯看来,大卫团队对猪圈装置的接受,无视了艺术作品中使用媒介的逻辑合理性与合法性,展示诸如此类的作品,表面上看起来激进,实则是虚假的(fake)不妥协。

这种虚假被卡维尔(Stanley Cavell)称为欺诈(fraudulence),欺诈不但存在于现代主义艺术中,也在当代艺术中盛行。卡维尔指出,在

---

① Hal Foster, Rosalind Krauss, Yve-Alain Bois, Benjamin H. D. Buchloh, *Art since 1900: Modernism, Antimodernism, Postmodernism*, London: Thames & Hudson, 2005, p.613.

现代主义艺术中,现代主义的观众不断给自己讲述那些著名的标志着历史的暴乱故事、罢工和愤怒,这些对于现代主义和它的永恒革命来说具有意义。这些讲述犹如遭遇欺诈时的经历;欺诈的威胁无处不在,对于艺术来说,欺诈的威胁和真实性问题是艺术经验的本质,面对欺诈的存在,现代主义只能厘清和呈现艺术真正是什么。① 因此,艺术的本体性必须抵制欺诈的威胁。针对卡维尔所批评的"欺诈",克劳斯认为,后媒介时期艺术与媒介的关系是一场论战,她要对装置的媚俗大喊"假装"和"欺诈"。而与欺诈相对立的真实并没有被清除,在艺术与媒介的关系中,反对装置遗忘那些真实的历史、文化与经验。因而,以装置为媒介的艺术需要考虑的是欺诈与真实的问题,这是区别媚俗与艺术的直接途径,也是直接关联记忆与非记忆的表征问题,而一旦遭遇到如卡维尔所言的欺诈,那么必然会问:真正的艺术是什么? 这涉及艺术的主体性与本体性问题。

从白立方到黑立方,呈现了不同的艺术本体观。白立方建立在艺术自治性和纯粹性的基础上,黑立方打破艺术自治,以艺术之名去表达观念和观点,换言之,艺术是观念和观点的工具。因此,在作为扩展场域的媒介中,克劳斯一方面阐述了装置在不同艺术观中的再现,从白、黑立方的艺术观和不同艺术主体逻辑的演绎,给出了不同的装置表征;另一方面,她沿着格林伯格对媚俗的批判,批评后媒介情境下的媚俗狂欢。媚俗的欺诈性不仅让艺术失去了媒介独异性,失去艺术主体性,而且使得真实性让位于媚俗,从而切断了记忆,这使得艺术最终沦为观念和意识形态的工具。因此,如要保持艺术的主体性与本体性,艺术必须具有自身的媒介独异性。

三、再造媒介:技术支柱? 自动主义?

在作为扩展场域的媒介中,媒介与技术支柱是克劳斯思考后媒介时代关于媒介和艺术主体性问题的关键所在。克劳斯在卡维尔的媒介思想上形成自己的后媒介美学。卡维尔坚持媒介内在的复数性

---

① Stanley Cavell, *Must We Mean What We Say?*, New York: Charles Scribner's Sons, 1969, pp.188 – 229.

(plurality),认为美学上的媒介并非粗糙的物理支柱,即艺术作品中的媒介,比如绘画的媒介,并非单纯的物理支柱(笔、颜料、画布等),还有作品表意的媒介,比如印象派作品以印象派美学语言作为媒介,卡维尔的媒介观与格林伯格完全不同,后者所说的媒介是物理支柱,以其还原论特征向着物化(reification)前行。① 格林伯格认为绘画只能以笔、颜料、画布等作为媒介,除此之外无其他媒介。克劳斯用卡维尔的媒介观点去审视格林伯格的媒介还原论与现代主义艺术。格林伯格的媒介论也促使克劳斯去审视媒介问题,因为正是格林伯格的媒介论使得绘画最终走上了极简主义的通用物体(generic object)道路。但即使如极简主义剔除所有多余的成规(convention),把作品简约到物理平面的临界状态,这种绘画是否具有美学价值?② 在这个层面上,也就不难理解克劳斯对再造媒介—技术支柱的理论建构。

何为技术支柱?克劳斯分析了许多艺术家的媒介语言,当中,尤其对克莱曼(James Coleman)和肯里奇(William Kendtridge)的作品进行了详细分析,指出他们作品的媒介就是再造媒介,即技术支柱。克莱曼把他作品中的媒介称为投影图像(projected images),他的技术支柱是磁带幻灯片。③ 这是一种自动的旋转式幻灯机加上投影系列的一叠叠幻灯片,这种多倍自动聚焦幻灯机的分配,允许幻灯片以比较复杂的顺序让彼此融为一体,此技术来自商务广告中的操作方式。克莱曼通常用直立式投影机,投影机装上塑胶玻璃叠式匣子,在暗室中播放,有时,在播放幻灯片时还配以画外音或其他的叙事方式。总体来说,他以照相小说的惯例形式与其他各种流行叙事形式相勾连来驱动技术支柱。学者康斯坦洛(Diarmuid Costello)认为克莱曼所使用的惯例整体上来说外在于技术支柱,技术支柱与惯例原本没有什么关联,只是从外部上嫁接技术支柱。④ 克劳斯则从作品中提出克莱曼的

---

① Rosalind Krauss, *A Voyage on the North Sea: Art in the Age of the Post-Medium Condition*, Thames & Hudson, 2000, p.3.

② Rosalind Krauss, "'The Rock': William Kentridge's Drawings for Projection", in *October*, No.92(Spring 2000), p.12.

③ Rosalind Krauss, "Reinventing the Medium", in *Critical Inquiry*, 25 (Winter 1999), pp.289 – 305.

④ Diarmuid Costello, "Automat, Automatic, Automatism: Rosalind Krauss and Stanley Cavell on Photography and the Photographically Dependent Arts", in *Critical Inquiry*, 38(Summer 2012), pp.827 – 830.

创作方式选择定格非移动画面作为他的投影图像,这需诉诸艺术家自创的惯常手法来再现角色之间的碰撞,即克劳斯所说的双重正面朝外(double face-out)。① 也就是把定格画面中的行为和行为反应镜头压缩在单个画格中,这意味着画格中缺乏反打镜头,那么不得不使用某种机制进行视觉上的叙事操作。克莱曼把系列定格画面的投影放在叙事艺术形式中,以此作为惯例操作来驱动技术支柱,自然会引发对媒介本体论的思考。在克劳斯看来,克莱曼的媒介尽管放弃了运动幻觉,但仍然符合卡维尔对电影照相底板的定义,即"连续自动的世界投影"(a succession of automatic world projections)。② 克劳斯对克莱曼作品中的图像、画外音、便捷式投影机的声音之间的关系作了详细分析,同时借鉴罗兰·巴特的第三种意涵,即剧照意涵与叙事空间的意涵呈现相反关系,③以及本雅明所论的新技术源头中的乌托邦希望,来论证克莱曼作品中媒介的复合性和内在的复杂性。在克劳斯对克莱曼作品的分析中可以看到,艺术家通过具体惯例来表明他们的技术支柱,从而把那些原本死气沉沉用于商业的东西转变成富有艺术意义的艺术媒介。本雅明认为,一旦过时的技术不再受功用所困,必然会回归它们的原初状态,从而释放出乌托邦的潜能。④ 这个观点启发了克劳斯,她指出,新艺术媒介的关键在于把过时的技术转变成新的艺术媒介。

同样,在分析肯里奇(William Kendtridge)的作品时,克劳斯指

---

① Rosalind Krauss, "Reinventing the Medium", in *Critical Inquiry*, 25 (Winter 1999), p.300.

② 卡维尔在 *The World Viewed: Reflections on the Ontology of Film* 的两章("Automatism" "Excursus: Some Modernist Painting")中一直在使用关于自动主义方面的措辞。自动主义是卡维尔关于电影和现代艺术的媒介思考,同时是一种媒介规则,比如在作曲中,可以同时即兴嫁接很多音乐元素但保持古典西乐、爵士等的精神和活力。卡维尔在"Automatism"这一章中提到连续自动的世界投影("a succession of automatic world projections")是电影媒介的物理或者物质基础,给予这些物理或物质基础的意义是艺术的形式发现、风格、类型和技术,卡维尔称诸如艺术的形式发现、风格之类为自动主义。参见 Stanley Cavell, *The World Viewed: Reflections on the Ontology of Film*, Cambridge: Harvard University Press, 1979, p.105.

③ Roland Barthes, *The Responsibility of Forms: Critical Essays on Music, Art, and Representation*, trans. Richard Howard, Berkeley: University of California Press, 1991, pp.41-62.

④ Rosalind Krauss, *A Voyage on the North Sea: Art in the Age of the Post-Medium Condition*, Thames & Hudson, 2000, p.41.

出,肯里奇的媒介也由惯例操作来驱动那些过时的商业用品。肯里奇的"投影画"(drawings for projection)让整个创作程序成为一种话语建构。他拍摄了创作的整个过程,用木炭作画,然后擦除,整个过程一丝不苟,以¼到2秒的时间拍摄每一幅画的变化,记录一幅画处在不断改变中。整个作品包括了这些类似于复本的绘画作品和拍摄作画过程的影片。通过逐一记录每一幅画的逐渐变化,肯里奇的媒介即投影画在技术上发挥到极致。肯里奇在过程中逐一记录下所呈现的视觉上的结构性张力,在康斯坦洛看来,这是自记(autographic)艺术中的亲身性过程。克劳斯认为,正是这种过程中的重复性使得肯里奇边绘画边即兴创作,她把肯里奇的来回走动,边修改边拍摄的工作方法称为准自动,把他的即兴创作称为无意识自动主义。① 然而,克劳斯的无意识自动主义在康斯坦洛看来并不同于卡维尔的自动主义,虽然克劳斯把自己所说的自动主义等同于卡维尔的自动主义,但实际上她的自动主义指的是肯里奇在工作程序中所生成的自动主义。即康斯坦洛认为,克劳斯的自动主义实则来自肯里奇的演讲《机运:图像制作过程中的非程序非偶然》(Fortuna: Neither Programme Nor Chance in the Making of Images)②中的"机运"。肯里奇说,"'机运'是我对这一类力量的通称,它们既不属于冷漠的统计学偶然性,也不属于理性控制的范围。"③康斯坦洛按照卡维尔自动主义理论认为,镜头自身最基本的自动主义在于,镜头无需主体调节就能记录任何图像,这是卡维尔意义上的自动,而克劳斯的自动主义只是针对肯里奇自己对作品的思考分析做出一个阐述而已。克莱曼和肯里奇的作品呈现了克劳斯所言的自动主义与惯例之间的不可分离和循环性,这明证了现代主义的另一种表达。他们的作品不像早期的结构主义电影追求捕捉电影媒介的本质,而是呈现媒介的具体质性,它重新界定了媒介,并且以自身显著的物理事实和艺术惯例来整合成新的艺术形式和构成。

---

① Rosalind Krauss, "'The Rock': William Kentridge's Drawings for Projection", in *October*, No.92(Spring 2000), p.6.

② Diarmuid Costello, "Automat, Automatic, Automatism: Rosalind Krauss and Stanley Cavell on Photography and the Photographically Dependent Arts", in *Critical Inquiry*, 38(Summer 2012), pp.836-838.

③ 参见《艺术档案》中肯里奇的部分创作自述,https://www.artda.cn/yishujiakuguowai-c-118.html,2023年3月16日。

卡维尔的媒介论并非关于界定具体媒介的本质问题，也非关于媒介目的论问题，而是关于使得通用惯例（convention）成为可能的那些惯例，可谓惯例中的惯例；新作品之所以新，在于遵循一套规则，并且能经受得住测试，卡维尔以此划分传统艺术与现代艺术。比如在传统音乐中，一旦作曲者设定了和声和编曲，弹奏者就能演奏这些元素，这跟即兴创作咏叹调和华彩乐段一样。[①] 这里，传统艺术形式的规则就是卡维尔的自动主义和自觉遵循的指令。卡维尔所说的自动主义就是他的媒介思想，用自动主义取代媒介在于卡维尔提倡现代艺术家去创造新媒介而不是艺术的新案例，新媒介就是自动主义，但这种新媒介/自动主义必须以艺术主体本体为宗旨，只有在这个宗旨之下，艺术才能界定自身的媒介。新媒介无需遵循格林伯格所主张的既定的物质媒介，既定的物质媒介是对现代主义艺术的限制，艺术家只需以新媒介去探寻艺术自身的存在。自动主义对卡维尔来说是一种既承认又抵制现代主义艺术命运的方法："这就是为什么在指涉各类艺术的物质基础方面，尽管我在努力把媒介观念从它的限制中解放出来，但我还是在继续使用同一个词［媒介］来称呼那些［物质］基础，同时在艺术中去梳理［媒介］成功模式的特征。"[②]卡维尔认为现代主义艺术的存在在于自身物质上的不确定性，而媒介意味着物理上的（physical）确定性。他并不把艺术媒介单纯当作物理上的物质，而是作为应用上的一定特色的物理物质，于是转向以自动主义来指涉那些不同领域的实践者（比如音乐家的自由即兴创作）所诉诸的规则。然而，随着现代主义来临，原先的规则不再坚如磐石，艺术家无法像以往那样遵循传统规则了。现代主义使得每一种艺术形式寻求与自身相应的惯例和规范，同时这些惯例和规范必须在以往惯例的基础上去寻找与新环境相适应的方式。自动主义允许卡维尔去规避媒介这个词语中的那些与机械论和经验主义相关的东西，也去规避作品中物质支柱所产生的有形限制，因而卡维尔放弃用"媒介"命名。对此，克劳斯认为，这是卡维尔对现代主义艺术命运的灰心表达。然而，对克劳斯来说，以自动主义替代媒介将会带来相关联的超现实主义以及媒介在精神心灵上的

---

① Stanley Cavell, *Must We Mean What We Say?*, New York: Charles Scribner's Sons, 1969, pp. 200 - 201.

② Stanley Cavell, *The World Viewed: Reflections on the Ontology of Film*, Cambridge: Harvard University Press, 197, p. 105.

自动主义,结果会使媒介进入无意识机制的混乱中,[1]因此用"媒介"才能更精确地诉诸记忆及其相关联的东西。但诉诸媒介的创造即作为扩展场域的媒介四组群中的技术支柱,克劳斯则以卡维尔的自动主义来思考技术支柱。

　　克劳斯在论述"创造"新媒介时以卡维尔的媒介思想为理论基础,她采用卡维尔的自动主义,但两者之间仍有差异。康斯坦洛指出,尽管卡维尔有时把艺术媒介的惯例形式指涉为艺术家在驾驭艺术时必须掌握的自动主义,然而并不能掩盖这样的事实:在一定的艺术与历史情景下,卡维尔指出了那些可以满足任何作品中充当既定媒介事例的确定性条件,在同样情景下,克劳斯则在描述满足这些条件的各种固定方法。[2] 比如,她用卡维尔自动主义理论指出,现代主义艺术家所面临的具体挑战并非如之前所理解的那样要去创造新艺术范例,而是要去发现或者创造新媒介和艺术中的自动主义,人们应当把艺术的新媒介或者自动主义理解成在艺术不断实践中确保价值的新方法,这正如在音乐或者绘画历史中,诸如咏叹调或者奏鸣曲形式、历史场景或者裸体艺术所产生的价值资源。[3] 比如,波洛克(Jackson Pollock)感到传统架上绘画的美学潜能已走到尽头,于是决定以水平来替代垂直,把架上绘画放在地面上开始滴画创作。他放弃油画使用的传统方法和画面结构,用自己的方式形成艺术媒介,这不同于过去理解的绘画新现象,这是绘画媒介中的新的自动主义。在卡维尔看来,正如波洛克作品所呈现的,不必创造媒介,波洛克并没有创造绘画媒介,只是再造了绘画表达的可能性,他找到了别人还没有表达过的一种表达方式。同样道理,斯德拉(Frank Stella)的作品也是如此,卡维尔认为波洛克与斯德拉的作品才是"要从媒介自身中去发现媒介,去创造媒介"。[4] 这两个例子在克劳斯的论述中都有涉及,在论及波洛克的文章中,克劳斯写道,"水平性把媒介观念从一套物理条件中引出来,然后

---

　　[1]　Rosalind Krauss, *Under Blue Cup*, p.79.

　　[2]　Diarmuid Costello, "Automat, Automatic, Automatism: Rosalind Krauss and Stanley Cavell on Photography and the Photographically Dependent Arts", in *Critical Inquiry*, 38(Summer 2012), p.840.

　　[3]　See Rosalind Krauss, "'The Rock': William Kentridge's Drawings for Projection", in *October*, No.92(Spring 2000), pp.3–35.; Stanley Cavell, *The World Viewed: Reflections on the Ontology of Film*, Cambridge: Harvard University Press, 1979, pp.103–107.

　　[4]　Stanley Cavell, *Must We Mean What We Say?*, p.221.

把它重新安置在一种现象学的模式和境地中,这种模式和境地自身就是媒介的支柱。"[1]同样,克劳斯认为,斯德拉在面对极简主义物体的非媒介所引发的架上绘画的危机时,他以画布的非常规形状作为继续创作的方式,斯德拉"创造"的形状就是新媒介,他以此推进媒介的独异作为美学连贯性的基础。[2]

四、后媒介的合法性

如上所述,克劳斯采用卡维尔的自动主义来指出再造媒介—技术支柱的媒介独异性。然而,卡维尔说的要从媒介自身中去发现媒介,去创造媒介,是在已然作为媒介的绘画自身中去创造和发现各种可能的表达方式,其重点是在艺术家转化现存的艺术媒介中去拓展媒介的可能性,而不是去创造"新"媒介,因而,康斯坦洛认为克劳斯从卡维尔那里借用的自动主义实非卡维尔的自动主义。对此,巴特勒(Rex Bulter)认为,在考察诸如波洛克和斯德拉的媒介时,应该把他们的新媒介放在更宽泛的媒介范畴下去检测,他们的媒介延伸了媒介的某一种或者大量的质性,也正是这种质性使得其他艺术家随之跟从同一种媒介,比如,跟随波洛克的水平性的有莫里斯(Robert Morris)、托姆布雷(Cy Twombly)、沃霍尔(Andy Warhol)等,跟随斯德拉的形状媒介的有塔特尔(Richard Tuttle)、曼戈尔德(Robert Mangold)、贾德(Donald Judd)等,因此两者的媒介实践构成绘画史上的后媒介实践。从艺术史上来说,并无单一定义绘画的标准,那么波洛克和斯德拉的媒介实践仍然在绘画的血脉之中,他们所用的不同质性的媒介将成为未来的既定趋势,这才是真正的后媒介。因此,巴特勒认为波洛克和斯德拉现象对克劳斯来说,绘画的媒介只以这种独异的后媒介才能继续,这类媒介只有经过诸如此类的后媒介洗礼之后,才有可能成为真正的媒介。正是在这个层面上,巴特勒认同了克劳斯所言的后媒介的

---

[1] Rosalind Krauss, "The Crisis of the Easel Picture", in *Jackson Pollock: New Approaches*, ed. Kirk Varnedoe, New York: Museum of Modern Art, 1999, p.169.

[2] Rosalind Krauss, *Under Blue Cup*, p.19.

多元独体性（singular plurality）①和"内在复数性"（"internal plurality"）。②

克劳斯的多元独体与内在复数性中"多元"与"复数性"指的是艺术并非总体性艺术，或者并非如格林伯格把绘画的媒介只是还原在物质支柱——笔、颜料和画布上，而是会出现不同于传统媒介的新媒介，即艺术的媒介可以是复数多元的，但复数性多元性必须以媒介独异性为基础，即媒介具有自身的规则与美学思想体系。在巴特勒看来，克劳斯的多元独体性与内在复数性是后媒介实践中呈现的某种或者大量（复数）的质性，但克劳斯的这一观点遭到康斯坦洛的质疑。巴特勒认为克劳斯所举的克莱曼和肯里奇的媒介不仅是对一般媒介的回应，更是对电影媒介的回应，即两位艺术家的新的技术支柱实则是对传统电影媒介遭遇过时或者废弃的一种回应，他们跟波洛克和斯德拉一样，也是从电影更宽泛的媒介中延伸出某一种或者大量的质性。艺术家从更宽泛的传统体系中去沉淀自身具体的媒介，在同一时期显示了不同的质性，这类似于克劳斯提到的行会规则（rules of guilds）③，也对应了克劳斯采用福柯的思想——"一定时代的所有作者会在同一时间去无意识地讲述，这是一种比喻语言"④——去论证后媒介的必然性，具体说来，克劳斯以福柯的历史先验去建构媒介先验话语。

克劳斯的媒介的复数性和独异性与卡维尔的媒介中的媒介和复数性有关系。对此，巴特勒认为，克劳斯接替了卡维尔式的现代主义媒介在后现代主义中遭到终结时的任务，⑤这一点也回应了康斯坦洛的论点，使得两种不同的观点在此交集。卡维尔指出，稳固的自动主义对现代主义艺术家来说已然逝去，传统媒介的自动主义已经消失。艺术家即兴创作的或者新发现就是自动主义在起作用，他提倡要打破固定的形式，克劳斯借鉴了这一点，作为探讨新媒介的出发点。但克劳斯的新

---

① Rosalind Krauss, *Under Blue Cup*, p.2, p.59.

② See Rosalind Krauss, *A Voyage on the North Sea: Art in the Age of the Post-Medium Condition*, Thames & Hudson, 2000, p.6.; Rex Butler, "Rosalind Krauss: between modernism and post-medium", in *Journal of Art Historiography*, 2020(23), p.13.

③ Rosalind Krauss, *Under Blue Cup*, p.7.

④ Ibid., pp.15-16.

⑤ Rex Butler, "Rosalind Krauss: between modernism and post-medium", in *Journal of Art Historiography*, 2020(23), pp.14-15.

媒介受到康斯坦洛的质疑,他提出:相对于艺术家本人来说,独特的媒介可以被当作普遍性看待吗?如果媒介本质上是非个人的、公共的,那么创造新媒介无法跳出某种媒介。克劳斯对此只给予了模棱两可的说法,比如,在关于克莱曼的再造媒介上,克劳斯看上去是在否定艺术家的媒介①,"艺术家当然不创造媒介。在任何社会中可区分群体的自称艺术家之前,那些雕刻、绘画等已经成熟。然而媒介会把对媒介的操作进行个体化,它们加强了与它们相关的各种技能,而且重要的是,媒介也有了历史积淀。数个世纪以来,只有用媒介去编码那些反对或者囿于传统的部分,变革才能得以估量,这正如测试与新范围感觉相关的意义存储库。"②然而,康斯坦洛忽视了克劳斯的"艺术家当然不创造媒介"背后的论述逻辑,在这段论述中,克劳斯是要表明"媒介创造"的自然性和对于艺术的内在性。这段话是论文开篇的第三段,然后克劳斯论述了后媒介情境的各种现象,比如杜尚、极简主义、观念主义;她引用了弗雷德(Michael Fried)、蒂埃里·德·迪弗(Thierry de Duve)关于媒介的思考,比如迪弗对媒介独异性与艺术普遍性关系的思考。克劳斯指出 20 世纪 80 年代的绘画与媒介的问题,"也许正是在这十年后我们才有后见之明,我们把媒介看作一个连续的现象,即使它具有裂缝和不均匀性,这是创造媒介的尝试,或者说非常个体的独特的现象:不是复兴传统,而是最不可能的要去创造一种新媒介。"③从后媒介情境到创造新媒介,克劳斯逐一进行论述,并指出,"创造媒介就像创造语言一样"④,正是因为媒介与语言一样,所以克劳斯会在开篇说出康斯坦洛所谓的模棱两可的话与"艺术家不创造媒介"。

克劳斯的技术支柱美学理论受到康斯坦洛的质疑,巴特勒对此不以为然,他认为康斯坦洛所言的独特性形成的媒介、嬗变自旧媒介或者旧媒介的杂交变种形成的媒介,它们之间并没有必然的矛盾。在他看来,克劳斯对卡维尔的理解仍然比较恰当,克劳斯以卡维尔的媒介

---

① Diarmuid Costello, "Automat, Automatic, Automatism: Rosalind Krauss and Stanley Cavell on Photography and the Photographically Dependent Arts", in *Critical Inquiry*, 38(Summer 2012), p.847.

② Rosalind Krauss, "...'And Then Turn Away", in *October Files: James Colman*, ed. George Barker, Cambridge: MIT Press, 2003, p.157.

③ Ibid., pp.158–159.

④ Ibid., p.159.

论来建构后媒介,艺术媒介和惯例是对以前的媒介和惯例的反思(reflection)。在他看来,任何媒介的历史是一系列创造新媒介的历史,巴特勒引用卡维尔的观点来佐证,因为卡维尔认为,要产生另一种艺术,就要在艺术中创造新媒介。① 针对康斯坦洛的媒介论——艺术媒介只能在艺术史中不断尝试和修正的积累中逐渐形成,巴特勒则认为媒介要么立即产生,要么根本不会通过类似艺术法令而形成,因此巴特勒以媒介的循环性来针对康斯坦洛的非循环性(noncircular),认为克劳斯的"再造"就是媒介的循环性。在详细分析克劳斯在论证克莱曼、肯里奇以及鲁沙(Ed Rusha)三位艺术家的媒介创造的案例中,康斯坦洛认为克劳斯的媒介创造并不足以证明这种新媒介的合法性,而克劳斯的媒介理论是,当常规的或者正统的现代主义媒介无法产生美学上令人信服的艺术作品时,这些媒介就属于过时的或者要被废弃的。② 而巴特勒认为现代主义终结后,克劳斯反对后现代主义中的普遍性观念,这种普遍性观念显然对后现代主义中的媒介带来直接影响,因此克劳斯认为有必要去反思艺术媒介。③

在后媒介情境中,极简主义和观念主义用极简物体和观念艺术来回应艺术媒介,这就显示了不再有独异媒介。另外,克劳斯目睹了1993年惠特尼双年展中把政治正确引入当代艺术,这些促使她反思当代艺术的媒介问题。对克劳斯来说,如果经典的现代主义媒介遭到当代艺术美学质疑,尽管这里的现代主义媒介是从格林伯格意义上来说,那么她会同意后现代主义对现代主义媒介的批判。但在克莱曼、肯里奇以及鲁沙等艺术家的作品中,克劳斯看到了他们创造的媒介所蕴藏的丰富的内涵表达,他们选择的媒介也在系列作品中形成了自身的美学语言,克劳斯把他们创造的媒介称为技术支柱,而技术支柱在本质上与现代主义艺术的媒介并无差异。同时,用后媒介来命名,表明它是作为解决以往媒介的一种方法。后媒介在克劳斯的理论中以创造媒介或者如她所说的技术支柱去建构后现代主义时期的媒介主

---

① Rex Butler, "Rosalind Krauss: between modernism and post-medium", in *Journal of Art Historiography*, 2020(23), p.1.

② Rosalind Krauss, "'The Rock': William Kentridge's Drawings for Projection", in *October*, No.92(Spring 2000), pp.29-34.

③ Rosalind Krauss, "Reinventing the Medium", in *Critical Inquiry*, 25 (Winter 1999), p.305.

体性、本体性和合法性。康斯坦洛并不认同克劳斯的后媒介话语建构，他认为，克劳斯并没有真正理解卡维尔自动主义，因此诉诸卡维尔自动主义建构后媒介失之偏颇。尽管如此，康斯坦洛还是肯定了克劳斯强调现代主义媒介嬗变的可能性。

综上，克劳斯把技术支柱纳入后媒介，但技术支柱在康斯坦洛看来只是一个局部现象，并非一个公共性的、普遍性的历史沉淀；巴特勒给予了技术支柱合法性，认为这是更宽泛媒介下的一种历史现象，而历史本身就是局部的而并非普遍性的。实际上，康斯坦洛的质疑并没有真正理解克劳斯的后媒介美学，因为克劳斯不去专门性地理论探讨，而是去"描述"（figure forth）媒介的建构过程，正是这种方式呈现了她用福柯的历史先验去发展后媒介的先验话语，她特意说明了用"描述"来对应福柯在论述历史先验中的"陈述"，即她以"描述"艺术作品中的媒介建构过程去探讨后/新媒介出现的可能条件和现实条件，也就是关于媒介先验的话语问题，只有媒介先验才能使得新媒介——技术支柱具有媒介自身的自然性和内在性。如上所述，当艺术家创造了媒介即新媒介或者后媒介时，他们在形成自立方框架下的艺术作品时，必须具有艺术性，这正如巴特在论述第三意涵时指出的电影性，也即肯里奇强调的机运，也即克莱曼追求画格在图像性和电影性之间的游走，来表达投影机作为媒介的艺术性。技术支柱之所以是新媒介，在于艺术家使用技术支柱时仍然在规则中创作，"被质疑的再造[媒介]不仅仅意味着要去保存那些更早期的支柱形式，这些支柱在'机械复制年代'通过自身同化于商品形式，已经完全失去功能。相反，再造[媒介]涉及这样的媒介理念，即媒介作为一套惯例（conventions）衍生于（但非模拟于）既定技术支柱的物质条件中，且通过这些惯例发展了投射性的、助记符号性的表达形式。"[①]这里的惯例即规则，这种规则即艺术家建构艺术性或者艺术本体性时所必须遵循的，这种规则来自卡维尔所说的惯例，即来自传统惯例延展下的"惯例"，有着自身的发展脉络。艺术家在使用技术支柱时正是带着相应的惯例，才有了后媒介下的艺术作品。这一点，克劳斯称为递归性结构，但她对递归性结构没有专门讨论，只是分散在案例分析或者概念探讨之中。

---

① Rosalind Krauss, "Reinventing the Medium", in *Critical Inquiry*, 25（Winter 1999），p.298.

余论：后媒介的递归性与独异性

  克劳斯的再造媒介具有双重性，这体现在带有后媒介的现代主义作品中，也体现在后媒介的技术支柱上。克劳斯特别指出后媒介艺术家的任务："作为新的递归性形式的技术支柱的创造者正在挑战后媒介一直所持的观点，即艺术自治的具体空间已经终结，也就是观念艺术所说的白立方的终结；相反，这些创造者用抵制白立方墙壁的方式来进入白立方，这就像游泳池四周给游泳者提供踢脚柱促使他们朝着新方向游泳。"①无疑，克劳斯的后媒介美学是把现代主义与后现代主义放在一个环形中，即作为递归性的后媒介，也就是要不断地折回到作品自身的结构上。如克莱曼作品中的正面朝外在电影制作中是停拍时的状态，肯里奇通过删除与添加再现了过程性艺术，这与格子论中的重复与差异具有相同的美学语言。②格子在艺术媒介中以棋盘作为标准，比如什克洛夫斯基（Viktor Shklovsky）也以棋盘上马的行走规则来呼应递归性手法。格子是什克洛夫斯基提到的一种惯例，它经受了现代艺术家们如毕加索、蒙德里安、马勒维奇等使用的递归性结构来确保画布上的真正的艺术。正是棋盘控制了马，限制了它的自由也驾驭着它，这是什克洛夫斯基说到的艺术惯例，棋盘与棋盘的惯例成为棋子的技术支柱。同样，克劳斯的扩展场域的雕塑打破了传统雕塑的垂直性，从语义差异上去拓展雕塑的语义概念，这类似于波洛克与斯德拉的绘画，与传统画语言相比，二者的作品可称为扩展场域的绘画，扩展场域的雕塑和媒介都呈现了递归性结构。递归性结构是克劳斯建构艺术主体性与本体性的技术支柱。同时，扩展是基于媒介的扩展，克劳斯在再造媒介的情况下保持了艺术的主体性和本体性。

  克劳斯认为她的后媒介美学建立在以后现代主义批判现代主义正统的需要上，主张两种脱钩，一是后现代主义须与后媒介情境脱钩，一是后现代主义须消除现代主义信仰，把整个现代主义的词汇和媒介

---

  ① Rosalind Krauss, *Under Blue Cup*, p.26.
  ② 克劳斯在《前卫的原创性及其他现代主义神话》用艺术史中的格子演变指出，格子的嬗变呈现了自身的现代主义神话，同时也成了现代主义的叙述方式。

独异转换成新的自由的措辞。① 克劳斯的后媒介美学不同于格林伯格的媒介独异,这是克劳斯的媒介独异,即她提出的技术支柱。在她的案例分析中,技术支柱是对后现代主义的一种干预,并非补充或修正。她主张创造媒介必然要去发现一套合适的惯例,因为艺术要用惯例去表达既定的技术支柱,而技术支柱是克劳斯在媒介创造中关于媒介的新惯例,即用新媒介取代过去的媒介惯例。比如,克莱曼、肯里奇和鲁沙就是用一系列惯例去表达,针对当下艺术界盛行的观点即艺术媒介现在已被消耗殆尽,这些艺术家则依靠那些商务行业中由于技术快速发展而被淘汰的过时的应用性的系列支柱,克劳斯认为,此类作品颠覆了当代艺术存活在某种风格化的后媒介情境之中的神话。这些技术支柱在劳克斯的艺术案例分析中,有商业光盒、视频便携式录像机、声画同步、广告展示、定格动画片、汽车、磁带、幻灯片等等,它们创造了一种新媒介,用不同方式创造了一种人们意想不到的艺术表达,这是非传统媒介的表达方式,艺术家把过时的技术转换成艺术的技术支柱,成为新媒介,用新媒介去建构自己的艺术表达。克劳斯说,"放弃独异媒介意味着严肃艺术的死亡。"②用克劳斯所说的技术支柱重新激活艺术媒介是当下艺术创作的必然途径,同时当技术支柱成为新的艺术媒介时,便具有了卡维尔的自动主义的美学语言,也就是说,技术支柱必须具有自身的惯例或规则,正如克劳斯所论的媒介即规则,这是技术支柱的核心所在,是构成技术支柱—后/新媒介的递归性结构之所在,也是独异媒介的独异所在。正是独异性和递归性使得后媒介时代的媒介和艺术具有了自身的主体性话语建构。

【本文为国家社会科学基金艺术学一般项目"比较视域下新世纪中国现实题材电影研究"(21BC041)的阶段性成果】

(作者单位:华东师范大学传播学院)
学术编辑:赵彦芳

---

① 参见巴特勒对克劳斯的采访:Rex Butler, "Rosalind Krauss: between modernism and post-medium", in *Journal of Art Historiography*, 2020(23), pp.17 – 21.

② Rosalind Krauss, *Perpetual Inventory*, p.xiii.

一种生活经验的"能动性诗学"
——控制论与音乐的技术问题

王楷文

内容提要 声音文化研究因强调"文化"而贬低"声音",使得技术与文化始终处于隔膜的状态。要解决这一问题,需从技术视角探查,将音乐作为与听者共处同一系统下互相影响从而形成稳态的控制论文本,而如何回应音乐缺少如人类主体一样的自组织能力则是解题的关键。结合控制论的发展历程及衍生的相关讨论,对这一问题的解决方案大致分为音乐的"过程开放"与"过程与结果开放"两种,后者更适用于音乐中,即将音乐与听者的交互视为"造成差异的差异"。借助相关解读,这种差异最终呈现为过往的生活经验在当下的展开。音乐的技术问题实际呈现了一种日常化的技术诗学范式,即与技术对象的交互呈现了透过对象看到自己面对生活的能动性。

关键词 音乐 技术 控制论 第三持存 deja-vu

声音或听觉文化研究在近几年赢得了学界的关注,着力探讨声音作为独立领域所产生的文化意义。然而,技术问题往往在声音研究中被刻意"忽视"。这并不是说学者对技术变革给声音带来感知与意义上的变易置若罔闻,而是说,声音由技术设备所产生的不同效果不能被视为独立于文化的客观存在[①]已形成一定的共识,从而使对技术本身的讨论实际被"压制"于文化层面之下。由此带来的问题是,技术以及与之相关的媒介等方面的知识领域,往往与文化艺术产生区隔,而这又恰恰是学者们一开始努力弥合的。有趣的是,与国内思路相反,西语学界对于有声艺术、声音装置与移动设备等方面的讨论,却呈现

---

① 张聪:《"听觉"抑或"声音"——声音文化研究中的"技术"及"文化"问题》,《文化研究》2019年第1期。

出对于技术的倾斜,这在《莱奥纳多》(*Leonardo*)等期刊表现得尤为明显。这一方面与近年技术哲学、数码哲学兴盛的趋势相关,另一方面,控制论等方法论的再度勃兴也使技术与文化不再显得泾渭分明,信息美学等美学范式正在重构技术维度对艺术与文化的鉴赏与研究方式。在此基础上,通过一种技术视角重新审视声音文化,不仅是适应当下技术思潮的需要,更是重估技术在声音中的地位与作用,以及其与人类文化之间的关系。本文正是基于这一视角,以音乐为切入口,讨论音乐的技术问题的同时,寻找一条探索声音文化的新路径。

一、问题的提出:作为控制论文本的音乐与其疑难

从技术视角出发,传统西方音乐理论所呈现的人与技术的关系,大致分为两个阶段。第一阶段是将音乐视为一种自律的艺术形式,也就是将技术单纯视为功能性存在。以康德为例,其特地强调了自由艺术中蕴含的强制性因素"机械作用","在一切自由的艺术中却都要求有某种强制性的东西,或如人们所说,要求有某种机械作用,没有它,在艺术中必须是自由的并且惟一地给作品以生命的那个精神就会根本不具形体并完全枯萎。"[①]质言之,音乐作品的诞生需要且必须依赖一定的技术途径,并以此将艺术形式固定于质料中。但康德这种强调实际是一种对技术的贬损,技术所以重要,只是因为被视为音乐生产与欣赏的必要工具。更精确地说,技术是一种"功能"——工具与功能不同,前者的代表是语言。我们发现,能指符号与所指对象间的关联基本是随意的,所指对象能够被承载主观意图的能指随意选定,但"功能"则对技术对象与技术手段做出了约束。功能性意味着技术对象与作为实践主体的人类之间关系的二重性:人类必须将物体改造为脱离自然的技术对象才能实现自身的特定目的,但反之,技术对象必须拥有对应的性质才会让人得以选择。[②] 譬如,巴赫管弦乐(Bach-Choral)这样的调性音乐便严格遵守巴洛克和声规则,两个相邻和弦的两个相

[①] 康德:《判断力批判》,邓晓芒译,杨祖陶校,人民出版社2002年版,第147页。
[②] 安德鲁·芬伯格:《批判建构主义中的功能概念》,《技术体系:理性的社会生活》,黄翔译,上海社会科学院出版社2018年版,第200页。

同声部,无论同向或反向,以"纯一、纯五、纯八度"运动是"绝对禁止"的。这是因为同音阶与跨音阶的重复、五度的跨音会使得相同与不同乐器之间的配合不协调,也即技术对象的部分性质无法被主体接受而被拒绝。正是这一特质,技术与文化仿佛更像一种相互挑选与利用的关系,彼此间有着明晰的断裂与阻隔。

第二个阶段显然伴随着声音新技术的兴起与发展。电话、留声机与唱片机等声音复制设备的广泛使用,深刻改变了人们的听觉世界。技术的地位在这一时期明显得到了提高。如技术理论家唐·伊德(Don Ihde)所说的"技术意向性"(technological intentionality)概念所说明的,技术为主体行动提供了一个框架,形成了意向性,而主体在其中形成了对技术的使用模式(use-pattern)①。不难理解,只有当技术成为人的感知与行为的框架,技术本身才能成为文化的一部分,继而与人类社会整体进程产生关联。这里的"框架"更多指的是技术环境(milieu)。举两例说明。德勒兹在论及音乐诞生的"界域"(territories)时就认为,创造界域的条件是音乐实践的主体在与外部环境的关系中体现出自主性,并且表达了主体与外部环境的关系。②谢弗(R. Murray Schafer)在其"声音景观"(soundscape)概念的描述中也有类似的说法,认为声音景观就是一个"场"的存在,是一种"声效环境"(acoustic environment),声音的意义在主体对环境的意向活动中得到充实与发展。

声音文化研究(以及与技术相关的人文研究)仍然是目前国内学界探讨的主流。其貌似解决了功能性阶段文化与技术之间的割裂,但实际仍面临一个重要问题:技术被近乎先验地赋予了一种决定性地位,通过与人的具身关系以融入文化的进程,但在实际操作中,稳固的人类中心主义仍坚持对人类主体的优待,以至于技术的先验地位随时可能成为主体的威胁。发展到极端,如以阿多诺为代表的流行音乐批判,认为音乐的调性与资本主义意识形态操控的"同一性"暗合,当代流行音乐成为资本主义迎合大众口味,进而钳制与操控人们意识的工具。在阿多诺那里,"技术意向性"已被暗含贬义的"机械反应体系"所

---

① 唐·伊德:《技术与生活世界——从伊甸园到尘世》,韩连庆译,北京大学出版社2012年版,第147页。
② 德勒兹、加塔利:《资本主义与精神分裂(卷2):千高原》,姜宇辉译,上海书店出版社2010年版,第453页。

取代,"流行音乐的全部结构都是标准化的,甚至连防止标准化的尝试本身也是标准化的。……听众被引进了一个机械的反应体系,而这一体系是完全有悖于一个自由、开放社会的个性化理想的。"①

由此可见,重建一种新型的技术—文化关系,需要重新调整人类主体与外部世界,尤其是技术对象的关系,使得人技之间达到一种真正平等的关系。实际上,肇始于 20 世纪 40 年代,在当下技术时代重新回到人们视野的控制论(cybernetics),可以作为认识声音与音乐问题的重要视角。控制论意在以一种技术视角解释世界与人类活动的产生、运行与变化,使世界处于一种能够持续有组织性地被预测与控制的状态之中,认为人与万事万物,尤其是机械制品的活动蕴含着相同的运作机制。按照维纳(Norbert Wiener)的观点,控制论旨在用统一的方式应用于活的有机体和机器(无机化的有机体)的行为分析,而这两者被视为受相同物理定律支配的系统。② 人与技术对象存在相似的运作过程和功能结构,而技术也就以一种颇为激进的方式与人类社会及文化同构。事物在控制论视域下被视为不同集合下的不同元素,要研究的是元素之间如何行动、传递信息和变化,最终维持集合(也即系统)稳定。确立这一原则的阿什比(W. Ross Ashby)便直言控制论"并不考察'一件物是什么',而是考察'它做什么'"③。将以上原则运用到艺术与美学中,不妨借用马克里(Saverio Macrì)的表述,用"交互性(interactivity)"④来定义控制论视域下探查音乐文本的方式,即关注听众的聆听行为,考察作品—听众(也包括艺术家)如何在系统中相互传递影响与发生变化。其中的基本原理便是"反馈循环"(feedback loop),即"处于相互联系中的事件的往复调节"⑤。在音乐中,反馈循环即听众与作品共同协商与互相调节,使得音乐的某种动态意义在听

---

① 阿多诺:《论流行音乐》,周欢译,《当代电影》1993 年第 5 期。
② 诺伯特·维纳:《控制论:或关于在动物和机器中控制和通信的科学》,郝季仁译,北京大学出版社 2007 年版,第 40—41 页。
③ W. Ross Ashby, *An Introduction to Cybernetics*, London: Chapman & Hall, 1956, p.1.
④ Saverio Macrì, "Individuation, Art and Interactivity Starting with Gilbert Simondon", in *Aisthesis. Pratiche, linguaggi e saperi dell'estetico*, 2022,15(1):pp.161 - 171.
⑤ 马丁·海德格尔:《艺术的起源与思想的规定》,《依于本源而居:海德格尔艺术现象学文选》,孙周兴编译,中国美术学院出版社 2010 年版,第 78 页。

者中生成。

当然,原则上的界定与逻辑的推演虽易,但将其运用于实践时,便产生了新的问题——一首乐曲何以能是动态的呢?阿斯考特(Roy Ascott)曾建立过一个控制论艺术的经典模型,"人工制品/观察者组成的系统提供了它自己的控制能量:输出变量(观察者的响应)的函数充当输入变量,它为系统引入更多的多样性,并导致输出(观察者的经验)更多的多样性。这种丰富的相互作用源于一个自组织系统,在这个系统中有两个控制因素:第一,观众是一个自组织子系统;第二,目前的艺术品通常不是静态的。"[1]但这遭到了马克里的批评。因为交互性之下"重要的是作品和使用者之间产生的相互的对话关系,将后者从一个简单的沉思体验的主体转变至直接涉及作品实现的优先地位中"[2],而阿斯考特仍然没有脱离"沉思体验"的静态范畴,即"作品展出——观众感受——观众解释——作品意义更为多样"这种传统意义上的聆听与阐释行为。其实这里涉及的隐含条件是,马克里近乎先验地设置了一个"计算机参与"的条件,只有在计算机的自动机制下主动调整作品输出参数,才能使艺术家与听众在高互动的语境中同时获取作品意义的动态生成。而这显然将会使控制论缩略为一种具体的艺术风格。阿斯考特实际考虑的是更为一般的情况,也即计算机不参与的情况,而音乐在相当多的情况下是这样一种艺术形式。

埃德蒙兹(Ernest Edmonds)根据作品、艺术家、观众和周围环境之间关系的强度,将艺术作品分为四种:静态作品、"动态—被动"作品、"动态—交互"作品与"动态—交互—变化"作品。前两种的共同特点是没有数字技术的参与,欣赏者受周围环境与欣赏行为的刺激强度较少[3]。静态作品的代表是绘画,"动态—被动"作品的代表则是音乐——直至今日,大部分乐曲的媒介环境仍然是"固定"的。一段音乐的播放虽然随时间而动态变化,但除小部分现场音乐与实验音乐外,其

---

[1] Roy Ascott, *Telematic Embrace. Visionary Theories of Art, Technology and Consciousness*, University of California Press Berkley-Los Angeles, p.128.

[2] Saverio Macrì, "Individuation, Art and Interactivity Starting with Gilbert Simondon", in *Aisthesis. Pratiche, linguaggi e saperi dell'estetico*, 2022,15(1):pp.161 – 171.

[3] Emest Edmonds, *The Art of Interaction: What HCI can Learn from Interactive Art*, Morgan Claypool Publishers, 2018, p.29.

很难跟随听众的行为与周边的环境产生明显反应,给予听众实时反馈。如今音乐制作虽逐渐依赖计算机技术,然而这一特征并没有发生质变。可以说,音乐虽天然具备了反馈循环逻辑中的"动态"这一标准,但无法在日常经验意义上使人认同"共同协商"这一环节,即其自组织能力与听众的能动接受。如何解决这一疑难,特别是在阿斯考特的框架下,脱离自动机制给予这一问题一个近乎先验的经验原理,使音乐作品成为控制论之下的艺术文本,就成了其融入技术美学或诗学的关键问题。

二、两种控制论方案:音乐的封闭性与开放性

20世纪下半叶对实验音乐的探索,提供了对上述疑难问题的两种回应。

一种以爱德华兹(Paul Edwards)为代表,认为顺应音乐的特征,其应当被视为一个封闭的意义系统,在结构性的封闭中体现开放性。这种方案可称之为"过程开放,结果封闭"。其与控制论"预测与控制"的初衷相符,好处是迎合了音乐本身的特征,不需要对形式做任何改变。爱德华兹的思想受福柯话语理论的启发,即表层的社会运作之下实际隐藏着更为严密的深层社会结构,社会运行的各方面都是这种结构生产性的权力表征,于是一种话语实际成为社会中技术、隐喻、语言、实践等多要素合成的"异质性集合"(heterogeneous ensemble)[①]。将这一原理与控制论相对应,爱德华兹认为,尽管主体使用的话语是由多种复杂且不受控的微小要素形成,但其反映的社会结构却是稳固的。由此及彼,在音乐中,一首乐曲随时间变化播放着不同的音符,这使得主体的聆听过程存在动态的不确定性,但整首曲子的意义却相对确定。这与目前游戏领域的基本分析思路有着很大相似。将游戏程序设计师与作曲家类比,游戏(乐曲)被提前预置好的设计程序所规划,而玩家(听众)在其中的过程是自由开放的,然而最终殊途同归。如音乐游戏《钢琴块》中,玩家会根据点按钢琴键下落的时间长短,自主决定一首乐曲的呈现样态,并通过下落时间与点按时间的契合度决

[①] Paul Edwards, *The Closed World: Computers and the Politics of Discourse in Cold War America*, Cambridge: The MIT Press, 1996, pp.37–41.

定分数。无论一首乐曲是如何呈现的,最终结果却总是趋同:玩家会努力使乐曲达到符合"过关"标准。

实际上,爱德华兹的观点虽受益于福柯,但与控制论诞生初期的基本思路相当一致。这一时期控制论对人机关系的核心定义为"人像机器",即人的神经系统、行动模式等都可以像机器一样被量化与测定,以达到控制与预测的目的。这里的深层逻辑是:维纳将信息定义为组织性的度量,有机体从绝对的熵增中开辟秩序,而信息量正是这一秩序的产物,其可被视为负熵,即在时间序列中将概率转化为确定性的程度。① 换言之,一个系统中的信息反馈回路,在过程层面,正是将概率不断转化为确定性的过程;而在结果层面,信息损失程度越少,它便越是封闭与稳固。对于实验音乐来说,努力在固定意义的前提下创造过程中的开放性,成为音乐形式探索的主要思路。与控制论几乎同时期诞生的序列主义(serialism)音乐可以作为实践该模式的例证,其遵循"形式化与系统化的方法",将半音继续缩小为更为精细的声学元素,继而拓展至音符持续时间和动态标记等其他参数②。作曲者使用元素的组合来形成不同的序列形态,以生产音乐作品。足够细分的元素与序列自然能够产生人们意料不到的诸多效果,但由于作曲者需要决定论式地预先考虑其程序的规则,所以音乐的结构与意义是相对固定的——而这也成为其麻烦之处。为了使其构成一个封闭的系统,乐曲成形前需要经历漫长而复杂的前序步骤,乃至于作曲家布朗(Herbert Brün)称其为"荒谬的完整状态"③。

不过,封闭系统也面临诸多问题。其中最重要的一个问题是,它在音乐一侧无法解释其为何及如何变化发展,站在人类主体一侧则无法解释自由意志。传统主体哲学视角下,这种阐释方式使得意义生成对于主体来说成为外在的,导致人与音乐之间的决定论关系,成为一种封闭的无限后退陷阱。控制论虽不存在这种陷阱,但在此模式下反馈回路实际形成了一个封闭的无限递归模型,不再有新的事物从中产生。所以,只能且必须承认,音乐的播放过程与结果,尤其是结果具有

---

① 诺伯特·维纳:《控制论:或关于在动物和机器中控制和通信的科学》,郝季仁译,第57—60页。

② Curtis Roads, *The Computer Music Tutorial*, Cambridge, MA: MIT Press, 1996, p.833.

③ Ibid.

偶然性:作为客观技术对象的音乐能够在听众之中产生不同意义。不过,这种阐释也必然要面对一个问题,即在保持乐曲形式相对不变的情况下,它如何祛除自由意志的神秘化,尊重控制论的基本原则,也即"有组织的控制与预测"?

这也就引申出了第二种解决方案,即以帕斯克(Golden Pask)与伊诺(Brain Eno)等人为代表的开放意义方案,可称之为"过程与结果意义开放"。这种方案依赖于二阶控制论(Second-order Cybernetics)的基本原理,由冯·福斯特(Heinz von Foerster)在1974年提出,并极大地受到马图拉纳(Humberto Maturana)等人一篇著名论文的影响。这篇名为《青蛙的眼睛向大脑说了什么》的文章探究了青蛙视神经在向大脑传递光信号的运作过程,发现青蛙的眼睛并没有向大脑传输来自受体上光分布的精确信息,而是以一种已经组织和解释的方式向大脑"说话"[1]。与人类类比,研究者得出了一个重要结论:主体并非只是客观描述一个自己进入的系统,而恰恰是通过观察行为创造一个系统。这种建构主义思维成为福斯特理论的最大来源,它向世人昭示,由于主体意识的存在,信息实际无法也不可能被作为定量的存在,系统中元素间的每一次交互,过程都不可预测,因为其传递主体加工后的不同信息。但是,当考察一个系统的交互与稳定态形成的结果时,这种被观察过后的状态则又是固定的。考察观察后的状态,在这一维度中信息是定量的,福斯特称之为一阶控制论。而二阶控制论则是考察"对系统的观察"(the cybernetics of observing systems)[2],即观察者与被观察系统本身形成了一个系统,在这个高阶视角中信息只能是定性的,定量的生产机制被视为黑箱而悬置起来。

沿着这一思路,对音乐的考察就不仅仅是音乐与听众建立的单向系统,而是增加了听众的意识状态与"听众—音乐"组成的二阶系统。这就可以解释每个人对同一音乐理解的不同的自由意志问题,而这种开放性仍来自一首乐曲相对固定的意义,即必然性。伊诺对实验音乐家卡杜(Cornelius Cardew)的研究提供了一个例证。他发现那些不受作曲家控制的随机生成音乐,乐曲本身却会自我调节,使得最后生成

---

[1] Lettvin J Y, Maturana H R, McCulloch W S, et al, *What The Frog's Eye Tells The Frog's Brain*, in Proceedings of the IRE, 1959,47(11):pp.1940-1951.

[2] Heinz von Foerster, *Cybernetics of cybernetics*//*Understanding Understanding*, Springer, New York, NY, 2003, p.285.

的作品总是相对相似。① 那么,如何描述这一状态下的听众—音乐组成的系统?贝特森(Gregory Bateson)的方式是,将反馈回路中的信息定义为差异(difference),并且是"造成差异的差异"②。也就是说,信息既造成了个体认识的不同,但又自我指涉地成为差异本身,勾连起控制论的反馈回路——回路本身就是依靠两个物体交互时的强度之差而产生。这是信息美学的重要原则,如霍尔舍(Jason A. Hoelscher)称艺术为"模糊的信息"——"艺术作品的信息就是一种产生并持续着差异的差异——一种保持着信息形成的信息的美学模式"③。于是,二阶控制论下对音乐的要求与上文恰恰相反,其需要努力达到一种音乐,使不同观察者持续产生不同意义、音乐本身成为黑箱的状态。承接序列主义,20世纪五六十年代的实验音乐不约而同都倾向于此,如生成音乐、过程音乐等。一个代表性的例子是好莱坞第一部纯电子音乐配乐的电影《禁忌星球》(*Forbidden Planet*, 1956),配乐者巴伦夫妇(the Barrons)就为特定的主题设计了单独的声音发生器电路,使其随机产生不同的主题声音。④

不过,实验音乐的实践只是将这一原理放置在特定的音乐流派或音乐创作机制中,尚未使得所有音乐普遍具有这一特质。在实验音乐浪潮中有另外一类讨论,即探索音乐作品原有内部形式能否让其先天具有创造差异的特质。如伊诺对卡杜音乐中的"渐出"(fade-out)及"淡入"(fade-in)效果格外关注,这种效果在20世纪八九十年代的流行乐中十分常见。他认为这种效果"暗示着这首曲子并没有结束,而是在听力范围之外继续"⑤,也就使得音乐成为一个无穷的连续体,而不只是一个有限意义的片段,其能够催化个体对音乐感受的差异化。

---

① Greg Armbruster, ed., *The Art of Electronic Music*, New York: Quill/A Keyboard Book, 1984, pp.219 - 220.

② Peter Harries-Jones, *A Recursive Vision: Ecological Understanding and Gregory Bateson*, Toronto: University of Toronto Press, 1995, p.3.

③ Jason A. Hoelscher, *Art as Information Ecology: Artworks, Artworlds, and Complex Systems Aesthetics*, Durham: Duke University Press, 2021. p.3.

④ Phil Taylor, "Louis Barron: Pioneer of Tube Audio Effects", accessed November 20th, 2022. https://www.effectrode.com/knowledge-base/louis-barron-pioneer-of-tube-audio-effects/.

⑤ Brain Eno, *The Great Learning. In A Year with Swollen Appendices*, London: Faber & Faber, p.340.

这里的研究思路就从"努力使音乐达到某种效果"以适应意识状态的特性,转变为"音乐本身具有某种效果"而催化了意识状态的固有特征上来。但如果扩展至极端,也即完全不改变音乐的形式,而只是考虑意识状态本身的特性,人与音乐如果也能够成为这样一种开放性系统,就大大简化了问题,并使理论得到更大的阐释空间。沿此路径,就能推断出这种活跃在意识状态中的差异化的信息其实是"记忆"。

三、记忆的开放性与技术的日常化

对记忆最早做出差异化定义的其实是柏格森。作为维纳控制论的思想来源之一,柏格森以时间为基础论述感性问题,并使其实质成为自由意志的基础。他认为,人们通常对于时间概念(钟表时间)的把握是空间性的,时间被想象成一个纯一的媒介,在其中意识被并排置列,如同在空间一样以构成一个无连续性的众多体①,典型即"飞矢不动"悖论。这种被维纳称为"牛顿时间"的观念蕴含了一种机械论,即认为时间是可逆的,可以计算、预测和还原物体状态,恰如使用物理定律来计算物体的速度、位移等数据一般,而这也容易陷入一种决定论陷阱。真正的时间是柏格森所说的"绵延"(la durée),一种完全质性的概念,是意识状态自主感受并存在于其中的时间。它是连续的有机整体,不可测量、不断变化、无法预见,代表了人们对同一客观世界的不同接受,自由意志就在其中产生。在相当意义上,柏格森所说的意识状态可以还原为记忆,因为他的时间哲学最终落实在主体的行动上,意识状态成为其决定行动的前序基础,其实也就是记忆。实际上,柏格森将记忆这个"世界"与"主体行动"之间的过程看作一个黑箱,虽然这启发了维纳的控制论,但理论本身却存在着自由意志神秘化的问题,并不能够直接被使用,需要进一步加以改造。

这一改造实际在斯蒂格勒(Bernard Stiegler)处得到了较为合理的论述。"时间—记忆"问题是斯蒂格勒早期技术理论的核心,而将记忆视为差异化信息的基本思路为:技术被视为记忆产生的基础,代表了海德格尔式的先行时间,以文化遗产的方式,如语言、文字、代码等给

---

① 柏格森:《时间与自由意志》,吴士栋译,商务印书馆2009年版,第67页。

予人同样的认识基础与行动指南,这被称为"语法化"(grammatization)。但在下载记忆时产生的张力则使得不同人对同一先行时间呈现差异化的接受,从而塑造了个人的独异性人格。这一过程分为两步,第一步的核心概念出自胡塞尔的"第三持存"(tertiary retention),指技术对象作为人义肢性的外在记忆能力,即人的外在记忆器官将记忆注入人的心灵世界,训导人产生特定的意识。技术对象作为第三持存,最大的特征是可重复性,比如一段音乐可以被记录在乐谱上等待演奏,或储存在 App 中随时播放。而当第三持存的痕迹进入人的心灵后,代表人内在记忆能力的第二持存开始意识到这是与曾经的某段经历相同的东西,并调动自身的回忆技能,唤起作为感知能力的第一持存进行感知,最终完成人的意识状态运作过程。① 第二步中,柏格森的绵延则被化用为德里达式的"补足"逻辑,也即延异。由于技术对象第三持存总是以延后的方式发生在第二持存的在场之时,成为一种延迟的幻象,记忆也就成为被抽调的补余之物,这导致了其有限、滞后和偶然②,实际上是一种外部的不可还原性。

由此,可以得到二阶控制论在哲学上的一个版本。斯蒂格勒的优势在于,其将信息差异化归结于时间的力量,正是在对同一技术对象的延异中,意识状态才得以产生差异。这使得一切解释要么归结于自然属性,要么归结于心灵过程的准确描绘,杜绝任何神秘化的元素产生。运用此理论,斯蒂格勒对音乐开展了相关研究,认为音乐作为技术的本质就是差异。他将其命名为音乐的"不可能性",并且"正是这种不可能造就了一部作品的独特性"③。这与我们的目标非常接近。但斯蒂格勒的理论也存在一个问题,即承接阿多诺对流行音乐看法,以一种技术视角对文化工业进行批判。他认为,"在同一性和差异性之间的矛盾对等中,再现性本身引发了危机(和批判性)"④,即当下的文化工业呈现一种全球大规模共时化的特征,而这将取消延异,使所

---

① 贝尔纳·斯蒂格勒:《技术与时间:3.电影的时间与存在之痛的问题》,方尔平译,译林出版社 2012 年版,第 21—24 页。

② 贝尔纳·斯蒂格勒:《技术与时间:2.迷失方向》,赵和平、印螺译,译林出版社 2012 年版,第 32—36 页。

③ Bernard Stiegler and Robert Hughes, *Programs of the Improbable, Short Circuits of the Unheard-of*, in *Diacritics* 42.1(2014).

④ Ibid.

有人在同时同样的技术对象中获得一致的意识。尽管站在法兰克福学派的立场能够理解这一判断的合理性，但这个问题实际非常奇怪：一方面它使对技术的理解从上文的交互性退回至技术意向性阶段，忽略了交互本身的作用及控制论"过程的不可预测"这一要点；另一方面，从直觉来说，斯蒂格勒似乎在支持一种荒谬的看法——"观看同一场好莱坞大片的观众会打出同样的豆瓣评分"。

或许正因此，在涉及这一理论的《技术与时间 3. 电影的时间与存在之痛的问题》出版后，斯蒂格勒对共时化的提及越发模糊，但这一问题却从此遗留下来。① 这意味着需要用其他的思路介入斯蒂格勒的技术思想，对其时间问题进行合理完善。这种完善不仅要补全斯蒂格勒在思想理路上的缺憾，还应当能够回应关于共时化危机的合理之处。实际上，以控制论的视角来探查斯蒂格勒的这一问题，其产生的原因实际是黑箱的缺失。换言之，斯蒂格勒解释得"太清楚了"——他更重视技术与个体记忆交互的过程，共时化危机本身便诞生在心灵过程中，但（二阶）控制论则将其视为黑箱，也即更重视对象。因此，补全便指向"面向对象而非过程"的差异理论。不妨将"语法化"概念与维特根斯坦的私人语言联系起来，后者同样处理了私人感觉与公共语法间的关系，并道明可说与沉默的界限。但维特根斯坦的优势在于，他努力将世界限制在语言之中，绕开那些黑箱般的沉默（使其显示但不言说），这与他明晰阐释的"不可能性"产生过程实际相反，无疑是极佳的补充视角。

站在维特根斯坦的视角，音乐的不可能性遭遇共时化的威胁，变成了"我们如何表达一个需要保持沉默的东西"。维特根斯坦认为由于记忆的不可靠性，或缺乏建立什么是"正确的谈论的标准"的其他东西，私人语言或私人经验是不可能的。这近似于斯蒂格勒所认为的人的遗忘机能使第二持存作用并不完善，故必然使用第三持存这一外在物作为记忆的来源与标准。然而，确实有一种诱惑让我们认为存在一种心灵过程，他人不可观察到我们在这一过程里产生的经验，就像每

---

① 斯蒂格勒著作重要的英译译者罗斯（Daniel Ross）表示，这其实是斯蒂格勒思想几个不同阶段的表现。在《技术与时间 3》发表后的 2003 年，斯蒂格勒经历了其思想的"第二次转变"，时间性线索在其著作中逐渐消失。See Daniel Ross, "Care and Carelessness in the Anthropocene: Bernard Stiegler's Three Conversions and Their Accompanying Heideggers", in *Cultural Politics* 1 July 2021;17(2): pp.145－162.

个人对同一首乐曲的印象不一定相同。如果不承认这一点,就会遭遇斯蒂格勒的共时化问题;可一旦承认这一点,又走向了洛克式的理解中,即认为通过指称讨论的东西与实体无关,只是产生的感觉观念,而这也就切断了与我们、与世界的联系。

维特根斯坦对这一问题的处理,就像控制论一般,不将记忆、感觉等私人经验视为心灵过程,而是转换至结果上来,即对语言游戏中的双方及整体的关注。私人经验产生的心灵过程被作为黑箱而悬置,维特根斯坦关心的是说话受述双方本身以及两者构成系统的影响与变化,典型案例是"盒子里的甲虫"的思想实验,即每个人的盒子里放的都名为"甲虫",但实际上是不同实体之物,甚至可能为空,可在交流中这对甲虫并无影响。也就是说,即使确实存在私人经验,但由于人们使用"甲虫"这一指称来谈论事物,所以对不同甲虫接受的这一私人过程与结果不相关。换言之,即使别人不知道我以何种方式认识甲虫,但人们可以知道我"认识甲虫"。这也就使斯蒂格勒论述的几个持存如何发挥作用的过程变得并不重要,重要的只是技术对象编织记忆本身。正是在这一前提下,维特根斯坦有了"自我经验"与"他人经验"的区分,并分别与"语法命题"与"经验命题"对应。语法命题并不描述事实而经验命题则可以,但前者给定了一个关于概念的定义。也就是说,当表达自我经验时,实际用语言编织了一个概念的标准与框架,它是"服务于某些特定用途的工具"①。这被维特根斯坦称为"描述"(description)。而他人则是通过我的言语行为理解概念的用法,参与到语言游戏中。这是一种主体能动性的体现,即"将事物收纳(接受)进黑箱(和将事物[问题]从里面打开)中的能力"②,也便是"解释"(interpretation)。

在晚期维特根斯坦的《论确实性》中,语法命题被转换为"世界图画",即为进行语言游戏而不能被质疑的那些作为背景的信念。世界图画并不是知识,只是提供了确实性的标准。实际上,这就是海德格尔的此在——它有一个过去,并在以过去为起点的超前中存在——也是被斯蒂格勒继承,代表着用文化遗产的方式表示先行时间的第三持

---

① 路德维希·维特根斯坦:《哲学研究》,陈嘉映译,上海人民出版社2005年版,第117页。

② Annetta Pedretti, *The Cybernetics of Language*, Brunel University Theses, 1981, p.84.

存。这也是他强调的音乐的技术逻辑,"音乐的技术逻辑不仅仅包括乐器,而且涉及记忆技术。这些技术对于记忆的产生来说是必要的,而记忆对于构成任何文化遗产来说又是必要的。"①换言之,技术就是世界图画。基于此,以控制论视角研究维特根斯坦思想的佩雷蒂(Annetta Pedretti)认为,表达自我经验,就是在描述中寻求解释的过程:"嵌入在一个言语行为中的范式构成了一种描述,这种描述可以及时地被解释。"②在聆听中,人与乐曲交互的意识状态的差异性,不在于心灵过程的差异性,而是被解释的差异性。在过程中,我们谈论音乐这种私人化的东西,述说着自我经验,言谈着语法命题,实际就是在言说着世界图画的一部分,也就是承接历史连续性的一个片段。这是一种"似曾相识"(deja-vu),是过往的生活经验在当下的展开。音乐作为控制论文本,或说作为一个黑箱的实质便在于此。如此,在完善斯蒂格勒的共时化问题的同时,揭露音乐作为控制论文本的真相,以及当下音乐实践的一种原则——创造一首无法被共时化威胁的乐曲,反而以一种最为日常化的方式实现:努力创造能够唤起个人经验的"提示物",使其与听者的实际生活联系起来。

四、日常化的技术诗学:在技术对象中"听见"自己

通过前面的分析,就可以将理论与更为广阔的文化材料相连接。对于"提示物"一词的理解,或许更多人会联想到音乐召唤的某种集体记忆或文化记忆,譬如听到"宫廷玉液酒"就会立刻想到赵丽蓉的小品。但需要避免的陷阱是,这种思维模式仍限于技术意向性阶段,即存在一个中心化的技术框架,人被征召为适应框架的认识与行动主体。这实际与当前技术诗学和美学中的"自动机制"等概念相关,即认为技术对象成为创造人类认识世界与自身范式的本体式存在,参与后人类主体的生成③,由此经验也成为技术对象本身的产物。然而,立足

---

① Bernard Stiegler and Robert Hughes, "Programs of the Improbable, Short Circuits of the Unheard-of", in *Diacritics* 42.1(2014).
② Annetta Pedretti, *The Cybernetics of Language*, p.85.
③ 韦施伊:《自动机制与媒介重组的主体》,《南京社会科学》2022年第8期。

于控制论视角,其基底是人与技术对象有着共同的稳态能力,其途径是人与技术对象的交互,因此站在人类主体这一侧的视角来说,技术对象的实际是人类能动性的印证。

因此,在强调日常化的技术诗学时,需要着重强调一种能动性的维度。人工智能先驱西蒙(Herbert Simon)对日常经验的理解,可以作为参考。他认为计算机解决问题的模型与人类解决复杂问题的思路一致,智力活动的核心(也就是人们的生活哲学)是一系列选择行为,他用"迷宫"作为隐喻,"生活哲学肯定涉及一组原则。……原则可以集结成各种启发或试探法,以指导人们在生活的岔路口做出选择,如同在迷宫中保持正确的路线。……我描述了自己的生活,也描述了我的个人生活哲学,但其实我也一直在描述每个人的生活。"[①]西蒙笔下这种原则,其实就是人们的经验,是在人类有限理性,也即缺乏对决策过程的明确认知时所使用的依据。[②] 在此意义上,经验是有机体间交互的共同机制,正是在机器所唤起的经验里,人才能做出如何与技术对象共处的决策,从而创造出"人—音乐"这一开放性系统。因而,音乐所唤起的经验是那些日常生活中鲜活的体验,是由个体记忆编制而成的行为原则。换言之,重要的并非我们"听到了什么",而是借由所听之物听到了自己的行动轨迹。

鉴于此,才能体会为何帕斯克的"拾音灯"(musicolor machine)装置能够成为控制论音乐的经典案例,并至今在技术研究中占有重要地位。这个装置将即兴音乐转化为不同的电信号,并分别对应不同的颜色。通过对颜色的感知,音乐表达出自身的生成与变化过程,我们可以看到音乐在时间序列中的不同变化,实际也看到了自己如何聆听一首音乐。[③] 在此,彩色灯光便是一种外部的提示物,然而在更为一般的意义上,这种提示物应当位于声音内部,产生自乐曲本身。控制论音乐家与理论家迪·西庇阿(Agostino Di Scipio)和凯奇(John Cage)创作的《钢琴电子乐》(*Electronic Music for Piano*)组曲便提供了一则范例。二者作曲的理论出发点便是二阶控制论,譬如西庇阿认为音乐最

---

① Herbert A. Simon, *Models of My Life*, MIT Press, 1996, pp.360–363.

② Herbert A. Simon, "Rational choice and the structure of the environment", in *Psychological review*, 1956, 63(2):129.

③ Andrew Pickering, *The Cybernetic Brain: Sketches of Another Future*, Chicago: The University of Chicago Press, 2011, pp.315–317.

重要的是实现作品的自组织性①。所以这组作品完全是以随机性的方式形成作品——钢琴以一种随机性断点的方式出现,但时不时的电音之声插入其中,造成一种阻断与陌生的效果。就在这一阻断过程中,经验进场了:人们不得不调用自身经验辨认不同电子乐器的声音,以此把握钢琴间隔中的无序之声,而这也就是把握自己在日常生活中到底是如何听出不同乐器的。

当然,我们完全可以从音乐史上这些具有分量但呕哑嘲哳的实验作品中抽离出来,以更符合一般听众审美的音乐阐释。国内音乐人小缪的作品是一个比较直接的案例。小缪的歌曲往往反映都市青年打工人的日常生活与心理感受,其最大的特点是使用合成器模拟日常事物,或通过真实生活中的声音采样,作为歌曲有机的组成部分。比如在《一起跳海》中,合成器模拟海浪的律动贯穿全曲,使得恋人内心的喜悦以具象化的形式出现;《血汗写字楼》中,前奏是一段员工被老板要求加班的电话通话,以衬托打工人日常的烦闷与悲苦;《我说过这碗拌川不要放葱》则扩大了这种方法,其使用简单的背景音乐作为衬底,用碗盆碰撞声、打开汽水声、支付宝到账声、喷嚏声、筷子声等,还原出一次吃面的经历,使其成为日常生活的诗性表达。正是这些极为日常的表达吸引了听众——在网易云音乐的评论区中,听众对小缪歌曲前奏的兴趣格外突出。与实验音乐家的思路截然相反,小缪的歌曲并非使用陌生与对熟悉声音的阻断来达到经验回溯的目的,相反,她正是使用了这些声音。在小缪的音乐中,重要的并非歌曲本身的主题,以及小缪对主题的表达,而是使歌曲成为联结个人经验的"deja-vu",呼唤起当下年轻人对生活的鲜活体验,使人在确定性的主题下,看到自己独特的生活轨迹:工作、加班、恋爱、吃饭……这些每个人都有独到体会的生活内容,在小缪的歌曲中被重唤。在此意义上,小缪的歌曲无意中呈现出本雅明的"灵韵"(aura)的复归,即事物具有了"回过来看我们的能力"②,它所透露出的即时即地性并非作品诞生本身,而是人们自己做出行为的时刻,以及其所汇聚的个人经验。

总之,纵观控制论影响下的音乐创造,技术诗学与美学无疑突出

---

① See Di Scipio A, "Sound is the interface: from interactive to ecosystemic signal processing", in *Organised Sound*, 2003, 8(3): pp. 269 – 277.

② 瓦尔特·本雅明:《论波德莱尔的几个母题》,《发达资本主义时代的抒情诗人》(修订译本),张旭东、魏文生译,生活·读书·新知三联书店2014年版,第180页。

了这样一种理路：技术视角并没有通往某种颇具未来感的、对音乐截然不同的认知范式，而恰恰是对于生活世界的关注与再认识。这似乎格外印证了"一场知识型革命不是我们能凭空发明的，相反，它必定总已经是地域性和历史性的了"[①]。不同于如今大热的大语言模型或元宇宙营造的技术乌托邦，艺术的技术问题似乎正在提示我们探查自己的生活状态，睁大眼睛看清生活的点滴如何被技术环绕。

（作者单位：华东师范大学国际汉语文化学院）

学术编辑：赵彦芳

---

① 许煜：《艺术与宇宙技术》，苏子滢译，华东师范大学出版社2022年版，第299页。

俄罗斯、东欧美学专题

论《石榴的颜色》的美学问题

张晓东

内容提要 苏联电影大师谢尔盖·帕拉杰诺夫的作品《石榴的颜色》自1967年公映以来,其独特的美学风格引发了各种迥异的阐释,这些阐释主要都围绕着影片的"诗意"展开,但迄今为止,这些阐释没能清晰地说明"诗意"源自何方,又通过怎样的机制在银幕上呈现。本文通过探讨帕拉杰诺夫对帕索里尼诗电影理论的接受,论述帕拉杰诺夫电影的"诗意"指向一种超越性,而电影媒介本身具有的"主体间性"优势使得对这种"诗意"的传达手法更加丰富而多元化,帕拉杰诺夫通过对中世纪图像、音乐,以及多民族历史文化符号的化用,使得影片呈现出更强的艺术感染力。

关键词 谢尔盖·帕拉杰诺夫 《石榴的颜色》 自由间接引语 诗电影

本文旨在论述苏联导演谢尔盖·帕拉杰诺夫(Сергей Параджанов)电影《石榴的颜色》(Цвет Гранаты, 1967)的美学问题。今天这部影片无疑已经成为电影艺术的殿堂级经典。关于这位电影大师,法国导演戈达尔(Jean-Luc Godard)的一句评价被广泛引用,即"曾有一座电影的神庙,那里有光,有影像和现实,这座神庙的主人,就是帕拉杰诺夫"[1]。导演及其作品显然已经具有了"经典性",但是作者、作品的经典地位并不等于他们能够被充分地理解。对于很多观众/读者来说,帕拉杰诺夫身上有一种"光圈",一方面来自艺术家本人的艺术受难者光环,即为了艺术而殉道(帕拉杰诺夫多次入狱)的崇高感;另一方面则来自导演作品的"高阶"特征——其影像是繁复的,是令人眼花缭

---

[1] 黄宝富:《我是一位生活和内心充满痛苦的人——帕拉杰诺夫诗电影风格论》,《当代电影》2010年第1期。

乱、"眩晕"的，有些"不明觉厉"的，他们从而在这种炫目的"美"面前迷失，将这些影片归结为"小众难懂"之列，或者用"诗电影"概括之。苏联电影有"诗电影"的传统，诗电影，多指导演的影像语言带有诗的特征，无论是画面中的隐喻、象征，还是电影音乐所传达的效果，尤其是帕拉杰诺夫工作过多年的基辅电影制片厂，大导演杜甫仁科、萨夫琴科都被认为是"诗电影"的代表人物。但帕拉杰诺夫《被遗忘的祖先的影子》(Тени забытых предков，1964)之后的电影与他们又不相类。帕拉杰诺夫电影的"诗"指的是什么，似乎并未得到深入的探讨。然而，帕拉杰诺夫电影中并非有什么无法解读的神秘。帕拉杰诺夫并不是专注于哲学思辨或技术至上的学院派艺术家，也难以称之为电影语言的先锋主义者，他的电影图像经常是"直观""直觉""直给"的。作为一个重要的、个性鲜明的艺术家，帕拉杰诺夫的电影美学有很强的原创性，是不与其他艺术家雷同的。在关于他的研究中，这种个性往往被阐释为对国家、民族历史的解释，即"外部研究"，其中不乏局部的、与格鲁吉亚、亚美尼亚民族历史文化细节有关的论述，也不乏对作品与苏联当时创作语境关系的研究。我们不否认外部研究的重要性，但是我们有必要从整体上对导演的美学进行把握，这就需要同时观照"内部研究"。由于帕拉杰诺夫早期电影和晚期电影在美学风格上有较大差别，我们仅以《石榴的颜色》为例来讨论，因为这部影片虽然完成于他的人生低谷(1967—1982)之前，但成熟度足以代表他的最高水准。

熟悉欧洲电影的观众会觉得帕拉杰诺夫的影像，尤其是《石榴的颜色》与著名意大利导演、诗人保罗·帕索里尼(Pier Paolo Pasolini)的作品存在某种相似之处。而此片上映的 20 世纪 60 年代中后期正是帕索里尼的世界性影响达到高峰的时期。帕拉杰诺夫并不讳言自己的创作受到了帕索里尼的影响。在 1988 年慕尼黑电影节上美国记者霍洛威的采访中，帕拉杰诺夫被问及这个问题，他是这样回答的：

> 每个人的确都追随着他人的步伐。如果有人说，"你的电影类似于帕索里尼的"，我会觉得自己登上了巅峰。……因为帕索里尼对我来说，就像是神祇——审美的神祇，风格的大师，他描摹出一个时代的病况。
>
> 帕索里尼不仅仅是神祇。他离上帝更近。他也更接近于存

在——我们在大地上的存在——的病况,更接近于我们这一代人。我刚刚看过他的《一千零一夜》(Il fiore delle mille e una note, 1974)。在我看来,这是对圣经有力的阐释。铸成它的成分和圣经相同,它和圣经也都塑造自相同的可塑形式。①

马克思主义者帕索里尼和翁贝托·艾柯(Umberto Eco)、克里斯蒂安·麦茨(Christian Metz)一起被认为是电影符号学的奠基人,但他们之间的理论路径分野很大。帕索里尼的理论核心就是他的"诗电影"(意大利语:Cinema di Poesia)理论。"诗"和"电影"组合在一起到底意味着什么?帕索里尼对此的思考显然是非常深广的,作为一个货真价实的诗人,他所追求的"诗"是一种本真意义上的诗。在他看来,电影这种艺术能够实现这样的追求,而位居他的"诗电影"核心的概念又是"自由间接话语"。帕索里尼认为电影天然就是一种韵文②,即电影天生具有"诗性"。在欧洲诗学传统视野中,诗被认为是比其他体裁更为"高级"的,本来电影因为其"诗性"可以做到最大的自由,但是因为电影必须面向大众,所以又不得不采取较为通俗的散文(这里的散文指的是故事)形式,这样的矛盾特点导致了电影叙事要采取"自由间接话语"。这个提法显然带有被当时语言学影响的结构主义思想的影子。文学上,作家是自由间接客观的,他可以沉浸在自己的人物话语中,但电影总是具体的图像,它总是无法被抽象化的,它的非理性因素是不可能被完全消除的。电影符号有悖论的双重本性:既极度主观,又极度客观,它可以实现电影作者与叙事者的合一,但是摄影机决定了所谓的"自由"其实就是在主观与客观之间的摆动。从某种意义上看,帕索里尼所阐述的正是一种电影能够实现的"主体间性"。这意味着,帕索里尼的诗电影理论带有一种社会学意义,电影作者既可以从最原始的图像-符号中去获取"诗性"(这一点文学是无法做到的),也可以从其他媒介——声音、文字或新闻影像中获取;这也意味着电影作者有可能在电影艺术实践上实现一种阶级跨越——这显然来自帕索里尼的马克思主义立场——让底层发出自己的声音(帕索里尼为此

---

① 谢尔盖·帕拉杰诺夫、罗恩·霍洛威:《电影是转换成影像的真理——谢尔盖·帕拉杰诺夫访谈》,吴萌译,《电影艺术》2017年第3期。
② 即"诗",在欧洲文学体裁中有散文和韵文之分,其内涵并非中文概念中的韵文、散文。

几乎每部影片都大量使用来自真正"无产阶级"的非职业演员,《马太福音》就是最好的例子);这还意味着但丁式的语言风格:作者的诗歌语言和"粗俗的"俚语的混合。或许可以这样认为,帕索里尼的"诗电影"同时涉及手法和内容两个方面,所谓内容也是一种"手法",也是"诗"的一部分,虽然它总是指向当下社会的尖锐问题,带有马克思主义立场,但都是服务于电影内部的。①

当我们讨论帕拉杰诺夫"诗电影"美学的时候,也会面临着与帕索里尼一样的形式与内容的问题。帕拉杰诺夫也同样重视电影影像本身的非理性因素——这些图像总是带有"神圣面容"的意义,都"自由间接"地指向诗,换言之,诗只有通过这种"他者"才能够彰显。终极意义上来说,对于诗人,诗就是某种超越性的存在,就像帕拉杰诺夫对帕索里尼的评价那样。我们又不能把诗等同于思想,因为诗超越了思想;帕索里尼在影像的诗中发现了语言所不及之处,帕拉杰诺夫对影像的认识使他能够理解和赞同帕索里尼。他们的影像都指向一个救赎-殉道的思想,帕索里尼的《马太福音》《软奶酪》《定理》都可看作是对《圣经》的一种独特解释,帕拉杰诺夫的《石榴的颜色》的主题也可以看作是殉道记——这是一种更高意义层面的"诗",这也是整部电影"诗意"生发的源头。影片主人公萨雅·诺瓦(Сая Нова)是一个基督教僧侣诗人、歌手,从帕拉杰诺夫本人的信仰和经历来看,这一点同样不难理解。就像安德烈·塔尔科夫斯基(Андрей Тарковский)将自己的日记命名为《殉道记》(Мартиролог)一样。而且,与帕索里尼和塔尔科夫斯基一样,帕拉杰诺夫为这样的诗的主题选择了中世纪和文艺复兴的"图式",因为中世纪文艺复兴图像(圣像画和寓意画)可以提供大量关于殉道的素材资料。所不同的只是帕拉杰诺夫的影像中使用了大量的波斯风格细密画素材。但是我们却不能简单理解为艺术家意图回到这些图像的时代——与其说回到历史,不如说面向未来。因为拍电影意味着创造,塔尔科夫斯基称之为"雕刻时光",这种对时空的创造性型塑中,隐藏着一种关于历史救赎的、弥赛亚意味的观念。在这一点上,这三位艺术-思想家对电影媒介的功能认识中有近似之处,即电影比文字媒介有可能更好地帮我们理解世界、理解自身。

《石榴的颜色》中有一句反复出现的台词:"世界是一扇窗户。"这

---

① 张晓东:《帕索里尼和他的诗电影》,《北京日报》2022年12月16日第9版。

句话可以从多个方向解读:这部电影图像中反复出现的画框也可以被理解为窗户,窗户和眼睛一样,是"张开"、向外看、看世界的,同时,就像20世纪60年代电影界已经广泛接受的安德烈·巴赞(André Bazin)理论中所指出的那样,电影银幕本身就是一个"取景框"。在这部关于殉道的电影中,它也隐喻教堂的窗户,而教堂的窗户通常也隐喻着"灵魂的出口"——当然只有上升的灵魂才能通过这个出口。影片中的画框是极为华丽、繁复的,因为它有特殊寓意,承载着丰富的历史文化意义。从古希腊时代开始,画框就有着对整体图像进行组织结构的功能,拜占庭时期的画框则出现了保护和强调功能,中世纪祭坛画的边框装饰则用来象征三位一体和圣徒的神圣意义,增强中心图像的荣耀。① 当我们以"画框式"的原则进行观看的时候,实际上意味着我们意识到有边框的存在,同样,"世界是一扇窗户",也意味着我们以为的这个世界是有"窗框"的,我们看到的电影就是这个"窗户",是一个在主观和客观之间来回摆动的世界。同时这也意味着,世界同样是介于主观、客观之间的。

帕拉杰诺夫在实现这种"最高的诗"的书写同时,也深刻认识到电影媒介可以实现更多的可能性——它同时也包括、兼容了当下的、或许并不那么"诗意"的思想意识。这意味着我们要重新理解《石榴的颜色》的时代创作背景。这部电影的诞生其实是由苏联当时在国际舞台上的文化策略决定的。20世纪60年代,一批苏联电影杰作令世界瞩目,同时,苏联电影界也与世界文学名著电影改编热潮同步,不仅改编了托尔斯泰、陀思妥耶夫斯基、契诃夫的文学作品,在世界电影节屡获大奖,还成功改编了塞万提斯、莎士比亚等欧洲大文豪的经典作品。前者通过被认为体现苏联意识形态的苏联电影再现了俄罗斯文学的世界级荣耀,后者让苏联电影宣示了自己"世界文化"的正统性。传播苏联境内文化名人的世界声誉,同样也是一项重要的文化策略,《石榴的颜色》电影的立项正是与这一文化语境密切相关。1963年,苏联隆重举办了纪念亚美尼亚著名诗人萨雅·诺瓦诞辰250周年活动,甚至连《纽约时报》都进行了报道,这显然非同寻常。为何一个大众并不熟知的生活在18世纪的诗人能受到如此重视呢?其中当然有诗歌之外的因素。对于苏联官方来说,关于萨雅·诺瓦的叙事是体现苏联民族

---

① 高远:《从功能到语义——画框的历史与理论》,《文艺理论研究》2020年第5期。

政策——"各民族团结"的绝佳选择。《石榴的颜色》的副导演列万·格里戈扬1968年在《文学报》发表的文章中表示,影片将揭示外高加索三个民族的文化。① 萨雅·诺瓦本人有亚美尼亚、格鲁吉亚、叙利亚多种血统,他的诗歌创作包括格鲁吉亚语、亚美尼亚语、波斯语、阿塞拜疆语和俄语。除此之外,作为一个亚美尼亚诗人,他所服务的格鲁吉亚卡赫齐国王伊拉克利二世(Erekle II)②曾与俄罗斯帝国结盟,可视为基督教国家抵御周围伊斯兰世界的一个代表。伊拉克利二世在《石榴的颜色》中多次出场,他的殉难也与电影主人公的殉道形成了应和。以上因素显然都在苏联文艺宣传策略的考虑范围之内。除此之外,我们也无法忽略帕拉杰诺夫本人的因素,他也同样具有多民族血统,身为亚美尼亚人在格鲁吉亚工作、生活,同时他也是一个诗人。从这个意义上来看,他对于主流话语想传递的"各民族友谊"意识形态并不悖逆,相反,这也暗含了他对于萨雅·诺瓦的认识里包括了他对自己的某种投射及其民族身份认同问题。甚至可以说,他也以自己的方式在努力"完成任务"。不难看出,在影片创作伊始,它相当符合苏联官方的意识形态。为了将这个主流的文化策略推向世界,亚美尼亚电影部门立项后授权帕拉杰诺夫来拍摄这部电影,因为他的上一部作品《被遗忘的祖先的影子》在国际上赢得了很好的口碑。

但问题在于,帕拉杰诺夫的美学理念无法用单一的"现实主义"来概括。在1969年《银幕》年鉴的一篇文章中,一位佚名作者这样陈述关于《萨雅·诺瓦》(《石榴的颜色》最初片名)的构思:"这不会是一部传统的、年复一年讲述主人公生平的传记片。我们想展现出诗人生活的世界,滋养他诗歌的源泉,因此民族建筑、民间艺术、大自然、日常生活、音乐,将是影片画面呈现的重头戏。我们描述时代、人民,通过符合习俗但是非同一般精准的事物的语言展现他们的情感和思想。手工艺品、服饰、地毯、装饰品、布料、四季生活家居,将是主要元素。在此基础上时代的物的面貌凸显。"这段话说明这部电影将是一部"诗"的,而非有关"历史""传记"的电影。这篇文章也指出帕拉杰诺夫的民族身份认同问题,可见作者非常熟悉帕拉杰诺夫,以及他的真实创作

---

① Левон Григорян. Саят-Нова // Литературная газета, 30 октября. 1968.

② 伊拉克利二世是18世纪中后期格鲁吉亚卡赫齐王国国王,在他统治期间王国综合实力大增,并将格鲁吉亚其他公国囊括到自己的势力范围内。

意图。① 如前文所述,"世界是一扇窗户"意味着帕索里尼意义上的"自由间接",帕拉杰诺夫必须找到一种恰当的影像呈现形式,去传达他的那个关于更高意义层面的"诗"的理想。于是,我们看到了艺术家的美学思想呈现与"官方订货"任务的背离,并最终导致电影被大幅度删减,重新剪辑。

"织物"在这部影片的影像中占有重要位置,这与帕拉杰诺夫的个人生活经历密切相关。帕拉杰诺夫对各种织物都非常着迷,他喜欢各种美丽的服饰,同时他也是一个著名的首饰设计师和拼贴画艺术家。他也收藏各种非同寻常的织物。就像他在采访中称赞帕索里尼那样:"以电影中人物的服饰,他超越了自我;以电影中的姿势,他超越了自我。"②这里的服饰并不指电影工业流水线的"服化道"的一环,而是作者创作思想的一部分。"纺织"本身就是一种"构建",意味着影片的结构方式,是如同纺织一样,是由各色色彩、材料的纱线紧密交织在一起的。这种交织将历史与现实、主观与客观、直接与间接、物质世界与精神世界交织在一起。帕拉杰诺夫生于亚美尼亚大地毯商人家庭,不了解这个职业的重要性,将会极大影响我们对这部电影,也包括帕拉杰诺夫其他影片的理解。在深受波斯文化影响的外高加索地区,各种地毯,尤其是昂贵的羊毛织就的地毯是一种"硬通货",具有经济学意义,本身即富足、幸福生活的象征。羊毛,同时也与基督教信仰中的"羔羊"有联系。波斯地毯的图案、纹样都有具体、丰富的象征寓意,又融入了波斯细密画的高水平审美。从清理羊毛、纺线、染色、上织机,到织成织物,纺织的过程在电影中的呈现是完整的。这个过程伴随着春夏秋冬四季,也伴随着人的童年、少年、青年、老年,伴随着生老病死。同时影片中的织物被大面积展示、晾晒、清洗,以强大的视觉冲击力融入、编织了生活的方方面面,这种编织织就了一个时空,同时也织就了诗人少年时代温暖富足的生活感受,以及建立了"美"的最直观的概念。织物那些浓丽的色彩对孩童来说是难忘的,从影片最初为纺纱染色的一组镜头开始就带出了"美"的主题。织物在情节推进中也起着重要的作用,例如萨雅·诺瓦要为去世的大主教选择一张能匹配他德

---

① Саят-Нова-"Царь песнопений" //экран. 1969. изд. искусство.
② 谢尔盖·帕拉杰诺夫、罗恩·霍洛威:《电影是转换成影像的真理——谢尔盖·帕拉杰诺夫访谈》,吴萌译,《电影艺术》2017年第3期。

行的盖毯,这个寻找过程是有情节的,但电影的表现形式又类似舞剧,不了解背景的话确实难懂。再例如诗人遁入空门,影片中他脱下鲜艳的尘世服装,换上僧侣的黑袍就完成了这个交代——而欧洲电影通常会用精巧的场面调度来完成类似的转换。因此,影片中"美"的主题同时也包含了中世纪美学的一种悖论,即尘世之美和灵魂之美的冲突,精神与肉体的冲突——禁欲主义反而使得被遮蔽的尘世之美更具吸引力。

在《石榴的颜色》中"美"不能仅仅被理解为视觉呈现的美感,虽然尘世之美已经被表现得淋漓尽致了。导演在影片开头即展现了"创世纪"的主题,用鱼、匕首、石榴和葡萄展现出殉道和救赎的主题。鱼显然与福音书中的"五饼二鱼"有关,影片中也用亚美尼亚特色的饼(馕)与此形成呼应;鱼还在跳动,意味着"活的生命",匕首有着波斯纹饰,在影片中它与异教的入侵有关;石榴本身是外高加索地区常见的农作物,也是各种传统民间艺术纹饰的常用图案,有着"多子""抱团"(也符合"各民族友谊"思想)的意蕴,该地区石榴的颜色是鲜血一样的红色,这呼应了殉道的主题;脚踩葡萄的镜头不仅与格鲁吉亚、亚美尼亚为重要葡萄酒产区相关,也与葡萄酒和救赎有直接的关系相连。这些象征寓意并不难理解,它们都以"美"的形式被呈现出来。但更为重要的是如何理解艺术家对"美"的认识,以及他采取何种策略去体现这种"美"。影片采取了看似橱窗陈列一般的方式,使用像一幅画那样平面的,而非运动的镜头来呈现这些带有象征寓意的图像,来自中世纪美学的启发,更来自面向未来的思考。

20世纪60年代,苏联学者对中世纪思想、美学、哲学的研究有所增长,对新柏拉图主义的学术兴趣在恢复,其中亚略巴古的丢尼修(Dionysius the Areopagite,即伪丢尼修)[①]也引起了学者们的注意。塔尔科夫斯基在拍摄《安德烈·鲁布廖夫》(Андрей Рублёв)期间也在思考他的著作。历史学家米哈伊尔·阿尔巴托夫(М. Алпатов)认为,亚略巴古的丢尼修的学说有一种泛神论色彩,他认为上帝是"周遍于一切"的。[②]"美"在中世纪被认为是普遍存在的,这里的美既是审美,

---

① 公元6世纪神秘主义神学家,因为他伪托丢尼修名义发表言论,被称作"伪丢尼修"。

② Алпатов М. В. Андрей Рублев. — М.: Изобразительное искусство, 1972. с.100.

也是一种宇宙论,同时也具有一种信仰维度,美如果不是和善结合在一起,就不可能是美的,这与当代对美的认识是不一样的。正如翁贝托·艾柯在《中世纪之美》(Arte e bellezza nell'estetica medievale)一书中引用亚略巴古的丢尼修的《论圣名》(The Divine Names),指出对神的作品的热爱和新柏拉图主义思想的联姻在其中得到了最充分的体现:那无处不在的"第一美"的壮阔表现,那令人眩目的光彩的倾泻,这种超实质的美被称作美,"是因为上帝根据万物的各自本性给予其性质,是因为上帝是万物和谐与光彩的因,它如同光,以具有传递美的效应的源初光束照耀万物;是因为上帝召集万物作用于自身,是因为上帝将万物汇集成一种互相贯通的状态"①。这意味着,"美"是同时以物质美和理念美展现的。帕拉杰诺夫在《石榴的颜色》中拍摄的每一帧画面都是追求"美"的,但不是单纯的形式之美。中世纪的学者认为图像自然就承担着言说的功能,因为当时能阅读文字的人有限,图像更能使大众理解"理念"。帕拉杰诺夫的影像与中世纪图像学有类似功能,他的画面同时言说着更高意义之美。不过,与欧洲的天主教不同的是,他的图像原则显然更接近于东正教。在电影中,他遵循了东正教图像的某些图式。比如,他的画面总是仿佛被装在一个画框里,有人拿着它直接面向观众;画面中的人物也经常直接面向观众展示手中的物件,比如织物;书籍也以正面朝向观众翻开的角度展开,所有这一切都像是要告诉观众什么,又像是发出邀请。就圣像画而言,圣像总是要面向祈祷者,所以它总是呈现一种"打开"的态势。在《石榴的颜色》中的画面基本遵循了这种原则,不同的只是居于画面中心地位的不一定是圣徒。甚至连教堂内部的展示也遵循了这种原则,呈现出仿佛手工折纸或建筑模型一样的视觉效果。这种原则也决定了导演要使用大量跳切镜头。而电影媒介则通过"自由间接"的特点,邀请观众根据自己的理解力,去"看到"并解读电影画面——有一点是显而易见的,那就是这些画面每一帧都交代了非常丰富的信息。但我们也无需直接将电影与中世纪图像画等号。比如,中世纪图像基本上是不能理解为隐喻的,因为它是唯心主义神学思想所引发的一种抽象化的象征,而对于现代艺术家帕拉杰诺夫来说,他的图像除了象征之外,也有明显的来自民族文化以及他自己独创的隐喻系统。例如,羊驼、孔雀

---

① 翁贝托·艾柯:《中世纪之美》,刘慧宁译,译林出版社2021年版,第31页。

等动物是外高加索地区本来没有的,但是导演将之用于影像中,分别作为激情、美好、富足等的隐喻。

《石榴的颜色》的对白很少,所用的亚美尼亚文字说明在某种程度上类似于中世纪图像的文字解释。题词本身也是画面的一个重要部分。不过,这并不意味着影片是"无声"的画,相反,声音在影片中发挥着极为重要的作用,这一点往往被忽略,但正是声音使电影呈现出一种真正意义的"复调性"。关于这方面的问题,美国电影学者詹姆斯·史蒂芬(James Steffen)在其专著《论谢尔盖·帕拉杰诺夫电影》(*The Cinema of Sergei Parajanov*)中有专业的论述。观众可能不太容易领会《石榴的颜色》中的音乐部分,但显而易见音乐对这部电影来说非常重要,因为游吟诗人同时也是一位音乐家。史蒂芬认为这部影片的音乐完全可以视为一部完整的作品。它由中世纪格鲁吉亚-亚美尼亚教堂圣咏、外高加索民族器乐、游吟诗人创作的歌曲、自然的声响组成。同样,这些民族器乐的演奏也是"织物"的一部分。影片一开始,童年时代的主人公像拨弄琴弦一样拨弄着纺织机。影片中首要乐器是卡曼查(Каманча),影片开头即给予它特写镜头:这是一把贝母装饰的弦乐器,它在亚美尼亚、阿塞拜疆、土耳其都能见到,上面装饰着右旋花纹,显然与前面镜头中的右旋海螺-女性乳房相关,它联通着尘世的、肉体的美。它与一朵白玫瑰并置。斯蒂芬认为:"这个意象意指萨雅·诺瓦和阿娜公主爱情的劫难,它在后面描绘他们空想爱情的序列中还会一再出现。"斯蒂芬指出,"《石榴的颜色》的音轨不是对白、声效、音乐的混合"。① 这部电影的声音制作是颇具先锋意识的,作曲家提阁兰·曼苏里安(Tigran Mansurian)用台式录音机收录了外高加索田野的声音,将它和录音棚的录音混在一起使用。帕拉杰诺夫给作曲很大的自由度,这保证了他所采集的声音中混合了外高加索的各种声响以及语言。这样就很好地实现了导演的意图,即他将田野里、土地中、民间的歌谣看作艺术家创作的真正源泉。同时,曼苏里安采取了一种复调音乐的声音组织原则:他把不同音色、看似不协调的声音重新组合排列,结果创造出一种新的和谐。复调音乐是中世纪伟大的发明,它是不同声音的恰当统一,有很多世界著名的学者研究过复调音

---

① James Steffen, *The Cinema of Sergei Parajanov*, Madison: The University of Wisconsin Press, 2013, pp.138 – 139.

乐与图像、与教堂建筑乃至与文学的亲密关系,本文不一一赘述,但影片的声音系统无疑是为作者"更高的诗意"服务的。

　　苏联大导演埃利达尔·梁赞诺夫(Эльдар Рязанов)评价帕拉杰诺夫是一个"节日型"的艺术家,这也意味着他是绝少算计和无功利心,随时都能发现美的艺术家。本文限于篇幅,仅讨论了《石榴的颜色》的美学问题,帕拉杰诺夫的电影美学是一个丰厚的冲积层,学界对它的开采还有待深入。

(作者单位:北京师范大学俄罗斯研究中心)

学术编辑:崔晓红

个体命运与世界命运的隔绝
——论别尔嘉耶夫的悲剧美学

李一帅

内容提要 19—20世纪的俄罗斯著名哲学家、宗教学家别尔嘉耶夫受到陀思妥耶夫斯基、尼采、舍斯托夫的影响。他围绕陀思妥耶夫斯基的"美拯救世界"、尼采的"超人"、舍斯托夫的"日常生活的敌人"充分表达了自己的悲剧观。别尔嘉耶夫认为,悲剧就是个体命运与世界命运的隔绝,个体命运有独立性、孤独性、多元性,人格具有自由性和唯一性,所以人格问题会导致悲剧。他发展了自己的"神人论"理论,认为三位哲学家、文学家的著述说明了"神人性"学说,夯实了宗教哲学论说。

关键词 悲剧 别尔嘉耶夫 陀思妥耶夫斯基 尼采 舍斯托夫

引言

19—20世纪俄罗斯最著名的哲学家之一别尔嘉耶夫对悲剧有特别的解释。他认为,悲剧发生的根本源于个体命运,悲剧就是个体命运与世界命运的隔绝。个体命运有独立性、孤独性、多元性,人格具有自由性和唯一性,人与人之间的冲突背后是人格独立性、唯一性,所以人格问题就与悲剧问题产生了联系。别尔嘉耶夫对悲剧的理解显示着俄罗斯宗教美学的特征,即东正教中的自由、精神概念以人为基础,在上帝的世界中强调人的意义。这种"神人性"也正是别尔嘉耶夫美学思想,乃至俄国宗教美学中最核心的因素。

别尔嘉耶夫的悲剧美学离不开对"神人性"的理解,他理解的人是上帝的"神圣结构",首先从肖像看,他认为人的肖像中蕴含着上帝的肖像特征;"无神论"人本主义中的人是"非人",因为人并不是人,是空虚,所以上帝成了人。他认为,在神(人的基督)范畴中,上帝变成人是为了让人成为神,人并不是被基督拯救,人是在基督里得救的,人在得救时变成了来自基督、上帝的"新造物"。何怀宏曾对"人神"关系中"人成为上帝"的微妙解释道:"我们在这里不想涉及这种较世俗的对于物质的偶像崇拜,我们想考察人在否定上帝之后的一种更理想化的崇拜方式,这就是对于人本身的崇拜,或更准确地说,对'人神'的崇拜,对个别人间'救星'的崇拜(在这种崇拜与对整个人类的崇拜两者之间是有一种联系的),考察一种在否弃了上帝、救世主之后,人自己要成为主人,成为上帝的热望。"[①]别尔嘉耶夫对"神人性"有特殊的理解,而他对悲剧的认知也来源于"神人性",这种"神人性"和其个体经验有关。"哲学家的'生命悲剧意识'建立在他坚定的信仰之上,即'世界是客观的悲剧'和'这个世界被深深的悲剧所折磨'是决定性因素。"[②]别尔嘉耶夫在他的自传式哲学著作《自我认知》中强调,忧郁伴随了他一生,但他认为忧郁是最高的境界,是世界的空虚与虚无的感受,忧郁与先验联系在一起,他是忧郁与先验的"实践者"。别尔嘉耶夫的悲剧美学思想通过他对三位哲学家、文学家——陀思妥耶夫斯基、尼采和舍斯托夫的认识来体现。

一、陀思妥耶夫斯基:"美拯救世界"

别尔嘉耶夫对陀思妥耶夫斯基的文学评价甚高,他认为陀思妥耶夫斯基的文学是预言家的艺术,是狄奥尼索斯式的艺术,是面向未来的艺术。俄国评论家索罗德基(Солодкий Б. С.)曾经说:"如果没有陀思妥耶夫斯基,俄罗斯哲学仍处在一个尚未有严肃诉求的阴影之

---

① 何怀宏:《道德·上帝与人:陀思妥耶夫斯基的问题》,北京大学出版社2017年版,第221页。
② Alexander E. Kudaev, "The Paradox of Perfection in Nikolai Berdyaev's Aesthetics", in *Russian Studies in Philosophy*, Vol.53, No.1, 2015, p.89.

中。"①而别尔嘉耶夫也正是在19世纪末俄国人需要哲学的时代,把陀思妥耶夫斯基的创造问题放入悲剧美学的领域进行探讨。

别尔嘉耶夫在《陀思妥耶夫斯基的世界观》中强调,陀思妥耶夫斯基的创作是狄奥尼索斯式的,他沉浸于狄奥尼索斯式的写作当中,沉浸于人的迷狂本性中,所以陀思妥耶夫斯基是深知人的精神本性的,这种精神本性的深处便是悲剧的意识。别尔嘉耶夫深受陀思妥耶夫斯基影响,他认为陀思妥耶夫斯基是描写精神内在的艺术家,其作品永远都处在精神的动态当中,犹如烈火和狂风席卷生活,走向灵魂的深处。别尔嘉耶夫的精神生活与陀思妥耶夫斯基的精神生活相似,他从童年时期便受到后者的影响。别尔嘉耶夫曾经写道,在童年时期,他把所有人按照陀思妥耶夫斯基的标准划分,分成陀思妥耶夫斯基式的人和没有陀思妥耶夫斯基气质的人,而他思想最早的来源就是陀思妥耶夫斯基小说中对生命的发问,青年时期更是从陀思妥耶夫斯基思想中建立自己世界观的关键时期。他写道:

> 在我青年的时代,《宗教大法官的传说》主题就深刻地刻在了我的灵魂当中。我第一次对基督产生兴趣,是因为传说中的基督形象。自由思想一直以来是我的宗教观及世界观的基础,在这种自由的直觉中,陀思妥耶夫斯基成了我的精神家园。②

在别尔嘉耶夫眼里,陀思妥耶夫斯基的长篇小说是通过虚构犯罪小说情节来开启另外一种现实主义,这种现实主义并不是经验的日常生活的现实,也不是乡土派的现实,而是关注着人的精神深处,关注人的精神、命运的现实,尤其关注的是人的精神的双重性,他的现实是人、魔鬼与上帝之间的关系。

陀思妥耶夫斯基关注人的主题,这与别尔嘉耶夫终身关注的主题不谋而合。别尔嘉耶夫曾经说,解决人的问题就是解决神的问题,陀思妥耶夫斯基终其一生都在为人的命运进行辩护,甚至这种辩护有时站在了神的反面,陀思妥耶夫斯基解决这种矛盾性的方法是通过"神

---

① Солодкий Б. С., *Философия человека — философия образования*, Краснодар: Кэцро, 1992, с.48.
② Бердяев Н. А., *Русская идея. Миросозерцание Достоевского*, Москва: Издательство «Э», 2016, с.311.

人"——即上帝去解决。中世纪时,神具有绝对权威性,人与神之间的矛盾性并不明显,然而到了19世纪,尤其是19世纪的俄国,人与神的矛盾性变成了俄国首要的文化主题,也是俄国美学的核心。虽然别尔嘉耶夫强调陀思妥耶夫斯基的人文主义就是宗教的人文主义,但是他也指出了陀思妥耶夫斯基无法解决的问题:"陀思妥耶夫斯基发现了人本主义的内在缺陷,即无法化解人的命运悲剧。"①

别尔嘉耶夫对陀思妥耶夫斯基的认同建立在他对人的个体悲剧命运的同情之上,别尔嘉耶夫特别关注到,陀思妥耶夫斯基对城市的描写,贫民窟、肮脏的酒馆、散发着腐臭气味的房间……这些环境描写是烘托人物悲剧命运的因素,鄙陋的城市环境是人物悲剧命运的背景。陀思妥耶夫斯基描写的彼得堡,是颠沛流离的人、迷失在城市中的人的牢笼,城市是人的精神生活的一种映照,是内心深处的一种反映,但最终陀思妥耶夫斯基要表现的是个体命运的悲剧,他要揭示的是人的命运的精神因素和内在因素。陀思妥耶夫斯基笔下所构建的物质世界都隶属于精神世界的范畴,表现物质即要表现精神,精神是物质描写的前提。

陀思妥耶夫斯基对人类悲剧的关注,根本原因在于他对人类命运不自由的同情。别尔嘉耶夫盛赞陀思妥耶夫斯基是一位伟大的人类学家,对研究最深层面的人类精神本性,有着自己的一套方法。别尔嘉耶夫评价道:

> 人类的精神深度在陀思妥耶夫斯基这里,永远无法用一种稳定的生活方式来表达和揭示。它总是存在于一股炽热的溪流当中,所有稳定的形式,所有冷漠的、冻结的日常生活都被融化和燃烧。这就是陀思妥耶夫斯基如何来研究人类最深的矛盾性,这些矛盾被不同类型的艺术家的日常生活外表所覆盖。②

别尔嘉耶夫还将陀思妥耶夫斯基和但丁、莎士比亚进行了对比。他认为,在但丁的观念里,人是宗教宇宙的一部分,上帝、天堂、地狱都不是来自人的精神深处;而在莎士比亚的世界中,已经更进一步,可以

---

① Бердяев Н.А., *Русская идея. Миросозерцание Достоевского*, cc.337 – 338.
② Бердяев Н.А., *Русская идея. Миросозерцание Достоевского*, c.341.

反映出人物的心灵世界,但这种心灵世界也不是精神世界的最底层,精神世界的最底层只有陀思妥耶夫斯基反映出来了。陀思妥耶夫斯基塑造了极端个人主义、反世界秩序、极端丑陋与恶的人,深刻说明了人类的自由之路并不是命运眷顾的开端,也可能是命运苦难的开端,自由的极致可能走向人格的分裂。陀思妥耶夫斯基的美学揭示了人与自由之间的尺度,人在平稳生活、美好心灵的背后还隐藏着无底的深渊、黑暗的深洞。人只有认识到自己无底的深渊和黑暗的深洞才能有意识地去解救自己,这就是陀思妥耶夫斯基的美学所在。

陀思妥耶夫斯基的美学核心在于"美拯救世界"。但是,美如何拯救世界呢?美是否能够代替上帝的位置?"美拯救世界"一语来自陀思妥耶夫斯基的小说《白痴》。小说中梅什金公爵说出了"美拯救世界",美自然成了梅什金公爵的一种自我拯救的工具。《陀思妥耶夫斯基传》的作者谢列兹涅夫(Селезнев Ю. И.)写道:"陀思妥耶夫斯基经常感到这是一个正在覆灭的时代,是克娄巴特拉和尼禄的时代,是一个社会道德基础彻底崩溃的时代,但同时又是一个产生先知和伟人,产生为新思想而献身的殉道者的时代。就在这样一个时代,他的主人公梅什金公爵来到了最不可思议的城市彼得堡,向人们宣告了他悟出的一条真理:'美拯救世界'。"①陀思妥耶夫斯基所指的美并不是与上帝相关的静止美,也不是柏拉图的美的理念,而是具有人的生命热度的、充满了矛盾性和悲剧性的美,这种美中充满了人的激情,也充满了对立、恐怖、矛盾与双重性,并不是在和谐的秩序中,而是在不和谐的斗争当中。这种美是不和谐、矛盾的思想还体现在他的《卡拉马佐夫兄弟》中,米嘉·卡拉马佐夫曾经说,美是恐怖的、令人震惊的东西,因为美是不确定的,上帝制造了谜团,美存在于矛盾中,怀着圣母理想的人却带着索多玛的理想而告终,而心怀索多玛理想的人,也不否认圣母的理想,还因此而激动。所以美不仅是恐怖的,也是神秘的,它是魔鬼与上帝之间的斗争,是人的崇高心灵与邪恶欲望的斗争。别尔嘉耶夫对陀思妥耶夫斯基在《卡拉马佐夫兄弟》中对美的塑造与阐释十分钦佩,"使陀思妥耶夫斯基感到折磨的是,美不仅存在于圣母的理想当中,也存在于索多玛的理想当中。他感受到即使在美中也包含着魔鬼

---

① 谢列兹涅夫:《陀思妥耶夫斯基传》,徐昌翰译,黑龙江人民出版社1992年版,第285页。

和黑暗的因素,我们认识到,他从对人的爱之中发现了丑陋和阴暗的因素,他对人的本性之对立性观察是如此深入。"[1]别尔嘉耶夫认为,陀思妥耶夫斯基的所有主人公原型都来自他自己,因为他本人就是一个精神异常丰富且复杂的人,他在小说中借主人公的思想来表达自己的思想,在他那里表现出的矛盾性、双重性、震惊性就是拯救世界的美。陀思妥耶夫斯基并不是像柏拉图一样观察静止的美,思索美的理念,而是潜入深渊,在暴风骤雨中、在迷狂中寻找人性的对立性。他通过一种动态的、神秘的、豪放的本性去揭示美,不像但丁那样,把人看作宇宙秩序的一部分,所以美也得遵照世界秩序。在陀思妥耶夫斯基看来,美就是无序,美就是不和谐,美就是矛盾,美带着上帝和魔鬼的基因,美是人与神之间的拉扯,善与恶之间的游离,从这一方面看,陀思妥耶夫斯基是一个实在的反柏拉图主义者。

别尔嘉耶夫还把陀思妥耶夫斯基的创作分为两个阶段。这两个阶段的分水岭就是《地下室手记》。在写作《地下室手记》之前,陀思妥耶夫斯基的作品《穷人》《死屋手记》《被欺凌与被侮辱的》等都展现出作者心地善良、多愁善感、质朴纯真的人道主义者色彩,这时的陀思妥耶夫斯基主要受到别林斯基的影响,同时也喜欢席勒,崇拜美好与高尚的人。但是自从创作《地下室手记》之后,他的作品《罪与罚》《白痴》《群魔》《卡拉马佐夫兄弟》等都展现出陀思妥耶夫斯基从一个人道主义者走向一个极端人格的阐释者,走向了尼采。此时,陀氏已经克服了俄罗斯的人道主义者的思想,用新的方式提出了悲剧问题。别尔嘉耶夫认为,不论是尼采还是陀思妥耶夫斯基,他们的思想都是预见性的、启示性的,人神的问题就是尼采和陀思妥耶夫斯基的悲剧美学基本问题,想成为最自由的人,就应该消灭自己,谁勇于消灭自己,谁就成为上帝。陀思妥耶夫斯基预想探讨的问题,正是别尔嘉耶夫所期望探讨的,即人的本性中带着何种潜能,潜能的边界在哪里。所以人的本性中的神性、神在神坛中的人性就是问题的核心,人与神永远在辩证法的道路上。别尔嘉耶夫指出,伊万·卡拉马佐夫的全部辩证法就是陀思妥耶夫斯基的辩证法,但是陀思妥耶夫斯基要展现的,比主人公更丰富、更复杂,列夫·托尔斯泰创作的人全部都是在法律范畴之内的人,而陀思妥耶夫斯基创造的人是自由人,天赐的人。

---

[1] Бердяев Н. А., *Русская идея. Миросозерцание Достоевского*, с.355.

别尔嘉耶夫认为,陀思妥耶夫斯基笔下的恶正是他美学命题的核心,也是人类命题的核心,是对人自由的一种考验。别尔嘉耶夫发现,陀思妥耶夫斯基对待恶的态度并不是一蹴而就的,陀氏认识的恶是形而上的,是内在的,而不是社会性的,外在的。正如别尔嘉耶夫所说:"陀思妥耶夫斯基猛烈地揭露与批判恶,这是他对待恶的态度的一个方面。但是恶也是人的道路,是人的悲剧道路,是人的自由命运的道路,是可以丰富人、提升人到更高水平的道路。"[1]所以别尔嘉耶夫提出,人要经历苦难,经历被毁灭的恐惧,经历地狱之火,才能完成赎罪。自由将人引向了恶的道路,恶又是对自由的考验,《罪与罚》《群魔》《卡拉马佐夫兄弟》等都围绕着恶的命题,这个命题就是作为考验人的自由而提出的——即人一旦获得充分自由,一旦没有约束,将走向什么样的道路?在《卡拉马佐夫兄弟》中,陀思妥耶夫斯基把人性的恶释放到了尽头,揭示出人类心灵深处最隐秘的恶,揭示出无神的命运导致弑父的命运。别尔嘉耶夫还看出了另外一层隐喻——即弑父行为正是革命活动的一种隐喻,否定现存的状态,否定先人和先人的遗产。陀思妥耶夫斯基把自由、犯罪、人格分裂的意义在他的小说中全面发挥出来,所以别尔嘉耶夫盛赞他是描写双重性的天才大师,具有连心理学家和神经病学家都不及的洞察力。在他的笔下,所有的主人公,包括拉斯科尔尼科夫、斯塔夫罗金、维尔西洛夫、伊万·卡拉马佐夫都是具有人格分裂性质的人,他们不具备人格的完整性,过着双重人格的生活,而这种双重性中的恶在关键时刻发挥了可怕的作用,变成魔鬼吞噬了主人公,最终使主人公变成魔鬼,卡拉马佐夫与魔鬼的对话就是证明。所以,别尔嘉耶夫认为,这是陀思妥耶夫斯基最高明之处,也是他最深刻的人性美学意涵。

如果说陀思妥耶夫斯基的美学主要表现的是恶的艺术,那么他的美学也绝对少不了与爱的联系。别尔嘉耶夫对陀思妥耶夫斯基作品中的爱也进行了分析,他认为,陀思妥耶夫斯基的爱是狄奥尼索斯式的,是人的情本欲的迸发。别尔嘉耶夫提出,在俄国文化中表现爱情的方式与西欧并不相同,俄国文化中没有西欧文化中的浪漫主义,不是骑士式的浪漫主义,也不是游吟诗人的浪漫主义,更不是罗密欧与朱丽叶式的浪漫主义,而是沉重的、阴暗的、痛苦的爱情,是折磨人性、

---

[1] Бердяев Н.А., *Русская идея. Миросозерцание Достоевского*, с.385.

折磨精神的爱情。"爱在陀思妥耶夫斯基的作品中占有重要位置,但并不是独立的位置。爱本身没有价值,也没有自己的形象,它只是揭示人类悲剧命运道路的一种启示,是对人类自由的考验。"①

别尔嘉耶夫透过陀思妥耶夫斯基的爱情描写来看文学的性别视角,他还敏锐发现,陀思妥耶夫斯基的写作视角是男性视角,这一点上陀氏与托尔斯泰不同,《安娜·卡列尼娜》的视角恰恰是女性视角。"对于陀思妥耶夫斯基来说,人的命运是个人的命运、个体的命运,但是个体原则主要是男性原则。这就是陀思妥耶夫斯基对男性的灵魂特别感兴趣,而对女性灵魂没有什么兴趣的原因。依据女性灵魂历程无法洞察人的个体命运。因此一个女性只能作为男性命运中的一个元素,一个男性、一个人的命运发生在一个良好氛围中才会有兴趣。"②

别尔嘉耶夫在《陀思妥耶夫斯基的世界观》里主要肯定了陀思妥耶夫斯基对人这一命题的探索,尤其是对人精神上的对立性的探索,对人精神的矛盾性的探索。他认为,陀思妥耶夫斯基把人的精神双重性以艺术的形式体现出来,这是其塑造的每一个悲剧的精神意义所在。陀思妥耶夫斯基把俄罗斯人在精神上的漂泊、流浪、矛盾的特征表现得淋漓尽致,而他本人也有着狄奥尼索斯式的狂热,这种狂热在每一个俄罗斯人身上都有显现。别尔嘉耶夫特别肯定了陀思妥耶夫斯基对于俄罗斯精神特征的探索,因为在西欧文化中狄奥尼索斯式的狂热并不充分,但在俄罗斯人、陀思妥耶夫斯基甚至别尔嘉耶夫本人身上都体现出俄罗斯精神不确定式的狂热。所以别尔嘉耶夫说,俄罗斯人比西方人更有人性。同时,别尔嘉耶夫指出,俄罗斯的精神还不能代表心灵,陀思妥耶夫斯基主要书写的是心灵,是人格的限度。他为怎么表现人性的深渊、人性的深不可测建立了一个范本。别尔嘉耶夫把陀思妥耶夫斯基看作民族的写照,看作人心的映照和启示。

二、作为宗教现象的尼采

别尔嘉耶夫在《自我认知》一书里,明确表示了尼采与他的相似

---

① Бердяев Н.А., *Русская идея. Миросозерцание Достоевского*, с.404.
② Бердяев Н.А., *Русская идея. Миросозерцание Достоевского*, с.406.

性,首先是他们有巨大的热情和迷醉的需求,其次是他们都苛刻地厌恶现实生活。别尔嘉耶夫羡慕尼采狂热的感知方式,从另一个方面来说,别尔嘉耶夫本身也带有酒神精神气质,所以他写道:"耶稣基督的复活与酒神狄奥尼索斯的复活一样,意味着再生。"①这也是别尔嘉耶夫亲近尼采的原因之一。

对于持悲观主义美学观的别尔嘉耶夫来说,重视悲剧现象是自然而然的事情。所以有研究者这样评价他:"众所周知,他把自己的哲学不仅叫作自由的哲学,而且还叫'悲剧的哲学',这绝对不是偶然。"②同时期的很多俄罗斯思想家、作家都有对悲剧的论说,梅列日科夫斯基、舍斯托夫、罗赞诺夫、索洛维约夫、托尔斯泰、陀思妥耶夫斯基等等。当然因为白银时代文学的繁盛,给思想家和评论家们提供了讨论和幻想的空间,但最重要的是别尔嘉耶夫找到了知音,在理论界找到了尼采,在文学界找到陀思妥耶夫斯基,或者可以说,在别尔嘉耶夫眼中,尼采就是理论界的陀思妥耶夫斯基,陀思妥耶夫斯基就是文学界的尼采。"创造的主题和所有艺术类工作一样,不仅不是一个例外,而且在其艺术决定中可以找到最清晰、最集中的表现——在艺术的丰富性和特殊性之中——也在别尔嘉耶夫对悲剧的理解中。"③

别尔嘉耶夫把尼采看作一种现象,这种现象本质上就是"人与神的辩证法",而尼采的悲剧哲学正是建立于"人与神的辩证法"之上,尼采创造出人的意义,这种意义使上帝消失。尼采精神的疯狂构成了他狄奥尼索斯的世界,尼采本身的痛苦体验加深了他对人的价值尺度的思考,别尔嘉耶夫认为,尼采能创造出伟大的悲剧哲学,因为尼采本身在经历着生命的悲剧。别尔嘉耶夫认为,俄罗斯人眼中的尼采和西欧国家理解的尼采并不同,西欧国家认为尼采是一位文化哲学家,而俄罗斯人认为尼采是宗教现象。尼采关系着三个主要问题:人与神的关系、人的创造、痛苦,尼采认为人可以源源不断创造新的价值,真理都是被创造的,而不是被揭示的,人的创造也相当有限,人是不能创造活的存在物,只能生育他们。在此方面,尼采指出的是人格的创造,父母可以生育儿女,但是不可能代替儿女创造,创造活动的前提是成为

---

① 胡志毅:《神话与仪式:戏剧的原型阐释》,学林出版社 2001 年版,第 42 页。
② Alexander E. Kudaev, "The Paradox of Perfection in Nikolai Berdyaev's Aesthetics", in *Russian Studies in Philosophy*, Vol. 53, No. 1, 2015, p. 88.
③ Ibid., p. 89.

一个独立人。这种创造与个体的关系引起别尔嘉耶夫的共鸣,别尔嘉耶夫在《人的奴役与自由》中写了一个独立人的可能性:"人甚至不能创造跳蚤。这里有着深刻的内涵。人创造出的存在物并不是生动的形象,而是机械。"①

别尔嘉耶夫把尼采哲学纳入生命哲学的范畴,他的"末世论"从尼采的"超人"哲学中得到启发。尼采把生命本身视作权力意志,但这种权力意志可以是生命意义上的,也可以是政治意义上的,甚至是社会意义上的,而别尔嘉耶夫把尼采哲学视为生命意义上的哲学。别尔嘉耶夫对创造问题的理解,也受到尼采的启发,他指出尼采认为生活是一个创造性的过程,人与神的不同在于神可以创造,人不能创造,神可以创造人类,人不能创造同类,只能生下同类。而尼采希望人可以自己创造一个更神圣、更高尚的超人。别尔嘉耶夫认为,尼采的"超人"就是神,而在尼采的"超人"概念中,人是低劣的,人必须向"超人"过渡,所以人和神都消失了,那就不存在人与神的相遇问题。别尔嘉耶夫把尼采看作一个人创造新世界、新价值以及经历苦难能力的象征,但他对尼采哲学的理解过于简化,他最终得出的结论是,尼采喊出"上帝死了"的背后并不是对基督教的远离,而是渴望回归基督教,回归上帝。

别尔嘉耶夫反复提及陀思妥耶夫斯基、托尔斯泰、易卜生、莎士比亚的作品,探讨过这些作家的悲剧作品。别尔嘉耶夫对悲剧的认识需从"上帝的悲剧"说起,他认为上帝的悲剧和自由问题相关,因为上帝的悲剧和神的起源过程都是以自由为前提,而这种自由根植于虚无、非存在,世界有恶,所以有悲剧,悲剧之所以是痛苦的存在是因为上帝的受难,"在世界上有三种原则在运转:天意,即超世界的上帝;自由,即人类的精神;命运,厄运,即本性,它是从虚无和黑暗的自由中沉淀凝固下来的。"②这三种原则不仅包含在悲剧中,也是生命最高原则。"悲剧之美比其他任何形式的美都深刻,在悲剧之美中有神的光芒。"③别尔嘉耶夫认同亚里士多德"美的净化论",他认为"悲剧的痛苦具有

---

① Бердяев Н. А., *Экзистенциальная диалектика божественного и человеческого*, Париж: YMCA—PRESS, 1952, c.53.

② Бердяев Н. А., *О назначении человека*, Париж: YMCA—PRESS, 1931, c.36.

③ Бердяев Н. А., *Экзистенциальная диалектика божественного и человеческого*, c.172.

释放和净化的作用,因此在我们的痛苦、悲剧与艺术作品中的痛苦、悲剧之间存有改变的艺术创造行为。"①

别尔嘉耶夫还把尼采看作末世论的先驱者,他坦承对神学的形而上学和神学的教义感到厌倦,更重视神性的精神体验。他说,哲学形式显现的是羞耻心,而神学中常常出现的是无耻,所以他将自己的哲学定义为自由精神的体验。他非常重视这个时代出现的精神危机,为这个时代而呐喊:"这是世界历史上最无人性的时代之一,而此时最需要人性,需要维护人的形象,同时也是维护上帝的形象。"②尼采在这个时代同样呐喊出了"上帝死了"的声音,对人性失望,提出了"超人"概念,这也是别尔嘉耶夫对尼采有亲近感的原因。

别尔嘉耶夫在一篇评价莫里斯·梅特林克(Maurice Maeterlinck)所写的文章《走向悲剧哲学》中,对尼采的精神再一次做了诠释。他评价尼采《悲剧的诞生》是对时代精神的一次勇敢挑战,是对现代资产阶级文化的抗议与抗争,认为尼采对希腊文化进行了全新的哲学阐释,在希腊人轻快、愉悦的精神当中,发现了悲剧之美,看到了悲剧精神与美的消亡。别尔嘉耶夫认为,尼采出现在那个时代是意义非凡的:"几十年前,欧洲人民的精神生活似乎发展到悲剧精神已经消亡了。人们在尘世中满足于享乐主义。享乐主义理想战胜了人类生命永恒的悲剧意识。这种悲剧与生命中最痛苦最美好的悲剧有关,怕是我们超越了普通的庸俗和世俗。"③无独有偶,别尔嘉耶夫在另一位作家易卜生那里也找到了与尼采相似的悲剧特征,他对易卜生的认同源自对坚强意志的认同、对自由的认同,"我从始至终都喜欢易卜生,我怀着激动与热爱重读他的作品并总能从中受益。"④他在《自我认知》中说,阅读易卜生的著作对他影响非常大,易卜生走进了他的内心,成为他最喜欢的作家,正如陀思妥耶夫斯基和托尔斯泰一样。

别尔嘉耶夫把悲剧分为两种:第一种是前基督教的悲剧——即没有上帝、受苦者说不出自己痛苦的悲剧,世界虽被诸神所充满,但是没

---

① Бердяев Н.А., *О рабстве и свободе человека*, Париж: YMCA—PRESS, 1939, с.199.

② Бердяев Н.А., *Самопознание*, Москва: Берлин: Директ — Медиа, 2016, с.399.

③ Бердяев Н.А., *Литературное дело Сборник*, Санкт-Петербург: тип. А.Е.Колпинскаго, 1902, с.36.

④ Бердяев Н.А., *Самопознание*, с.364.

有一种最高能量,人只能服从命运之神。这时,人只能体验痛苦之美、苦难之美,才能走出命运的悲剧。这一种悲剧就是尼采所迷恋的对命运的爱,古希腊悲剧、古罗马悲剧都属于这一种命运的悲剧。而第二种悲剧则是基督教的悲剧,别尔嘉耶夫把这种悲剧命名为"自由的悲剧",这种悲剧的原初现象在自由的悲剧当中被揭示出来,命运被降为第二性,自由变为了第一性。基督教的悲剧克服了古希腊的悲剧和古罗马的悲剧,命运的悲剧意义从世界的统治下、从宇宙的统治下把精神释放出来。所以他发现了"自由的悲剧"的秘密——基督教的根源里隐藏着悲剧的根源,基督教也是神自身命运悲剧的一种揭示,基督被钉在了十字架上成了无辜的受难者。别尔嘉耶夫指出,在创世概念中,最主要的就是悲剧的概念,我们通过悲剧超越世界并接近秘密。他认为"自由的悲剧"揭示的是对立原则的斗争,这种原则比善与恶的区分还要深刻。因为两种善也可能对立到一起,进入一种极为复杂的伦理关系,因为善有脆弱性,善与恶比较好分辨,而善与善的对立的辨析就难了。"最大的悲剧是源于善的痛苦,而不是源于恶的痛苦。"① 别尔嘉耶夫认为尼采在寻找超人的背后是寻找人,尼采的对悲剧的理解是创造性的,尼采理解的真理是在强力斗争中被创造的真理,生命的价值在创造中。所以别尔嘉耶夫认为尼采的悲剧是"生命的悲剧",因基督教主导的"自由的悲剧"赋予了人之边界,即人不能创造有生命力的存在物,人只能创造没有生命迹象的东西,如机器。

别尔嘉耶夫对尼采的赞同还建立在对"死亡"问题的理解上。生命的悲剧是死亡的悲剧,死亡在经验上是不可以避免的。所以对死亡的绝望和恐惧与对生命的渴望、对不朽的渴望、对无限完美与人类灵魂力量的渴望是相冲突的。科学与社会的发展可以延续一个人的生命,可以给予一个人更好的生存条件,可以使疾病减少,但是对死亡的悲剧却无能为力。在死亡的悲剧面前,实证主义者也只能停下脚步,感受自己的无力与无助。所以,他写道:

> 从哲学的角度来看,悲剧是一种经验上的绝望。悲剧表明,生命作为经验现象的凝聚是缺乏意义的,但悲剧迫使我们以特殊的力量提出生命意义与目的的问题。唯心主义形而上学克服了

---

① Бердяев Н.А., *О назначении человека*, с.36.

经验上无可救药的人生悲剧,导致了一种更高的、终极的乐观主义,它与庸俗的满足无关,甚至以愤怒、渴望和悲伤为前提。世界被证明,不仅必须需要一种审美现象,而且必须需要一种道德和理性现象。①

尼采的悲剧意识是从美学意义上将悲剧美和日常生活联系在一起,从而使人的精神提升,指向更高的境界。别尔嘉耶夫认为,悲剧实则揭开了人颓废消极的一面,而在悲剧的背后,有着更高的诉求与愿望——即塑造出新艺术与"新人",削弱软弱而粗鲁的"旧人"。别尔嘉耶夫指出悲剧哲学的美学内涵:"苦难和永不满足的悲剧之美是人类获得正义幸福的唯一途径。"②虽然别尔嘉耶夫把悲剧问题置于基督教的范畴进行思考,但他对尼采的"生命的悲剧"美学充满敬畏之心,在一定程度上来说,别尔嘉耶夫对悲剧的理解也充满矛盾性:一方面,他认为"真、善、美"很难在世俗世界中统一,只有在宗教中能得到统一,所以把悲剧精神看成是人通往天国的一座桥梁,是人与上帝沟通的一种渠道;另一方面,他认为尼采突破了基督教的束缚,证明了人的创造价值,尼采认为"人是虚无的存在物"却要去创造上帝,这是对基督的违背和斗争。虽然尼采在"敌基督"中创造自己的悲剧思想,但别尔嘉耶夫认为,尼采比歌德离基督更近,因为歌德没有因为基督而产生痛苦,歌德也没有发现狄奥尼索斯的宗教悲剧,尼采的一生是欧洲人的基督教命运,尼采的命运正是代表了基督教对于人赋予的辩证法。这也是别尔嘉耶夫对尼采悲剧理解的一种美学新视角。

三、舍斯托夫与"日常生活的敌人"

舍斯托夫被誉为"反哲学家",他的哲学不是传统意义上的理性哲学,他继承了俄罗斯宗教哲学的传统,倾心于神秘主义体验式的哲学方式,所以舍斯托夫认为理性导致必然性,而信仰则导向自由。在这一方面,别尔嘉耶夫和舍斯托夫的认知相似。舍斯托夫在 20 世纪初

---

① Бердяев Н. А., *Литературное дело Сборник*, с.55.
② Бердяев Н. А., *Литературное дело Сборник*, с.57.

的俄国影响非常大。别尔嘉耶夫是舍斯托夫的终身挚友,同时,他们的写作方式非常接近,所用都是格言式语言,都具备散文性写作习惯和思考方式。在悲剧问题上,舍斯托夫探讨了陀思妥耶夫斯基与尼采的问题,这让别尔嘉耶夫非常感兴趣,从而又引发了别尔嘉耶夫对悲剧哲学进一步的思考。

别尔嘉耶夫在《自我认知》中曾经形容舍斯托夫:

> 在我被流放之前,我认识了一个人,他后来变成我终身的朋友,或许是唯一的朋友。我认为他是我一生所遇见的最优秀、最出色的人之一。我说的就是舍斯托夫,他也是基辅人。那时,他刚刚出版了第一批著作,我对他论述尼采和陀思妥耶夫斯基的那本书充满兴趣。我们会经常发生争执,世界观也各不相同,但是舍斯托夫的命题当中的一些内容与我的思想非常接近。这种交流不仅是智力的交流,还是存在主义式的交流,是对生命意义的探索。在巴黎,我们仍有密切的联系,一直到他去世。①

别尔嘉耶夫提到的有关陀思妥耶夫斯基与尼采的书就是舍斯托夫的代表作《陀思妥耶夫斯基与尼采:悲剧哲学》,这本书出版于1903年。舍斯托夫在书中强调,一个人一旦进入悲剧的领域,就会有不同的想法、感觉、愿望,虽然一个人的生活某种程度上与历史有着联系,但是一个人的恐惧与愿望会感觉到从前的经验都是幻象,是骗人的和反常的,最终人只能求助于认识论和唯心主义。舍斯托夫认为,只有陀思妥耶夫斯基和尼采能够解释唯心主义和认识论的问题,在当时的俄国社会中,存在着这样一种说法——作家为读者而生存,但他认为,在陀思妥耶夫斯基和尼采的身上,可以反过来说——读者为了作家而生存。陀氏与尼采并不是在读者中阐明某一种观念,而是他们也在跟读者一起寻找光明,甚至他们不相信自己所见的光明就是光明,那极有可能是一种错乱的幻觉现象,但他们希望把读者吸引到身边,从读者那里获取自我思考的生存权利。所以,舍斯托夫提出了一个终极问题——人究竟有没有为科学和道德所不容的欲望,也就是说是否存在着悲剧哲学呢?

---

① Бердяев Н.А., *Самопознание*, с.152.

舍斯托夫在书中解释什么是他所认为的悲剧哲学。别尔嘉耶夫曾解释道:"悲剧是现实,而客观现实、'世界',是物和事件的自足秩序,这种秩序的建立完全不以个人的意志和需要为转移。"[①]舍斯托夫把陀思妥耶夫斯基和尼采看作逆向而行的天才:"悲剧的哲学在原则上是敌视日常普通的哲学的。凡是在日常现象说出'完'并且回头的地方,尼采和陀思妥耶夫斯基却看到了开端并且探索着。"[②]舍斯托夫认为,道德这个词与尼采无关,不论是大众的道德还是贵族的道德,他就像卡拉马佐夫一样不接受道德生活的阐释。从尼采对艺术的看法就可以看出他对道德没有悔悟心。尼采认为,反对以艺术为目的的斗争是反对道德化倾向的斗争,是反对屈从于道德艺术;而为艺术而艺术是抛弃道德。但是这样的说法并不代表艺术的无目的性和无思想性,为艺术而艺术是"啃食自己尾巴的蠕虫"。舍斯托夫这样评价道:

> 尼采的巨大功绩完全在于,他敢于面对整个世界,捍卫贫困的"利己主义",不是那种人们用各种社会改革来与之斗争的贫困,而是另一种贫困,为了它在未来的完美的王国里,除了怜悯、美德和理想,找不到任何东西,显然,在未来的国度里悲剧的人同样没有位置,就像在当代人的国家里一样。所谓资产阶级的道德在那里将仅仅根据"大多数人的幸福"的需要而改变。对于像陀思妥耶夫斯基和尼采这类人,它将被完整地保存着,他们像过去那样,命中注定要获得闻名的禁欲主义理想和那个'美与崇高'压迫着地下室人的头脑 30 多年了。[③]

别尔嘉耶夫因舍斯托夫看待尼采的态度而高度肯定了这部著作。别尔嘉耶夫认为,日常生活和悲剧是一对天敌,托尔斯泰和康德是日常生活的代表,康德的理性主义和托尔斯泰的作品中充满说教意味,与以陀思妥耶夫斯基和尼采为代表的悲剧不相适应。道德不能通过说教来达到使人完善的目的,而善恶问题也不属于理性的范畴。陀思妥耶夫斯基一生都是和"善"的理论搏斗,用地下室、地下人的悲剧灾

---

① 徐凤林:《俄罗斯宗教哲学》,北京大学出版社 2006 年版,第 277 页。
② 列夫·舍斯托夫:《陀思妥耶夫斯基与尼采》,《舍斯托夫文集》第 3 卷,张杰译,商务印书馆 2019 年版,第 212 页。
③ 同上,第 204 页。

难拯救自我,用悲剧的可怕性训诫人性,胜于单纯的说教。但是黑格尔早就深谙悲剧的目的,黑格尔主张矛盾冲突,同时又反对斗争,提出理想的结局是矛盾的双方各有损伤,最终求得和解。虽然悲剧中的人物以失败或者死亡为结局,但是能让人发掘伦理的力量和绝对的精神,通过悲剧中人物的失败或者死亡,来反思双方的片面性,最终达到悲剧的目的。陀思妥耶夫斯基在谈到"地下人"时用了一个设问——是让世界毁灭,还是让他自己没茶喝?陀思妥耶夫斯基笔下的人物选择让世界毁灭,让自己永远有茶喝。别尔嘉耶夫认为陀思妥耶夫斯基不是让人做恶人,也不是日常意义下的利己主义——牺牲别人而成全自己,日常的利己主义是没有任何幸福可言的,生活中利己主义的人会用社会的、历史的生活和自我相连,在俗世中得出一个公认的价值观。而陀思妥耶夫斯基的"毁灭世界而取茶"的思维是一种超越的价值,即人如果不永生,就不能拥有最大限度的快乐和完美。

别尔嘉耶夫借助舍斯托夫推崇《陀思妥耶夫斯基与尼采》这部著作,肯定了陀思妥耶夫斯基。他称赞陀思妥耶夫斯基的特点是迷狂的、不节制的,而不是形式的、古典的,但最为难能可贵的是陀思妥耶夫斯基的癫狂中保持着人的形象和个性。别尔嘉耶夫借助舍斯托夫的论断来展开陀思妥耶夫斯基美学话题,主要探讨文学怎样来关心人的自由和人之本身。"陀思妥耶夫斯基让人回归自由,抛开法律,摆脱宇宙的秩序,用自由来探索人的命运,揭示自由历程不可逆转的结局。"[1]陀思妥耶夫斯基笔下人病态的思索、挣扎、无措及超越,都说明他对人的关切,尤其是对个体命运的关切。陀思妥耶夫斯基自己曾经极力否认人们把他称为心理学家,他认为自己是高层次意义上的现实主义者,就是描写人的心灵深处的一切。陀思妥耶夫斯基对人的心灵深处的理解是他创作悲剧的实际基础,正如别尔嘉耶夫研究者写道:"艺术家对完美的渴望和现实的不可能之间存在矛盾,在别尔嘉耶夫看来,这是创造的悲剧中典型的和解释性的因素。"[2]不管是《罪与罚》中的拉斯柯尔尼科夫,《群魔》中的斯塔夫罗金,《少年》中的维尔西洛夫,《白痴》中的梅什金,还是《卡马拉佐夫兄弟》中的伊万·卡马拉佐

---

[1] Бердяев Н. А., *Миросозерцание Достоевского*, Париж: YMCA—PRESS, 1923, cc. 42—43.
[2] Alexander E. Kudaev, "The Paradox of Perfection in Nikolai Berdyaev's Aesthetics", in *Russian Studies in Philosophy*, Vol. 53, No. 1, 2015, p. 89.

夫,全部是围绕个体命运的描写,从个体展开,是宗教性的。"陀思妥耶夫斯基的道德观的核心是,人是一个永生的存在,所有的人和人的生命,都具有绝对的意义,最罪恶的人的生命及其命运在永恒面前也具有绝对的意义,因此,毁灭任何一个人的存在都应该受到惩罚。在每一个人的存在中,都应该尊重上帝的形象。"①这印证了别尔嘉耶夫哲学的主要观点:"最高价值是任何个体人格,不是共同性,不是集体的真实性。"②陀思妥耶夫斯基探讨的是一种深邃、复杂的个体力量,这种力量并不美好,甚至丑陋、可怕,但是尼采表示对可怕事物的喜好才是有力量的象征。

别尔嘉耶夫在《悲剧与日常现象》一文当中,对悲剧的实质进行了解释。他说,只有个体和多方交汇的地方会产生失败——这就是悲剧的实质。悲剧是命运的隔绝——是个体命运与世界命运的隔绝,普通人的隔绝是被死亡隔绝,而生活中也充实着死亡的气息,人的希望、感情、力量、生活都带有悲剧性,但舍斯托夫提出了比"善"更高的东西来反对"善",比"善"更高的东西来自"地下人"。别尔嘉耶夫敬佩舍斯托夫对"善"提出挑战的勇气,他认为对于舍斯托夫而言,最大的敌人是道德规范的神性,这也就是康德的"绝对命令",也是托尔斯泰的"善是上帝"。舍斯托夫可以为高于善的东西而反对善,用悲剧的道德取代日常现象的道德,但是舍斯托夫不是把悲剧的"非道德主义"替换成日常的"非道德主义"。别尔嘉耶夫评价舍斯托夫是一个"善的迷恋狂",同时也是一个人道主义者,正因为出于人道主义才捍卫"地下人",宣告"地下人"的权利,甚至为基督教而感伤,从感伤中体会基督教。舍斯托夫不断地强调"思想无用",但是他的思想就是来自悲剧哲学,他把悲剧哲学看作真理,把日常现象哲学看作谎言。

实际上,舍斯托夫的思想本质在于对围绕着日常生活的各种实证主义的反对,舍斯托夫揭露出日常生活中的善不是万能主义的。所以别尔嘉耶夫赞同舍斯托夫,反对日常生活之善的追捧者,反对强迫,反对道德绑架,这种思想和舍斯托夫的思想不谋而合:"道德家的思想比其他任何体系都要更多地依赖于从观察外部人际关系中所得到的全部'先决条件'。道德家在构造自己的自然发展理论时,本能地在追求

---

① 耿海英:《别尔嘉耶夫与俄罗斯文学》,上海世纪出版集团 2009 年版,第 220 页。
② Бердяев Н.А., *О рабстве и свободе человека*, c.26.

局限学者们的那种观察视野。康德的绝对命令,穆勒的实用主义原则只有一个任务——把人束缚在平常的、习惯的生活准则上。"①这样的思想一定程度上影响着别尔嘉耶夫和舍斯托夫对托尔斯泰的看法,别尔嘉耶夫斥责托尔斯泰的道德捆绑:"托尔斯泰身上没有什么先知因素,他既没有什么预见,也没有什么预言。作为艺术家他面向已经结晶的过去。在他那里没有对人本性动力的敏感,而陀思妥耶夫斯基则很大程度上有。在俄国革命中,取得胜利的不是托尔斯泰的艺术眼光,而是他的道德评价。"②而舍斯托夫则更明确地指出了托尔斯泰对"善"的绝对迷信:

> 这位出色的人终其一生都在持续而又顽强地表达这样一个信念,即在"善"之外无拯救可言。其哲学中的所有变化都从未超出"在善之中生活"的界限:变化仅发生在有关什么是善,以及为了能有权认为善在自己一边我们究竟需要做什么的观念上。正因为如此,在托尔斯泰伯爵身上,总是可以发现这样一种纯教派主义特征,那就是无法容忍别人那些与自己的生活方式有异的观点。善即具有这样一种属性,谁不拥护它,谁就是它的敌人。③

舍斯托夫把陀思妥耶夫斯基和尼采的精神作为自己的指引,对托尔斯泰有着复杂的态度,这是他对理性主义的反对决定的,他反对"善"的绑架,反对用逻辑推理的缜密来框定人性,在此方面,别尔嘉耶夫也是相同的。所以别尔嘉耶夫提出,理性主义、实证主义都是日常悲剧发生的本质,它们规定着人所追求的体验的限度,且这种限度坚实而稳固,但是先验的形而上学却具备着悲剧的本质,形而上学是悲剧的哲学,否定人所追求的体验的限度,也和稳定性绝缘。别尔嘉耶夫高度评价舍斯托夫为我们发现了一条新地平线,带来了一束光芒,一种新的悲剧,真实悲剧、悲剧的善、悲剧的美的综合可能性。

---

① 方珊编选:《舍斯托夫集:悲剧哲学家的旷野呼告》,上海远东出版社 2004 年版,第 48 页。

② 石衡潭:《自由与创造——别尔嘉耶夫宗教哲学导论》,社会科学文献出版社 2011 年版,第 276 页。

③ 列夫·舍斯托夫:《托尔斯泰与尼采学说中的善》,《舍斯托夫文集》第 2 卷,张冰译,商务印书馆 2019 年版,第 75 页。

当然,别尔嘉耶夫对舍斯托夫的悲剧哲学不是完全认可,他认为舍斯托夫用悲剧的善否定了日常生活的善,在别尔嘉耶夫看来舍斯托夫的"非道德主义"是道德热忱和病态良知的结合体。在对悲剧的看法上,别尔嘉耶夫和理性主义相背离,理性主义认为人是自然和社会的一部分,应该服从自然规律,遵守社会准则。别尔嘉耶夫认为理性主义是人类的精神状态,而不是认识论学说,而宗教哲学才是生命的基础,提供哲学所需要的现实存在,哲学必须是自由的哲学,只有自由的哲学才有完整精神生活,才能揭示真理。

结语

别尔嘉耶夫对悲剧美学的理解通过陀思妥耶夫斯基、尼采、舍斯托夫进行阐发。他的悲剧思想中体现着"人神论"的核心,显示着人在神面前强大的精神力量。三位哲学家、作家有着共通性,别尔嘉耶夫眼中的陀思妥耶夫斯基的艺术是狄奥尼索斯式的艺术,尼采的酒神精神同样是狄奥尼索斯式的,舍斯托夫反对理性、坚持信仰导向自由的理念同样也是狄奥尼索斯式的。所以,别尔嘉耶夫的悲剧美学观深受他们的影响,是一种充满神秘主义、先验式的、反理性、反说教的美学观,他站在宗教思想家的立场上来阐释个人命运的独立性、孤独性、多元性,个体命运与世界命运的不相融。别尔嘉耶夫从神学视角来珍视人的命运,这是他美学思想独特的魅力所在。

(作者单位:中国社会科学院文学研究所)
学术编辑:赵彦芳

从"意向性"概念重估穆卡若夫斯基的接受理论

高树博

内容提要 "意向性"是胡塞尔现象学的"首要主题"。穆卡若夫斯基以语言学为中介改造胡塞尔的"意向性"概念,构建出一种奠基于符号学的接受理论。穆卡若夫斯基始终拒斥对艺术作品的心理主义态度和把艺术视为现实反映的批评方式,而将焦点集中于艺术作品的符号特性和审美反应。他认为,艺术作品既是自主的"符号",又是"物"。他提出一种不同于索绪尔的符号三元模型。他把意向性和非意向性定义为语义现象,把意识分析变成语义分析,从感知者角度辩证地考察艺术作品的语义统一性和动态结构。他的现象学结构主义发展出一种与英加登迥异的阐释学和文学社会学,影响了姚斯的"期待视野"概念。

关键词 艺术符号学 意向性 语义手势 感知者 辩证法

扬·穆卡若夫斯基(Jan Mukařovský, 1891—1975,又译穆卡洛夫斯基)是20世纪捷克最重要的美学家、文学史家和文学理论家,捷克结构主义美学之父,1926年成立的布拉格语言学小组(即布拉格学派)的主要代表人物之一。1922年穆卡若夫斯基在查理大学以论文《捷克诗歌美学的贡献》(*Příspěvek k estetice českého verse*)获得博士学位。1928—1948年通常被视为穆氏学术生涯的高峰期和最有创造性的阶段,在此期间其理论视域广阔、思考主题多样,包括:诗歌和散文中的声音、韵律、意义、语境,独白与对话,雕塑的多元性,电影中的时间,审美功能、规范和价值,功能的现象学,文学与造型艺术,艺术与文化和社会之间的关系,以及艺术家个人及其个性在艺术发展中的作用等。在方法论上,他反对实证主义的所谓科学方法(俄国形式主义和新批评是抵抗实证主义的典范)[1]和形而上学(实验美学和心理美学实质上是形而上学的),重视文学艺术作品的历史、演变维度和文化、社会维度,而且他在构建美学理论的过程中始终坚持辩证思维(黑格尔辩证法和/或辩证唯物主义)[2],经常依据新材料修正自己的观点。一般认为,捷克美学传统(由康德主义者赫尔巴特开创并延续到穆氏的老师齐切的形式主义美学)、现代语言学(索绪尔及日内瓦学派)和俄国形式主义的文学理论对穆卡若夫斯基的思想影响最大,然而我们不能因此轻视胡塞尔现象学对他建构接受理论所起的重要作用。本文无意于全面清理穆卡若夫斯基的结构主义美学与现象学的复杂牵连,而是尝试依据近几年才出版的一些穆氏文献(英译、中译)剖析他如何挪用和改造胡塞尔的"意向性"(intentionality)概念来构建一种奠基于符号学的接受理论。

一、艺术符号学:接受理论的地基和阐释框架

穆卡若夫斯基与美国符号学家莫里斯(Charles W. Morris)并称为艺术符号学的先驱,因为两人最早把符号学用于美学,而且都把审美符号视为日常生活中最复杂的、最具活力的价值结构。[3] 穆卡若夫斯基对意向性问题的讨论及其接受理论都建基于符号学——《艺术的意向性和非意向性》(*Zámernost a nezámĕrnost v umĕní*)乃最关键的文本。

在布拉格语言学小组成立之初,符号概念便是其成员思考的焦点。1929 年该学派提交给"第一届国际斯拉夫语言学大会"(布拉格)并于同年出版的论文《布拉格语言学小组纲要》甚至已提出如下观点:"艺术与其他符号结构最为不同的组织特征在于——它不是指向所指

---

[1] F. W. Galan, *Historic Strutures: The Prague School Project, 1928 - 1946*, Austin: University of Texas Press, 1985, pp.2 - 3.

[2] 1948 年后,穆卡若夫斯基像多数捷克知识分子那样转而拥抱马克思主义。起初,他试图通过辩证法找到结构主义与马克思主义的关联,然而其相关成果并未被当时的官方意识形态承认,后来他迫于压力不得不公开谴责自己早期的结构主义认识论立场。

[3] Peter Steiner, "Jan Mukarovsky and Charles W. Morris: Two Pioneers of the Semiotics of Art", in *Semiotica*, 1977, Vol.19, No.3/4, pp.321 - 334.

物,而是指向符号本身。诗歌的组织特征正是指向词语表达。"①尽管布拉格学派的成员对符号的理解和阐释各不相同,然而符号学既是他们超越俄国形式主义的起点,又是他们探究语言、文学和各类艺术的框架,例如马泰修斯(Vilém Mathesius)、哈弗拉奈克(Bohuslav Havránek)和雅各布森(Roman Jakobson)发展了语言学的符号学路径,博加特廖夫(Petr Bogatyrev)将符号学用于民俗学和民间戏剧研究,布鲁萨克(Karel Brušák)分析了中国戏剧的符号。② 作为布拉格学派最活跃的美学家,穆卡若夫斯基一开始就致力于思考符号问题,符号学后来已然成为他探讨语言、文学、艺术和美学的公分母,但是直到20世纪30年代中期他才概括地提出了一种艺术符号学理论——将早期的结构主义与符号学融合起来。同时期,他还在大学教授美学及艺术作品的结构和符号学分析课程。

1934年9月"第八届国际哲学大会"在布拉格召开,穆卡若夫斯基向会议提交了法语论文《作为符号学事实的艺术》(*L'art comme fait sémiologique*)③。此文开端即断言:鉴于集体意识对个体意识的日益渗透,超越个体意识的精神产品具有符号的交际性质,因此符号学应该涵盖全部研究范围,精神科学尤其应该以符号学为基础。由于像布拉格学派这样的现代语言学家已经扩大语义学的领域,所以语言语义学的成果也适用于其他符号序列④。这意味着语义分析同样适用于非语言类艺术,例如绘画、雕塑、音乐,因而他主要关注艺术符号的"语义维度"——后来发表的文章对该论点有进一步阐释。紧接着,穆卡若夫斯基否定了两种流行的美学观:要么像心理美学那样,把艺术作品等同于作者的精神状态和在感受者身上唤起的精神状态;要么把艺术

---

① 尤里·洛特曼:《扬·穆卡若夫斯基——艺术理论家》,康澄译,《社会科学战线》2019年第11期。

② Ondřej Sládek, "Mukařovský's Structuralism and Semiotics", trans. by Derek and Marzia Patonin, in *Estetika: The Central European Journal of Aesthetics*, 2016, No. 2, pp. 184–199.

③ 此文首载于1936年出版的《第八届国际哲学大会文集》(*Actes du huitième Congrè International de Philosophie*)。穆卡若夫斯基被分到"美学和语言学诸问题"(Problèmes divers. Esthétique et linguistique)小组。

④ Jan Mukařovský, "Art as a Semiotic Fact", in *Structure, Sign, and Function: Selected Essays by Jan Mukařovský*, ed. and trans. by John Burbank and Peter Steiner, New Haven and London: Yale University Press, 1978, p. 82.

作品视为"物"(thing)。通过拒绝艺术作品本质的主观心理状态论,穆氏否定了享乐主义美学理论,即康德主义的审美愉悦论——愉悦并非必然能被感知,而且审美冷漠、追求痛感时常发生。归根结底,纯粹形式论、实验心理学、反映论都无法阐释艺术的符号学性质,"唯有符号学的视角能够容许理论家认识到艺术结构存在的自主性和本质上的动态性,将艺术的发展理解为一种固有的运动,它与其他文化领域的发展处于持久的辩证关系之中"①。另一方面,符号学对美学和艺术史具有相当重要的意义。穆卡若夫斯基把艺术结构视为动态的、运动的观点迥异于20世纪60—70年代法国的静态结构主义。那么,他如何定义符号?在文末五条结论的第三条,穆氏给出了答案。显而易见,他不同意索绪尔对符号的二元区分:能指(signifiant)与所指(signifié),因此设想出一种三分模型(不同于皮尔斯的"符号三角"):

> 每一个艺术作品都是自主的符号,具有以下几层意义:作为意义象征的"作品—物";居于集体意识之中,起着"意义"作用的"审美客体";与指示物之间的关系,艺术作品并非指向标新立异的存在(因其为自主的符号),而是指向当前环境中社会现象(科学、哲学、宗教、政治、经济等)的整体语境。②

从此定义来看,艺术作品作为自主符号实际上指向自身之外的实体、现实,而非纯粹以自身为指向。③ 这明显与1929年布拉格学派提出的观点相悖(见前揭),也否定了穆氏《标准语言与诗歌语言》(1932)的立场:诗歌语言在于前推"表达和语言行为本身"④,更有别于后来的巴黎结构主义(如罗兰·巴特)割断能指与指涉的关联⑤。因此,穆卡若夫斯基坚称,符号除了自主功能外,还有传达/交际功能。捷裔美国学

---

① 扬·穆卡若夫斯基:《作为符号学事实的艺术》,杜常婧译,《社会科学战线》2019年第11期。
② 同上。
③ Peter Steiner, "Jan Mukarovsky and Charles W. Morris: Two Pioneers of the Semiotics of Art", in *Semiotica*, pp.321-334.
④ 扬·穆卡洛夫斯基:《标准语言与诗歌语言》,兰稼译,赵毅衡编选:《符号学文学论文集》,百花文艺出版社2004年版,第19页。
⑤ 罗伯特·R·马格廖拉:《现象学与文学》,周宁译,春风文艺出版社1988年版,第139页。

者斯坦纳(Peter Steiner)指出:穆氏赞同胡塞尔现象学对语言符号本质的研究和认识,从而把意义作为符号的主要元素,他的三元构想把索绪尔的"所指"分为两部分:先验的意义(语言事实)和与指涉对象的关系(符号用于语境时才会产生)。① 然而,在捷克学者斯拉德克(Ondřej Sládek)看来,穆氏的"作品—物"相当于索绪尔的能指(符号自身的客观物质层面),符号自身的语义层面则包括"审美客体"(相当于所指)和指涉关系。而"指涉关系"是索绪尔的二元模型没有公开提到的。②斯拉德克实际上延续和修正了美国学者霍拉勃(Robert C. Holub)的分析。③ 结合穆氏的其他作品来看,语义乃是意义的核心构成要素。

《作为符号学事实的艺术》提纲挈领的说明导致不少符号问题悬而未决。1936和1937年冬季学期穆卡若夫斯基先后在查理大学和布拉迪斯拉发的夸美纽斯大学做了时长3—4小时的讲座,其名为《艺术符号学》(Sémiologie umění)。《艺术符号学》在布拉格学派中是独一无二的,也是相当驳杂的,它显示出穆氏在努力寻求将自己的符号学概念系统化。他通过大量分析文学、音乐和绘画作品来证明自己的论点,但整篇文章的理论推演时有跳跃、重复甚至前后矛盾。此文同样始于批评当时的流行美学思潮:艺术哲学、艺术心理学、费希纳的实验美学,认为它们皆剥夺了审美的自主性。而德国美学家德索(Max Dessoir)和维也纳学派的成就受到穆氏的称赞。德索的《美学与一般艺术学》(1906)对当时的美学理论做了激进的二分:"审美客观主义"和"审美主观主义",他的"批判美学"将注意力转向艺术的真正非心理方面。④ 维也纳学派迈出的重要一步是将焦点带回已被艺术心理学遗忘的人工制品本身。⑤ 不过,紧跟艺术发展现实(他与捷克先锋派艺术家过从甚密)的穆卡若夫斯基最终发现:审美的集体性、艺术价值、艺

---

① Peter Steiner, "Jan Mukarovsky and Charles W. Morris: Two Pioneers of the Semiotics of Art", in *Semiotica*, pp. 321 – 334.

② Ondřej Sládek, "Mukařovský's Structuralism and Semiotics", trans. by Derek and Marzia Patonin, in *Estetika: The Central European Journal of Aesthetics*, pp. 184 – 199.

③ Robert C. Holub, *Reception Theory: A Critical Introduction*, London: Methuen, 1984, p. 32.

④ 马克斯·德索:《美学与一般艺术学》,朱雯霏译,中国文联出版社2019年版,第49—74页。

⑤ Jan Mukařovský, "The Semiology of Art", trans. by Derek and Marzia Paton, in *Estetika: The Central European Journal of Aesthetics*, pp. 200 – 235.

术的物性、艺术与时空、艺术史材料等一大堆复杂问题要求超越艺术心理学和艺术社会学的限制。他认为,只有符号学才能帮助美学、艺术学摆脱困境。符号学研究一般符号,乃是今日的普遍美学。据穆卡若夫斯基所言,符号乃是感官能感知的意义现实,这一定义有别于三元模式侧重于对单个符号内在结构的切分。穆氏对符号的新界定除了继续借用索绪尔和维也纳学派心理学家、语言学家布勒(Karl Bühler)的语言学理论外,胡塞尔和英加登(见后文)的现象学也在起作用。正是在《艺术符号学》中,穆卡若夫斯基明确提到胡塞尔《逻辑研究》第二卷的逻辑学论断:符号是思维的基础。《艺术符号学》有几个要点值得引述[①]:

第一,符号与功能。穆卡若夫斯基将符号泛化:一切都能成为符号,实体/物在特定情况下也能被感知成符号。符号的性质构成功能的本质,功能虽指的是物的实用层面,但具有符号价值。他在布勒的语言三功能论(陈述功能、表情功能和呼吁功能)基础上增加了第四个功能:审美功能,后者或隐或现地包含在前三者之中。符号具有四种功能。审美功能在艺术符号中占据主导,但它既不能否认也不能还原成其他功能。因此,他拒绝泛审美主义。

第二,语言符号与艺术符号。在穆卡若夫斯基看来,语言符号是其他符号的原型,言语(speech)是基本符号集,是其他符号群的媒介。一方面,他以克罗齐《作为表达科学和一般语言学的美学》(*The Aesthetic as the Science of Expression and of the Linguistic in General*, 1901)的观点为基础,承认艺术接近言语,但有别于言语。另一方面,他又花大篇幅阐述艺术作品是语义集合。他认为,绘画作品的颜色间的关系和画面布局等都是语义现象,而且语义焦点对绘画主题同样重要。这个主张对音乐符号也适用。因为一切艺术都涉及意义阐释,而"没有各种语义因素就没有感知,仅有感觉的反应"[②]。

第三,意义与意向客体。穆卡若夫斯基使用的最重要的现象学术语是客体关系(object relation)和意向客体(intentional object)[③],然而他对两者的论述充满悖论,容易造成误解。从相关论述来看,客体关

[①] Jan Mukařovský, "The Semiology of Art", trans. by Derek and Marzia Paton, in *Estetika: The Central European Journal of Aesthetics*, pp.200 – 235.
[②] Ibid.
[③] 胡塞尔的中译著作(如《逻辑研究》)将该术语译为"意向对象"。

系位于符号的意义层与意向客体之间。每个意义有许多可能的客体关系,特定情况对应特定的客体关系。意向客体被称为超验现实(transcendent reality),位于意义和现实之间。通过反思能认识到意向客体与意义的一致。另一方面,现实被投射到意向客体中,因此意向客体中有些现实的东西。尽管穆氏声称超验现实无法言说,但斯拉德克依据他更早的大学讲座《诗歌语言哲学》补充到:艺术符号与超验现实关系弱(间接关联),与意向现实和意象客体关系强(仅指涉近似的世界)。[①] 两人谈的显然不是一回事。问题就出在穆氏的那个等式:现实=超验现实。语言符号的词语意义与意向客体形成客体关系,意向客体指涉现实。这样,他就回到了最初的三元结构。

综合来看,穆卡若夫斯基的艺术符号学理论基本上囊括了所有的符号学问题,对艺术做了不同于传统美学和艺术理论的理解,其中的不少洞见,今天依然有效。另一方面,他所构建的艺术符号本体论,将艺术作品本身定性为复杂的符号,而这个"符号事实"调解着艺术家和受众(观众、听众、读者)的关系。不容忽视的是,他不断强调感知者(perceiver,欣赏者、受众)之于符号意义显现的功能。

二、意向性与语义家族

在1984年出版的《接受理论:批判性导论》(*Reception Theory: A Critical Introduction*)一书中,霍拉勃将该理论的先驱确定为俄国形式主义、英加登、布拉格结构主义(穆卡若夫斯基及其学生沃迪奇卡)、伽达默尔的解释学以及洛文塔尔等人的文学社会学。俄国形式主义深受胡塞尔现象学和索绪尔语言学的影响。[②] 胡塞尔的著作通过其学生施佩特而在俄国流行。什克洛夫斯基的名文《作为手法的艺术》有言:"艺术的手法是将事物'奇异化'的手法,是把形式艰深化,从而增加感受的难度和时间的手法,因为在艺术中感受过程本身就是目的,

---

[①] Ondřej Sládek, "Mukařovský's Structuralism and Semiotics", trans. by Derek and Marzia Patonin. in *Estetika: The Central European Journal of Aesthetics*, pp.184 – 199.

[②] Peter Steiner, *Russian Formalism: A Metapoetics*, Ithaca: Cornell University Press, 2016, p.254.

应该使之延长。"①这句话往往被看成对"奇异化"(陌生化)的定义,但是不应忘记:作者是从读者与文本的特殊关系这一维度来立论的,他"将形式概念扩大到审美感知,把艺术作品定义为'手法'的总和,把注意力转向作品的解释过程本身"②。穆卡若夫斯基不仅"关注俄国形式主义以接受为取向的具体方面"③,而且他阐述符号诸问题的方式可谓与什氏异曲同工。不过,他已把形式主义封闭的"文学性"概念社会化④。他对俄国形式之"充当性"的质疑首见于1934年发表的《什克洛夫斯基〈散文理论〉捷译本序言》一文。作为胡塞尔的波兰学生,英加登摒弃其师的先验一元论,提出本体多元论。英氏的现象学美学与布拉格结构主义之间存在诸多值得注意的联系——典型的人物和例子莫过于沃迪奇卡对英氏"具体化"概念的借用和改造(与结构主义相调和)⑤。那么,1931年问世的德文版《文学的艺术作品》(*Das literarische Kunstwerk*)对穆氏有影响吗？根据捷克学者比莱克(Petr A. Bílek)的考证和分析,英加登阐述的意义观潜在地影响着20世纪30年代穆氏的意义观的发展,只不过前者聚焦于意义生产中各元素的异质性,后者更注重文学文本各层面的统一过程。⑥尽管英加登和穆卡若夫斯基都把艺术对象和审美对象的本体状况作为理论核心⑦,都深深地打上胡塞尔现象学方法和术语的烙印,都努力避免心理主义的危害,但是他们切入问题的路径(哲学的与符号学的)和对符号的态度均不同。英加登把文学作品看成"纯粹意向性构成""主体间际的意向

---

① 维·什克洛夫斯基:《散文理论》(上),刘宗次译,百花洲文艺出版社2010年版,第11页。

② H·R·姚斯、R·C·霍拉勃:《接受美学与接受理论》,周宁、金元浦译,辽宁人民出版社1987年版,第292—295页。此译文根据原文略有修改。

③ Paul Hunter Rockhill, "The Reception Theory of Hans Robert Jauss: Theory and Application", in *Dissertations and Theses*, Paper 5153, 1996, p.11.

④ Robert C. Holub, *Reception Theory: A Critical Introduction*, London: Methuen, 1984, p.33.

⑤ David Herman, "Ingarden and the Prague School", in *Neophilologus*, 1997, No. 81, pp.481-487.

⑥ Petr A. Bílek, "Pojetí významu u Ingardena a Mukařovského: Vliv, inspirace, či autonomní cesty?", in *Slovo a smysl*, 2019, Issue16, No.32, pp.163-175.

⑦ John Fizer, "Ingarden's and Mukařovský's Binominal Definition of the Literary Work of Art: A Comparative View of their Respective Ontologies", in *Russian Literature*, 1983, No.XIII, pp.269-290.

客体"①,但是"意向客体即使被创造出来后也继续依赖于创造、感知和认识主体的意向行为"②。如前所述,穆卡若夫斯基则主张:意向客体作为可感知的能指发挥功能。本文认为,两人的最大差异在于,穆卡若夫斯基把意向性与语义家族关联在一起。20世纪60年代晚期和70年代穆氏的作品在德国发挥着重要作用。霍拉勃甚至写道:"在德国,这些年来,人们提到接受理论或结构主义理论,几乎言必称穆卡若夫斯基。"③霍氏的措辞清晰地显示出接受理论与结构主义的紧密关联。然而,相比俄国形式主义和英加登在国内学界的一度受捧,穆氏的接受理论长期应者寥寥。

根据霍拉勃的论述,穆卡若夫斯基对接受问题的影响可以归纳为几方面:(1)勾画出的"作为动态符号系统的艺术概念轮廓"对"接受理论的启示最为明显";(2)强调"艺术接受中的集体过程"和"符号与接受者的社会本质",避免了现象学和形式主义立场的"审美主观主义和理想化倾向";(3)将讨论艺术规范的立足点转向社会学,从而把英加登僵化的古典主义艺术规范观历史化;(4)影响深远的是"注意到审美对象建构过程中感知者的作用",而意向性概念是"恰当例子";(5)对艺术社会学的贡献。④ 虽然霍氏的概论仅基于当时的三种英译穆氏著述:专著《作为社会事实的审美功能、规范和价值》(1970)和1977、1978年出版的两卷文选《词语和语言艺术》《结构、符号和功能》(《艺术符号学》并未收入其中),但是他对穆氏接受理论的总结和把握无疑是较为全面、准确的。只不过,他的论述稍显简略,判断多于论证。就具体观点而言,霍氏似乎把社会和集体维度引入符号学作为穆氏对接受理论的重要贡献,这会给人造成个体在符号中无足轻重的误解。然而,无论是艺术符号的创作还是接受首先都得落实到具体个体。事实上,穆氏对待个体的态度有个变化过程。斯坦纳认为,穆卡若夫斯基在其结构主义的早期阶段把个人对艺术作品的反应撇在一边,主要把意义与

---

① 罗曼·英加登:《对文学的艺术作品的认识》,陈燕谷译,中国文联出版公司1988年版,第12页。

② John Fizer, "Ingarden's and Mukařovský's Binominal Definition of the Literary Work of Art: A Comparative View of their Respective Ontologies", in *Russian Literature*, pp.269–290.

③ H·R·姚斯、R·C·霍拉勃:《接受美学与接受理论》,第308页。根据原文略有修改。

④ 同上,第310—314页。

作为特定集体成员的主体及抽象的集体意识相关联,而"个人的感知活动仅限于为审美符号提供私人内涵"①。且看《作为符号学事实的艺术》的第二条结论:艺术作品作为"'审美客体'而存在,植根于整个集体意识之中。'作品—物'仅仅作为一种非物质的外部能指而被感知。只有在所有个体具有共同的感受时,'作品—物'所唤起的意识的个别状态才能作为审美客体的代表"②。它显然没有给个体留有位置。《艺术符号学》尽管承认私人符号的存在,但它言:"符号是社会的黏合剂。没有社会可能就没有符号……感知本身是非交际的,即它不能与词语的意义等同。但感知本身包含符号因素……艺术作品的结构是一种集体意识事实。"③随着穆氏理论的发展,作为社会一员的个体,尤其是个体本身在其艺术作品的感知概念中变得必不可少。这种剧烈变化体现在《艺术中的个人》《个人与文学发展》《艺术中的个性》,尤其是《艺术的意向性和非意向性》等文章中。④ 霍拉勃提到的意向性就出自《艺术的意向性和非意向性》一文,但他仅将该概念作为"恰当例子",实质上它是穆氏接受理论的核心。总而言之,穆卡若夫斯基既不能仅仅被作为结构主义过渡阶段的代表人物(布洛克曼《结构主义》),也不能仅仅被作为接受理论的启发性人物(霍拉勃),相反应该依据陆续问世的新材料挖掘其学说的全貌和独特之处,从而重估其在接受理论史上的地位。

"意向性"仅在《艺术符号学》里出现过一次,而且没有和意向客体放在一起讨论。穆卡若夫斯基说道:"如果我们观察将(声音)组织在一起的意向性,我们就是在谈论悦耳之音;悦耳之音首先是(声音)的排列产生的价值。"⑤这句话大致可以视为他从语义角度致思意向性的萌芽:声音与语义有关。《艺术的意向性和非意向性》系1943年5月26日穆卡若夫斯基在布拉格语言学小组所做演讲的题目,后被收入

---

① Peter Steiner, "Jan Mukarovsky and Charles W. Morris: Two Pioneers of the Semiotics of Art", in *Semiotica*, pp.321 – 334.

② 扬·穆卡若夫斯基:《作为符号学事实的艺术》,杜常婧译,《社会科学战线》2019年第11期。

③ Jan Mukařovský, "The Semiology of Art", trans. by Derek and Marzia Paton, in *Estetika: The Central European Journal of Aesthetics*, pp.200 – 235.

④ Peter Steiner, "Jan Mukarovsky and Charles W. Morris: Two Pioneers of the Semiotics of Art", in *Semiotica*, pp.321 – 334.

⑤ Jan Mukařovský, "The Semiology of Art", trans. by Derek and Marzia Paton, in *Estetika: The Central European Journal of Aesthetics*, pp.200 – 235.

《美学研究》(Studie z estetiky, 1966)。此文的内容是1936、1937年讲座的延续和拓展,而写作风格则与《作为符号学事实的艺术》相同:以两条结论收尾。第一条结论的内容首先强调艺术作品既是影响人类精神生活和欣赏者的"符号",又是作用于人类共性(受社会和时代因素制约)的"物"[①]。穆氏写道:"意向性能够使我们体会作为符号的作品,非意向性能够使我们体会作为物的作品。"[②]由此来看,穆氏不仅赋予意向性新功能,而且打破了胡塞尔和英加登的模式,增加了它的对立面即非意向性,从而在美学领域制造出新的术语对子。

穆卡若夫斯基使用意向性和非意向性究竟针对何种现象?根据他对艺术史的概述,从古代(如柏拉图"迷狂说")到19世纪(如席勒)的艺术理论都观察到艺术创作和艺术作品中存在超出创作目的和构思范围的东西。[③] 那些东西被现代心理学称为潜意识。心理学立足于艺术创作,用意识和潜意识来描述相关现象,虽建树颇多,但不能令穆氏满意。穆氏的质疑根源于其反心理主义的艺术符号学把艺术作品看作审美符号事实。因此,他选择以"非意向性"来命名那些现象,因为"非意向性可以在不受任何艺术家干预的情况下参与艺术作品的创造,无论是有意识地或潜意识地"[④]。鉴于此,穆氏宣称:"意向性和非意向性是语义现象,不是心理现象"[⑤]。一方面,意向性与非意向性要彻底摆脱心理学观点,非心理学化。霍拉勃敏锐地捕捉到穆氏的这一理论取向:"就像新批评运动的维姆萨特和比尔兹利一样,穆卡若夫斯基既排除了与创作者心理状态的相关性,也不希望将意向性问题视为包含在创作过程中的意识和潜意识因素的心理问题。"[⑥]穆氏的做法某种程度上避免了纠缠于区分理性与非理性的弊端。另一方面,去心理化的产物便是语义化。因此,意向性指向整个语义家族:语义手势(semantic gesture)、语义统一性(semantic unity)、语义能量(semantic

---

① 扬·穆卡洛夫斯基:《艺术的意向性和非意向性》,波利亚科夫编:《结构—符号学文艺学——方法论体系和论争》,佟景韩译,文化艺术出版社1994年版,第171页。
② 同上。
③ 佟景韩的译文大量省略了相关艺术作品的分析和句子以及大段注释,给理解整个文本的逻辑造成不少障碍。
④ 扬·穆卡若夫斯基:《艺术中的意向性与非意向性》,杜常婧译,未刊稿。
⑤ 扬·穆卡洛夫斯基:《艺术的意向性和非意向性》,波利亚科夫编:《结构—符号学文艺学——方法论体系和论争》,佟景韩译,第171页。
⑥ Robert C. Holub, *Reception Theory: A Critical Introduction*, p.33.

energy)。从穆氏的具体论述来看,意向性、语义统一性、语义手势和语义能量基本上相互指称、相互规定。简言之,意向性是作品的语义统一性力量,非意向性就是打破这种统一性的反作用力。①

三、感知者与意向性和非意向性

穆卡若夫斯基1929年的讲稿《论现代诗学》批判内容与形式二分完全不适用于审美分析,而提倡用"结构分析"替代之。② 他甚至声称"什克洛夫斯基从一开始就走向结构主义"③。后来,语义分析成为他进行审美分析的主导。他也从诗学理论转向一般美学理论。所有艺术门类统一于符号概念,都能进行符号学分析。如前所述,文学艺术作品被界定为一种语义整体,语义分析适用于所有种类的艺术作品。关于语义分析的性质、特点和价值,穆氏写道:"对艺术作品的真正结构分析具有语义学的性质,而且这种语义学的分析会触及作品的一切成分。"④另一方面,"语义分析并非形式分析的同义词,它不仅着眼于作品的内在构造,还关注作品以外的因素:产生作品的心理前提(作者的性情、他个性的结构、经历)。由于自身的客观性(非心理主义),比起'内容'分析或'形式'分析,语义分析能够与心理学研究建立起更为直接的关联"⑤。也就是说,语义分析超越了形式与内容二分的局限,能将其他被排除的因素纳入批评视野。

《艺术符号学》认为,从艺术作品内部结构来看,它的"所有组成部

---

① 扬·穆卡洛夫斯基:《艺术的意向性和非意向性》,波利亚科夫编:《结构—符号学文艺学——方法论体系和论争》,佟景韩译,第171页。
② 扬·穆卡若夫斯基:《论现代诗学》,杜常婧译,周启超主编:《外国文论与比较诗学》第8辑,浙江文艺出版社2022年版,第114—127页。
③ 扬·穆卡洛夫斯基:《什克洛夫斯基〈散文理论〉捷译本序言》,波利亚科夫编:《结构—符号学文艺学——方法论体系和论争》,佟景韩译,第26页。
④ 扬·穆卡洛夫斯基:《艺术的意向性和非意向性》,《结构—符号学文艺学——方法论体系和论争》,佟景韩译,第171页。
⑤ 扬·穆卡若夫斯基:《艺术中的意向性与非意向性》,杜常婧译,未刊稿。依据英译本略有修改。

分都是语义能量的载体"①。文学作品的具体语义成分包括版式、声音、节奏、韵律、选词和结构。"诗中的个性化的声音与语法形式或画中的线条与色彩都在传达和表示意义进而参与作品的语义建构。"②这些成分及其意义相互作用形成一个统一的语义整体,同时也使作品本身与外在世界建立联系。《艺术的意向性和非意向性》直接把意向性等同于语义能量:"在艺术作品中语义的统一极其重要——意向性就是把作品的各个部分和各个成分联合为一体并赋予作品意义的一种力量。……艺术中的意向性是一种语义能量。"③语义能量显然是一个隐喻。另一个义项较为模糊的隐喻指称是语义手势。语义手势曾以不完整和完整的形式先后出现在《马哈诗歌中的意义起源》(1938)、《恰佩克史诗的语义结构与构成基础》(1939)、《论诗歌语言》(1940)、《万丘拉导论》(1944—1945)等文章中,但它们都与语义成分分析、语义统一性有关。④ 那么,语义手势是不是只有形式特性?《论诗歌语言》有如此表述:尽管语义手势是性质未定的语义事实、语义意向(semantic intention),关涉作品的内在结构,但正是它的语义性质使理解艺术作品与诗人个性、社会及文化的联系成为可能。⑤《艺术的意向性和非意向性》把语义手势变成一种与内容和形式区分无关的组织艺术作品的原则,即它把各个语义要素(形式和主题复合)集结起来。当有人把语义手势理解为统一艺术作品的语义意向的原则时,此概念就变得更复杂。⑥ 既然意向性和语义手势都与语义统一性有关,两者是一回事吗?穆氏再次重申:语义手势是性质未定的、具体的、动态的语义意向,而且"意向性即语义手势不是静态的,而是动态的起统一作

---

① Jan Mukařovský, "The Semiology of Art", in *Estetika: The Central European Journal of Aesthetics*, pp.200 – 235.
② 巴利·P·舍尔:《布拉格学派的美学》,周启超译,《外国美学》第 19 辑。
③ 扬·穆卡若夫斯基:《艺术中的意向性与非意向性》,杜常婧译,未刊稿。
④ Kees Mercks, "Introductory Observations on the Concept of 'Semantic Gesture'", in *Russian Literature*, 1986, No.20, pp.381 – 422.
⑤ Jan Mukařovský, "On Poetic Language", in *The Word and Verbal Art: Selected Essays by Jan Mukařovský*, ed. and trans. by John Burbank and Peter Steiner, New Haven and London: Yale University Press, 1977, p.54.
⑥ Milan Jankovič, "Perspectives of Semantic Gesture", in *Poetics* 1,1972, No.4, pp.16 – 27.

用的原则"。① 按此逻辑可推出一个不算周密的等式:语义统一性=语义能量=意向性=语义意向=语义手势。语义意向性似乎比意向性更合适,问题在于,作品只有语义统一性吗?谁的意向性?意向性是动态的意味着什么?

穆卡若夫斯基指出,到了19世纪语义统一性最终成为"评价艺术作品的主要标准",例如后印象主义画派、象征主义诗歌的形式"风格化"概念是其表现。从俄国形式主义到布拉格结构主义都非常重视文学艺术作品的整体性和统一性,因此他们会关注作品的所有成分。穆卡若夫斯基认为,艺术理论家在艺术家的个性或个性与现实的交互中寻找语义统一性注定徒劳,形式论学派则幻想语义统一性是所有成分的高度和谐。一言以蔽之,整体的语义统一取决于感知者(欣赏者、受众)。② 对穆氏来说,与实践活动相比,艺术中的基本主体不是行动的发起者,而是行动所朝向的感知者个体。他说:"受众一旦开始以欣赏一般艺术作品的心态来看待一个对象,他立刻就会产生一种愿望,力求从作品的构成中找到可以帮助他将作品视为一个语义整体来看待的痕迹。……这种统一性只可能是意向性,它是在作品内部执行功能的力量,力求克服作品各个部分和成分之间的矛盾与张力,从而赋予作品各个部分和成分的集合以一致的意义,将每一个成分纳入与其他成分的一定关系之中。"③ 然而,欣赏者需要经过努力(甚至是"创造性努力")才能看到语义统一性,在此过程中他/她的意向性常常会遇到阻力和障碍,即发现作品的某一要素与作品的整体结构不协调甚至相冲突,从而与作品给人的总体印象产生一种"分裂感"。这种分裂感就是非意向感。对此,穆氏以沙尔达对聂鲁达的诗歌评论为例做了

---

① Jan Mukařovský, "Art as a Semiotic Fact", in *Structure, Sign, and Function: Selected Essays by Jan Mukařovský*, ed. and trans. by John Burbank and Peter Steiner, pp. 110-112. 需要指出的是,在有关"语义手势"的相关段落,佟景韩译文和杜常婧未刊译稿有"语义趋势"和"语义倾向"两译,而对应英译为"semantic intention",中译为"语义意向"。实际上,只有译成"语义意向"才能展现穆氏的逻辑,也才有助于说清楚"语义手势"与"意向性"的关系。参见扬·穆卡洛夫斯基:《艺术的意向性和非意向性》,波利亚科夫编:《结构—符号学文艺学——方法论体系和论争》,佟景韩译,第159—161页。

② Ondřej Sládek, "Mukařovský's Structuralism and Semiotics", trans. by Derek and Marzia Patonin. in *Estetika: The Central European Journal of Aesthetics*, pp.184-199.

③ 扬·穆卡若夫斯基:《艺术中的意向性与非意向性》,杜常婧译,未刊稿。

说明。①穆氏承认作品意向对欣赏者意向性的制约，但更强调后者的主动性和独立性。在接受效果上，非意向性会破坏结构和语义的统一性，破坏审美快感，引起审美不快，但"不快是审美快感的一个重要辩证对立面"，总比审美淡漠好。因此，他给予非意向性对作品的影响以积极评价：通过非意向性作品同现实确立联系。意向性与非意向性究竟是什么关系？虽然两者总是存在辩证的张力，但它们在本质上是相同的，其矛盾是"艺术的基本二律背反之一"。此外，穆卡若夫斯基还特别强调不能在意向性与非意向性和审美功能与非审美功能之间画等号。

对英加登来说，填补"不定点"的行为由艺术作品的意向结构层导引，而穆卡若夫斯基则在艺术的接受行为中思考审美对象的实现。②穆氏为何立足于感受者讨论艺术的意向性？不要产生意向性和非意向性只与欣赏者有关的误解。在艺术活动中有两种主体关系：创造主体与接受主体。不容否认，作者也把纯粹意向性和"伪装的"非意向性注入作品中，所以无论从作者角度还是欣赏者角度来说自主的艺术符号作品都是意向的。然而，"一个艺术作品若要作为结构来理解，必须被感知"③，因为只有欣赏者才能把艺术作品当作纯粹的自主符号。在穆氏看来，创作者对艺术作品有各种实际目的——或视克服技巧上的困难为才能，或为了物质利益，但它们与意向性无关，所以"他（她）并不处于理解意向性的地位。但正因为观察者并不会被局限在目的性思考之中，所以他才能把艺术作品看成自足的符号。这样就只有观察者能够赋予艺术作品以与意向性同一的语义单位"④。当然，欣赏者"不是某一个具体的个体，而是任何一个人"⑤，包括作者本人，他们有个体性和主动性。从技术上来讲，具体的个人创造者及其意图往往无法接近和确知。穆卡若夫斯基在宣讲视觉艺术的本质时说：不管外在

---

① 波利亚科夫编：《结构—符号学文艺学——方法论体系和论争》，佟景韩译，第157—159页。

② Michał Mrugalski et. al ed., *Central and Eastern European Literary Theory and the West*, Berlin and Boston: Walter de Gruyter GmbH, 2023, p.53.

③ 扬·穆卡若夫斯基：《论结构主义》，杜常婧译，周启超主编：《外国文论与比较诗学》第1辑，浙江文艺出版社2022年版，第118页。

④ H·R·姚斯、R·C·霍拉勃：《接受美学与接受理论》，周宁、金元浦译，第313页。

⑤ 波利亚科夫编：《结构—符号学文艺学——方法论体系和论争》，佟景韩译，第154页。

于艺术作品的是什么,不管任何人的个性是什么,艺术作品本身是"意向性的或揭示意向性的"①。

晚年的穆卡若夫斯基告诉采访者:结构是动态地被建构的整体,"只有弄清艺术作品的符号本质,才能认识它与现实真正的辩证关系",而且艺术家与受众也是辩证关系,所以要以"辩证思维"去把握艺术中的矛盾和张力。② 有评论表示,与俄国形式主义、塔尔图学派等众多符号学派别不同,穆卡若夫斯基怀疑如下假设:存在一种能控制作为整体的文化的共同认识论和心理趋向。对他而言,结构主义提供了一种能够看到整体作为各种力量之间复杂的相互作用的方式。这种相互作用既不能被还原成单一的原则,也不会达到永久的平衡。因此只有认识到组成整体的各种要素之间的差异并欣赏它们的变化,才能避免扭曲艺术作品的物质性。③ 韦勒克既批评穆卡若夫斯基的著述摇摆于"十分笼统的概括与注重经验上的细节"两个极端之间,又肯定穆氏学说的独创性、连贯性和明晰性。④ 无论如何,穆卡若夫斯基将艺术技巧分析和哲学思辨融合,率先构造出了一种独特的接受理论。他"对感知者作为美学探究主体的功能的认识将布拉格学派理论置于历史性思考的先锋地位"⑤。

结语

意向性既是当代欧陆哲学和英美哲学的一个热门而充满歧义性

---

① Jan Mukařovský, "The Essence of the Visual Art", in *Structure, Sign, and Function: Selected Essays by Jan Mukařovský*, ed. and trans. by John Burbank and Peter Steiner, New Haven and London: Yale University Press, 1978, p.222.

② 扬·穆卡若夫斯基、米罗斯拉夫·卡切尔:《论艺术与现实的辩证之路——扬·穆卡若夫斯基院士访谈录》,朱涛译,周启超主编:《外国文论与比较诗学》第 8 辑,第 298—307 页。

③ Elizabeth W. Bruss, "Review of The Word and Verbal Art: Selected Essays by Jan Mukařovský", in *Comparative Literature*, 1979, Vol.31, No.2, pp.170 – 174.

④ 雷纳·韦勒克:《近代文学批评史:1750—1970》第 7 卷,杨自武译,上海译文出版社 2020 年版,第 738 页。

⑤ Yana Meerzon, "Between Intentionality and Affect: On Jan Mukařovský's Theory of Reception", in *Theatralia*, 2014, Vol.17, Issue.2, pp.24 – 40.

的话题①,又是当年胡塞尔现象学的"首要主题"②。综合各种直接和间接的资料来看,现象学总是以或隐或显的方式影响着穆氏的认识论立场和符号学研究。穆氏以语言学(他以诗歌语言研究为学术起点,如1928年运用语言学原理分析马哈的诗歌《五月》)为中介将意向性概念挪用到诗学和美学领域,从而形成一种语义意向性现象学或曰符号学现象学。穆氏从符号学角度重新阐释意向性实际上符合现象学的整体发展趋势:胡塞尔本人就是将其师布伦塔诺的心理学的意向性改造成哲学的意向性,海德格尔、舍勒、萨特的哲学在不同的方向上思考意向性③,英加登的美学又回到其师尽力避免的意向性之心理学涵义④。胡塞尔的纯粹逻辑学批判传统逻辑学植根于心理主义的痼疾,穆氏紧跟这一立场,在美学领域义无反顾地用符号学拒斥对艺术作品的心理主义态度。穆氏的艺术符号学还反对把艺术视为现实反映的批评方式,而将焦点集中于艺术作品的符号特性和审美反映。他把符号学视角引入艺术,从根本上改变了结构主义关于"'诗性'与'实用性之间'的相互关系"⑤的看法。

  胡塞尔现象学是"看"(直观)的哲学。胡塞尔直观意向对象及其显现给意识的方式、意义,思考符号与含义。穆卡若夫斯基观察作为符号事实的艺术作品的内在结构及其发生作用的方式。穆氏努力跳出以往基于作品与生产主体创作目的之关系的批评框架。他不"以活动主体为出发点,而要以活动本身,或更好是以作为活动结果的作品为出发点"⑥讨论意向性问题,是对现象学"面向事情本身"精神和"悬搁"方法有限度的遵循。他"最先去描述了接受理论——基于审美对象形成一个符号系统这一观点而建立的理论"⑦。对穆氏而言,感知者(欣赏者、受众)既不是自律的理想化个体,也不是现象学的抽象主体,

---

① 梁家荣:《意向性的歧义性——以布伦塔诺、胡塞尔、齐硕姆的使用为例》,《同济大学学报》2022年第5期。
② 德莫特·莫兰:《意向性:现象学方法的基础》,《学术月刊》2017年第11期。
③ 倪梁康:《现象学背景中的意向性问题》,《学术月刊》2006年第6期。
④ 章启群:《胡塞尔意向性学说与现象学美学》,《北京大学学报》1994年2期。
⑤ A.A.格利亚卡洛夫:《扬·穆卡若夫斯基美学:结构—符号—人》,朱涛译,《外国美学》第21辑。
⑥ 扬·穆卡洛夫斯基:《艺术的意向性和非意向性》,《结构—符号学文艺学——方法论体系和论争》,佟景韩译,第149页。
⑦ 巴利·P·舍尔:《布拉格学派的美学》,周启超译,《外国美学》第19辑。

而是其社会关系的产物,社会生物和集体的一员①,有情感、观念和体验的个体。这在符号结构中为"交际主体"留下位置。欣赏者(他/她)看出艺术作品的非意向性,由此与作品和作者构成对话关系并动态地生成主体间性事件。穆氏激进地批判作者权威,而非像罗兰·巴特那样取代作者权威。② 当穆氏把非意向性作为意向性的对立面,从接受者角度考察艺术发展规律和艺术作品的动态结构时,他实际上发展了一种新的阐释学和文学社会学③。康斯坦茨学派的接受美学在一定程度上起步于穆氏止步的地方。诚如有学者所言:"穆卡若夫斯基的'现象学结构主义'引入了一个被社会、文化和历史语境化的感知者观念——这些人积极参与艺术作品的制作,从而与作者一起预先决定了作品的非意向性,这个观念被姚斯的'期待视野'进一步发展。"④比较遗憾的是,穆氏在言说自己的意向性接受理论时,仅聚焦作为自主符号的艺术作品,而没有将其符号三元模型囊括进去。

【本文系国家社会科学基金重大项目"现代斯拉夫文论经典汉译与大家名说研究"(17ZDA282)阶段性成果】

(作者单位:四川大学文学与新闻学院)
学术编辑:李素军

---

① Robert C. Holub, *Reception Theory: A Critical Introduction*, p.32.
② 朱涛:《结构·功能·符号——扬·穆卡若夫斯基文学与美学理论研究》,中国社会科学出版社2018年版,第122页。
③ 齐马认为,穆卡若夫斯基尝试"以语言和语言结构为中心制定一种文学风格的社会学"。皮埃尔·V·齐马:《文学社会学批评》,吴岳添译,广西师范大学出版社2021年版,第191页。
④ Yana Meerzon, "Between Intentionality and Affect: On Jan Mukařovský's Theory of Reception", in *Theatralia*, pp.24–40.

俄罗斯白银时代美学视角下的抽象艺术大综合理论探赜

艾 欣

内容提要 1912年起，现代抽象艺术的重要代表人物康定斯基、马列维奇和蒙德里安通过丰富的创作实践和理论写作创立了各自的抽象艺术体系，当中蕴藏着相似的普世性追求，即一种富有神秘主义色彩的艺术大综合的设想。这些艺术大综合理论的表述与俄罗斯白银时代美学和宗教哲学的诸多观念相契合。康定斯基借助听觉与视觉间的通感原理，将所有艺术门类和人类不同知识领域进行整合，以达到"万物统一"的境界。马列维奇利用否定神学的路径，召唤出艺术内部具有形而上学普遍意义的"爱"与"智慧"。蒙德里安则基于对艺术基本形式元素间关系的调和，营造一种可扩散至人类整体生活的普世和谐。三人的艺术大综合思想中皆含有超然的社会乌托邦隐喻，意图对人类文化进行统合、引导与改造。

关键词 抽象艺术 大综合 康定斯基 马列维奇 蒙德里安

西方现代艺术在20世纪初迎来了前所未有的蓬勃发展，基于立体主义、未来主义等先锋派运动对艺术反抗传统、推陈出新的极力倡导，身处欧洲多国的一些艺术家不约而同地开始在绘画中对自然具象发起颠覆式的挑战，并迅速步入纯粹的抽象创作。从希尔玛·阿夫·克林特（Hilma af Klint）、秋尔里奥尼斯（M. K. Čiurlionis）等抽象艺术先驱早于1906年的纯抽象艺术表达模式初探，到康定斯基（Wassily Kandinsky）、马列维奇（Kazimir Malevich）、蒙德里安（Piet Mondrian）等抽象艺术大家1912年起至1920年代逐渐走向成熟的抽象理论体系构建，现代抽象艺术的发生和演变始终伴随着复杂、艰深且富有神秘主义色彩的形而上学思维，与倡导人与宇宙的统一和人类社会终极和谐的神智论（Theosophy）等宗教哲学思想关联甚密。然而在这些复调式的抽象艺术理念表述的背后,潜藏着彼此类似并相互贯通的普世性追求。反映在实际的宣言和理论书写上,康定斯基、马列维奇、蒙德里安等都以各自的方式创立了一种艺术大综合的理论。它们的思想来源和审美动因不尽相同,但都蕴含着超然的社会乌托邦隐喻,致力于对人类文化进行统合、引导与改造。

一、从通感原理到抽象艺术的"万物统一"思想

在现代抽象艺术的实践者中,康定斯基是最早形成艺术大综合理论的一位。虽然康氏的总体理论构建主要是基于绘画这一艺术门类,但他赋予绘画形式精神内涵的方式则是将其与乐音相结合。在他抽象艺术思想走向成熟的过程中,色彩成为串联绘画与音乐的纽带,首次为其带来了艺术不同门类间互相通感的意识,进而为艺术大综合理论打下重要的基础。

对康定斯基而言,表达宇宙崇高精神的最佳方式是通过声音,或者说,声音是使绘画获得形而上高度的必要元素。在抽象艺术理论奠基之作《论艺术的精神》(*On the Spiritual in Art*, 1912)中,他明确表示,纯抽象绘画的画面形式必然是一种有机的存在,所有的有机元素都拥有其内在的声响(inner sound),无论绘画形式如何改变,"有机元素的声响都会透过所选形式使自己被听见,即便被置于背景处"[①]。因此在理论写作中,康定斯基有意识地将不同色彩与某种特定的乐音和乐器联系在一起,其共同传递出的心理感受正是沟通二者的纽带。[②] 声响或音乐在康定斯基这里绝非惯常意义下用听觉系统所接收的声波,它同样是视觉的,是能够被可视化的,更重要的是,它充当了沟通与维系不同艺术门类之间的中介。如杰罗姆·阿什莫(Jerome Ashmore)所总结的,康定斯基在理论写作中对"声音"概念的运用主要有以下的三种目的:其一,表示一种联觉之感,主要是听觉与视觉间

---

① Wassily Kandinsky, "On the Spiritual in Art, 1912", in Kenneth Lindsay and Peter Vergo, eds. *Kandinsky, Complete Writings on Art*, London: Faber and Faber, 1982, p. 168.

② 如黄色—小号—狂躁、精神温暖,绿色—中音域小提琴—平静、和平,紫色—英国管与巴松管—悲伤、病态。

的通感；其二，补充描述"纯粹绘画"时词汇的缺乏——声音代表了运动(movement)、张力(tension)、倾斜(inclination)等不同状态的在场；其三，表示宇宙精神维度的显著特点。① 康氏在《点、线、面》(*Point and Line to Plane*, 1926)里对绘画形式的声响有更系统的解释：点是恒定不变的声音来源，是一切图像的原始元素，在抽象绘画中，不受具体形象约束的形式元素能够获得点内部所蕴含的全部自由之声；② 线是点运动的轨迹，具有张力和方向，线的长短、宽度、线与线之间不同角度的组合关系（几何形状）以及线条类型（直线、曲线、复合线）都决定了其各自声音性质的差异，点、线的组合就类似于音乐上的记谱法，而绘画中的线条也和音乐一样，传达出空间和时间的双重感受；③ 基础平面因为被两条水平线和两条垂直线所界定，因此本身就拥有最基本的客观音效，基础平面的每个部分都各具个性，都各自具有独特的声音和内在的色彩。④

康氏对音乐通感的强调与其本人的音乐趣味密切相关。他不仅视瓦格纳的歌剧《罗恩格林》为自己抽象艺术精神的来源之一，也将德彪西、穆索尔斯基、斯克里亚宾和勋伯格等现代作曲家的创作看作真正纯粹的艺术。其中，勋伯格的无调性音乐尤其对康定斯基起到了决定性的影响，使之感受到了绘画打破传统法则束缚的必要性。他意识到，虽然绘画无法企及音乐的抽象高度，却能在精神性的表现上达到与音乐类似的心理感知，二者也可借助贯通所有艺术门类的基础形式而彼此相连，实现通感。康定斯基和勋伯格都在各自理论体系的形成阶段受到了神智论的启迪，两人艺术观念中的非理性主义以及对时下文化及宗教悲观和乐观并存的复杂情绪都与神智论相关。⑤ 康氏在《论艺术的精神》里也直接提及了俄国神智论者扎哈林-乌恩科夫斯基

---

① Jerome Ashmore, "Sound in Kandinsky's Painting", in *The Journal of Aesthetics and Art Criticism*, Vol.35, No.3, Spring, 1977, p.331.

② Wassily Kandinsky, "Point and Line to Plane, 1926", in Kenneth Lindsay and Peter Vergo, eds. *Kandinsky, Complete Writings on Art*, p.570.

③ Ibid., p.618.

④ Ibid., p.653.

⑤ Jelena Hahl-Koch, *Arnold Schoenberg, Wassily Kandinsky: Letters, Pictures and Documents*, London and Boston: Faber and Faber, 1984, pp.144-145.

夫人(A. Zakharin-Unkovsky)的色彩-音乐通感研究。① 但需要说明的是,神智论对两人最深远的影响并不是该学说本身的神秘主义倾向或教条,而是其消除不同学科间区隔的主张。神智论反叛了学科独立发展的传统,追寻将不同学科统合在一起的"完整知识",试图使藏匿于科学、宗教、哲学理念世界中的共同真理变得通达与可感。正是基于这一追求,康定斯基希望将艺术中看不见的、贯通不同门类的精神性用绘画的基本形式呈现出来,让其变得能被视觉所感知、被理智所理解。由此可以说,他的纯抽象绘画的"音乐性"即是对艺术精神内在声响的可视化传达。

除了神智论的影响,康定斯基对通感的兴趣还来自同时代的心理学相关研究。除了在理论写作中直接提到的弗罗伊登博格(Dr. Freudenberg)的"色彩听觉"(hearing colors)②,康氏还阅读过德国认知心理学家威廉·冯特(Wilhelm Wundt)的研究,也了解卡尔·舍夫勒(Karl Scheffler)和纪尧姆-马艾斯(Gérôme-Maësse)的通感理论。他认识到,心理学的色彩-音乐通感也是出自心理感受的相似性与联系,是精神不同区间的相互补充。③ 这些杂糅的理论来源都为康氏提供了最核心的思想依据——艺术通感的基础是艺术的精神性及其与人内在需求的契合与共鸣。而由视听间的通感出发,我们得以理解康氏抽象艺术体系中潜藏的艺术大综合趋向与"万物统一"思想。

基于绘画与音乐两种艺术门类之间的通感,康定斯基认为,从更宏观的角度出发,一切艺术门类、人类学科分类都能够通过其一致的精神性来实现相互的沟通。"综合"(synthesis)与"通感"(synaesthesia)二词从构词法来看本身就具有紧密的联系。两个拉丁文词共有的词素syn 来自希腊文的 σύν,意为"共同""相互";"综合"一词中的 thesis 源于希腊文 τίθημι,意为"放置",而"通感"一词中的 aesthesia 则源自 αἴσθησις,意为"感觉"④——与鲍姆嘉通所创"美学"("感性学")一词

---

① Wassily Kandinsky, "On the Spiritual in Art, 1912", in Kenneth Lindsay and Peter Vergo, eds. *Kandinsky, Complete Writings on Art*, p.159.

② Ibid., p.158.

③ Christopher Short, *The Art Theory of Wassily Kandinsky, 1909–1928: The Quest for Synthesis*, Bern: Peter Lang Publishing, 2009, pp.43–44.

④ Synthesis/Synaesthesia in Charlton T. Lewis and Charles Short, *A Latin Dictionary*, Oxford: Clarendon Press, 1879.

(Aesthetica)的词源一致。因此,"综合"强调的是将不同事物合并为一个更复杂事物的动作,而"通感"则指感觉之间的共同交集与相互串联。对康定斯基而言,艺术通感无疑为最终的艺术大综合提供了法理上的正当性与可行性,他自然将大综合的思想拓展到了绘画和音乐之外的艺术其他领域。

康定斯基承认艺术不同门类之间存在的差异性,并认为这种差异性是由艺术在不同阶段的发展及其所依赖的表达媒介造成的;但同时也观察到,不同门类正在越来越向彼此靠近。① 要对不同艺术门类进行比较和借鉴,必须从其深刻的内在根本出发,而不能仅仅囿于其表面的物质和形式。出于对艺术精神性的强调,康氏对于艺术大综合抱有极其乐观的态度,他坦言:"最终,我们将能达到各种艺术独特力量的相互结合。因为这种结合,一种新的艺术将从中产生,我们能在今天预测,这将是真正的'纪念碑艺术'(monumental art)。"②康氏首先将舞蹈吸收进了艺术大综合的讨论范畴,尤其推崇现代舞,因其"在时空范围内表现了运动完整的内在意义",并发展了古典芭蕾的"点的运动"③。(图1)无论处于跳跃的运动状态还是相对的静止状态,舞者的表演都能被看作点的主动或被动的节律,而点的运动又能形成在空间和时间意义上的线。因此,舞蹈同音乐、绘画一样,都是对基本形式——点的发展。康氏巧妙地用记谱法展示了三者的融合与统一(图2)④——五线谱中代表基本音符的点(音乐的最小单位)、绘画的点和构成舞蹈动作的点在此便综合为同一概念,三者用"翻译"的方式能够实现相互的转换。基于此,康定斯基随即又将造型艺术中的雕塑和建筑、文学中的诗歌,乃至自然科学所研究的微观世界和宏观宇宙中的各种形态也通过从点到线"有机生长"的基础关系合并起来,将宇宙、人、人的思想活动(艺术、科学)所共同拥有的"内在需求"和"内在声响"看作其共同的本质。

---

① Wassily Kandinsky, "On the Spiritual in Art, 1912", in Kenneth Lindsay and Peter Vergo, eds. *Kandinsky, Complete Writings on Art*, p.153.
② Ibid., p.155.
③ "立足尖"的术语 pointe 即来自法语的"点",康定斯基举了德国现代舞蹈家格雷特·帕卢加(Gret Palucca)的例子,参见 Wassily Kandinsky, "Point and Line to Plane, 1926", in Kenneth Lindsay and Peter Vergo, eds. *Kandinsky, Complete Writings on Art*, p.558.
④ Ibid., pp.560-561.

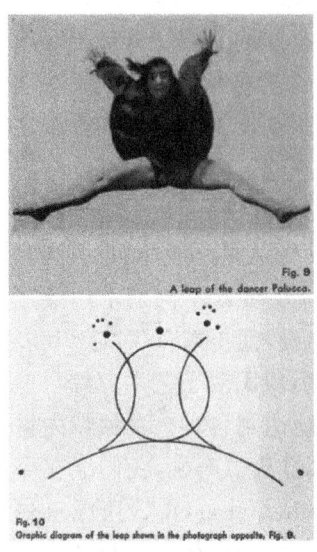
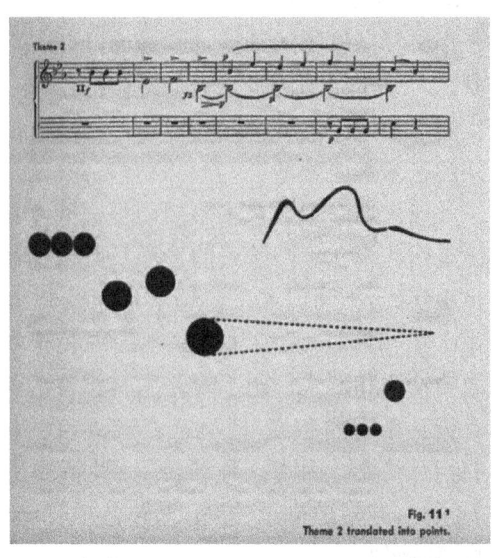

图 1　康定斯基:《点、线、面》插图 9—10,舞者跳跃的图解,1926 年。

图 2　康定斯基:《点、线、面》插图 11,"翻译"为点的乐段,1926 年。

当然,康氏艺术大综合的思想也可追溯至德国浪漫主义"整体艺术"(Gesamtkunstwerk)的美学概念。这一词汇由德国哲学家特拉恩多夫(K. F. E. Trahndorff)在 1827 年提出,后在瓦格纳的论文中得到了进一步的发展——主张未来"完美的艺术作品"要回归古希腊"悲剧之父"埃斯库罗斯(Aeschylus)戏剧作品中所有艺术门类融合为一体的状态,以彰显生命"本能的力量"。① 这一概念不仅通过神智论、俄国戏剧和象征主义间接影响了康定斯基,瓦格纳歌剧创作对"整体艺术"的实践更是促使康氏形成了"纪念碑艺术"的观念。② 不过,康氏的艺术大综合理论显然站在了比"整体艺术"更高的维度,他追求的不单单是对艺术各门类分裂式发展后的重新整合,贯通所有艺术门类的基础共性在他看来是一种同样适用于自然及宇宙的万物法则。

---

①　关于瓦格纳对"整体艺术"概念的详细解释可参考:Richard Wagner, *The Art-Work of the Future and Other Works*, trans. by W. Ashton Ellis, Lincoln: University of Nebraska Press, 1993.

②　Christopher Short, *The Art Theory of Wassily Kandinsky, 1909 - 1928: The Quest for Synthesis*, pp. 45 - 54.

从康定斯基抽象艺术理论更深层次的思想源头上挖掘,我们会发现,康氏包罗万象的"纪念碑艺术"的观念与俄国19世纪末哲学中的"万物统一"思想非常接近。俄国白银时代宗教哲学家索洛维约夫(Vladimir Solovyov, 1853—1900)认为,建立人类"完整知识"的体系也就是要达到"万物统一"的境界——必须把理性和信仰、理性和自然、理念和经验、知识和生命融合在一起,变西方哲学的二元对立为多元融合。在《完整知识的哲学原理》(Философские начала цельного знания, 1877)中,索洛维约夫主张用新的文明替代走入困境的西方文明,这个新文明必须与万物的神圣本原相联系,并分为"完整创造""完整知识"和"完整社会"三个领域。这三个领域既是宗教哲学概念,也有明显的美学意图。"完整创造"是人类创造的有机统一体,体现了绝对美的神秘,融合了高雅艺术和一般技艺;"完整知识"(又被其称作"自由神智论"—свободная теософия)是神学理论和知识领域的其他两个阶段——哲学和科学的结合;而"完整社会"则包含了教会(精神社会)和社会实践(政治、经济)。在这个新的文明中,艺术创作的最高目标是反映贯通人类完整机体的神秘基础。[①] 在康定斯基的语境下,艺术首先应该以共同的精神单位和"内在声响"为基础彼此融合,其次应该充当联系人类不同思想领域、实现人类知识统一的催化剂。与"完整创造"类似,康氏铲除了高雅艺术、经典艺术与实用艺术、流行艺术间的趣味之隔,不认为前者能产生相较后者更高的情感效果(因此为抽象绘画和现代舞辩护),而两者在基础元素(点、线、面及其精神性)上并无本质的差别;与"完整知识"类似,康氏赋予了万物造型基础——点、线、面和色彩以宗教神秘主义意涵(与其受神智论影响有关),在此基础上将自然科学也包容进了"纪念碑艺术"的讨论中;与"完整社会"类似,康氏富有精神意味的大综合艺术内蕴藏着理想社会的乌托邦思想,同样希望精神社会和现实社会达到一定程度上的统一。

总之,与索洛维约夫一样,康定斯基也追寻着一个新的文明、新的时代,正如他在《对综合艺术的一些评论》(*And, Some Remarks on Synthetic Art*, 1927)里所言:"(新时代的)开端在于承认相互关

---

① 张杰:《走向真理的探索——白银时代俄罗斯宗教文化批评理论研究》,北京大学出版社2012年版,第36—37页。

系……并不存在需要用隔离的方式确定或解决的'专门的'问题,因为最终,一切事物都是相互关联的、相互依赖的。"①康氏所谓的万物的相互关系和索洛维约夫的理论也是相互契合的,即万物最原初的、最深刻的内在精神,或是通过艺术展现出的纯粹的美。在《抽象原理批判》(Критика отвлеченных начал, 1880)和《艺术的一般意义》(Общий смысл искусства, 1890)二文中,索洛维约夫也表示,万物统一在人的世界和自然界中尚未实现,而"实现此目标便是人类的任务,也是艺术的使命"②。完美艺术的终极任务是体现一种崇高的精神。③ 可见,索洛维约夫和康定斯基都将万物统一的实现寄托在体现宇宙精神和绝对理想的"完美艺术"上。"艺术"在此语境内已经脱离了现代俗常意义下的分类,而是包含人类思想的所有领域。在索洛维约夫的"完美艺术",或康氏所谓的"纪念碑艺术"中,艺术、科学、宗教、哲学都以统一的状态指引着人类的进步和发展。康定斯基大综合思想的内核与索洛维约夫类似,都是一种包容文化多样性的、贯通全人类的、一体化的精神,都具有宗教神秘主义的特质。

二、否定神学、"索菲亚"与几何抽象的普世性追求

从抽象艺术理论构建的路径上看,同为俄国先锋派艺术家的马列维奇采取了与康定斯基截然不同的方式。如果说康定斯基对抽象艺术大综合性的表述使用了一种强调通感、串联、增殖的"加法"原则,那么马列维奇则采用的是造型极简化、祛除一切具象元素、否定绘画形式特定意涵指向性的"减法"原则。其不同的理论气质反映在绘画创作实践上,便呈现出被冠以"热抽象"(表现型抽象)和"冷抽象"(几何型抽象)之名的两种风格。伴随着 1915 年《黑方块》(Чёрный квадрат)、《黑圆》(Чёрный круг)、《黑十字》(Чёрный крест)等作品的问世,马列维奇在同期的理论写作中赋予了基本几何形式形而上的概

---

① Wassily Kandinsky, "And, Some Remarks on Synthetic Art, 1927", in Kenneth Lindsay and Peter Vergo, eds. *Kandinsky, Complete Writings on Art*, p.716.

② В.С. Соловьёв, *Сочинения* в 2 т. Т.I., М.: Мысль, 1988, с.745.

③ В.С. Соловьёв, *Сочинения* в 2 т. Т.I., с.404.

念和宗教象征意义,这当中蕴含着明显的普世性追求和大综合艺术观。

马列维奇在《从立体主义和未来主义到至上主义》(*От кубизма и футуризма к супрематизму*, 1915)中反复强调了"形式归零"(нуль форм)的新艺术观念,倡导新时代的艺术家们抛弃一切以模仿外部世界为准则的传统艺术创作理念,构建全新的审美标准和艺术文化。[①] 而在《至上主义镜子》(*Супрематическое зеркало*, 1923)里,马列维奇将宇宙描述为无界限的世界,在这个大一统的宇宙时空范畴中,上帝、心灵、精神、艺术、科学、宗教等的实质都是一种不可知的、绝对的空无。他宣称:"如果有人认知了绝对精神,那么他便认知了'零'。在我之内和在我之外皆无存在,一切均无法改变,因为根本没有什么可以发生改变,也没有什么可以被改变……分别的实质——无对象的世界。"[②]作为一位原创性的艺术理论家和创作实践者,马列维奇提出了对完美艺术的新解,即艺术应是通达真理和上帝的、超验的、非客观的。至上主义的崇高艺术形式指向时间与空间的无限和永恒的"虚无",由于造物主并不是我们能够直接感知的对象,而是世界不可知性的缘由,至上主义艺术便可成为理解这种不可知性的一种方式。

事实上,马列维奇对艺术真理的否定式表述与俄国白银时代对上帝存在的直觉主义证明理论有明显的相符之处。俄国宗教哲学家洛斯基父子(Nikolay Lossky 和 Vladimir Lossky)总结了西方与东方基督教教会神学系统的区别:西方基督教教会倾向肯定神学(cataphatic theology),而东正教则倾向否定神学(apophatic theology)[③]。前者通过说明上帝是什么,来验证上帝的存在,而后者则通过说明上帝不是什么,来感知上帝的存在。比如,就上帝自身而言,说上帝不是什么,上帝就是虚无;而就上帝与世界的关系而言,说上帝不是什么,上帝就是绝对。洛斯基父子视否定神学为正统论,主张用否定的方法把握上帝的存在,因为上帝不同于现实世界有限的事物,是超越世界和时空

---

① К.С. Малевич, *Собрание сочинений в пяти томах*, Том 1, М.: Гилея, 1995, с. 35-36.

② Ibid., с.273.

③ 弗·洛斯基认为新柏拉图主义和印度哲学也使用了否定的方法认识上帝。见弗·洛斯基:《东正教神学导论》,杨德友译、吴伯凡校,河北教育出版社2002年版,第17—18页。

的绝对。① 否定的方法与直觉相关,直觉让我们知悉该否定什么、放弃表达什么,直觉让人得到超越,逐步接近真理。在这个过程中,人的精神上升到一个更高的层次,"这是一个并非无个性反而超越个性的层次,这是一个并非理性反而超越理性的层次"②。从抽象创作实践与理论书写的特质上看,马列维奇正是运用了类似否定神学的方法来达到艺术的抽象纯粹,他让绘画的形式"归零",完全放弃其一直以来所承担的功能,否定和抽离其所承载的一切实质内容,让艺术通过"直觉理智"(интуитивный разум)来接近虚空的、形而上的真实,实现真正意义上的创造。《黑方块》等至上主义画作是代表完全虚无的绝对的符号,是"无对象世界"的视觉代码,通过完全否定物质与物象,来感知和接近至上的理念世界。

如果说否定神学的方法在将对象"归零"的过程中自然而然地将宇宙时空范畴中的一切事物统合为一个虚无和无限的整体,那么马列维奇至上主义艺术大综合思想的另外一个关键的概念——"爱"("智慧"之本质)则同样与索洛维约夫的"自由神智论"有关。在索洛维约夫的哲学体系里,充当沟通理念世界和现象世界的中介被表述为"索菲亚"(София, Sophia),即"神智论"(神圣智慧:Theo-Sophia)一词希腊语词根中的"智慧"(σοφία)。它既是普通本体论的概念,又指代一种人格化的永恒的女神形象③,是理想精神和世界灵魂的体现。"索菲亚"原本是索洛维约夫用美学阐述和诗歌创作等方式塑造出来的,已然不单纯是一个神学概念,而成为一个独特的审美意象,以此为根基的唯心主义宗教美学对俄国象征主义以来的现代文学、艺术产生了重要的影响。④ 在康定斯基的语境下,"索菲亚"的概念可以等同于统一万物的大综合艺术的基础,即贯穿康定斯基艺术理论的内在精神,或"内在声响"。而在马列维奇的理论中,"索菲亚"又与最宽泛意义下"爱"的意涵联系在了一起。正如马列维奇在理论书写中不断将其新

---

① 张杰:《走向真理的探索——白银时代俄罗斯宗教文化批评理论研究》,第143页。

② Н. О. Лосский, Мир как органичное целое // Н. О. Лосский, *Избранное*, М.: Правда, 1991, с.386.

③ 原意为"智慧"的索菲亚本身也是欧洲各语种常见的女子名,在俄国文化的语境下,索菲亚的意象更隐指了东正教的圣母崇拜。

④ 参见李一帅:《索洛维约夫学说中的审美意象"索菲亚"》,《外国美学》第35辑,江苏凤凰教育出版社2021年版。

"主义"宣称为人类艺术发展至今超越先前一切风格的"至上"阶段,相应地,"智慧"——或"索菲亚"——也在索洛维约夫看来是某种最高的存在领域——她是神的统一原则,是爱的对象,是"永恒的女性存在物"。① 索洛维约夫将爱分为三种,以表达"智慧"的本质:第一种爱为自然之爱,它源于性爱;第二种爱为理智之爱,即对我们无法直接感受到的对象的爱,譬如对祖国、对人类的爱;第三种爱为作为万物之普遍本原或世界本体的上帝的爱。索洛维约夫认为,自然之爱虽有自由动力,但缺乏普遍性;理智之爱虽有普遍性,但缺乏自由动力;第三种爱将自然之爱的自由动力与理智之爱的普遍性综合在了一起,是一种绝对之爱,而这种绝对之爱的对象便是"智慧"。②

无独有偶,马列维奇在《从立体主义和未来主义到至上主义》一文里也对艺术中的爱进行了界定或分类。首先是一种"对局部自然的爱",这种爱让艺术与自然始终保持暧昧的关系,无法与之割裂。不管艺术家如何努力寻求创作思想的自由,他们始终会被自然的具象所束缚。马列维奇于此举了高更的例子,认为他虽然听从直觉的理智"在原始主义中找到了比学院派更多的自由",获得了色彩的启示,但却未寻得形式,觉得"描绘自然以外的任何事物都是荒谬的"——因此,高更并称不上是具有原创性的艺术家。与"对局部自然的爱"相对应的是一种"对艺术真理的爱",这种爱彻底脱离了与现象世界的关联,"从零走向创作",达到一种"新的绘画现实主义",即"无对象的创作"。③ 马列维奇强调,作为至上主义的方块依然是"直觉理智的创作",也依然具有脱离学院派技法的自由,不过已经实现了"绝对的创作",是"新艺术的面貌"。④

细读理论文本我们发现,马列维奇与索洛维约夫在对爱的概念区分上有着很大的相似性。马氏所谓的"对局部自然的爱"就类似索洛维约夫的"自然之爱"——都拥有自由动力,但缺乏观照万物的精神,因为它仍然纠结于自然具象的细枝末节;马氏也提到了类似"理智之爱"的"直觉的理智",但认为在自然的束缚下这种理智无论如何都无

---

① 徐凤林:《索洛维约夫哲学》,商务印书馆2007年版,第213页。
② 同上。
③ К.С. Малевич, *Собрание сочинений в пяти томах*, Том 1, М.: Гилея, 1995, с. 53.
④ Ibid.

法获得形式的启示而实现真正自由的"绝对的创作";最后,马氏主张追求"艺术真理",达到"绝对的创作",这正应和了索洛维约夫提出的"绝对之爱",即对"智慧"的爱。① 在马列维奇这里,"绝对的创作"等同于"无对象的创作",或纯粹抽象的艺术创作,这种创作方式的化身或代表便是至上主义方块,马氏将它描述为"新艺术的面貌(面容)"(лицо нового искусства)②;而在索洛维约夫这里,"绝对之爱"的对象同样也是一个具有面容的形象,即永恒的女神"索菲亚"。当然,无论是"新艺术的面容"还是"索菲亚的面容",都无法再用具象的方式进行描绘,而只能通过精神来感知,正如索洛维约夫所言:"完善的艺术,其最终任务是必须体现绝对的理想(абсолютный идеал),不仅仅在想象力中体现,更应该使我们的现实生活精神化,并发生质的改变。"③

对于"索菲亚"的形象,虽然该术语源自西方文化共同源头的古希腊,此概念也一直存在于基督教神学观念中,但索洛维约夫对其特别赋予了俄罗斯民族精神理想的意涵。他认为俄罗斯民族最古老教堂供奉的"圣索菲亚"是"本体化的上帝的绝对智慧",不过不同于希腊人将"索菲亚"等同于"逻各斯"(λόγος,希腊语"话语""理性"),共同表示支配世界万物的规律性或原理,俄罗斯的宗教艺术将"智慧"和圣母、耶稣基督紧密联系在一起,但又同时区别于两者,是一个"特殊的神的形象"(即"三位一体中的'第四者'"),是"神的未来和最终的体现"。④ 因此,俄罗斯民族喜欢把"智慧"理解成神和普世教会的社会体现。⑤ 根据索洛维约夫对"智慧"本体论的解释,"索菲亚"是"上帝"的自我体

---

① 虽然马列维奇在《从立体主义和未来主义到至上主义》(К.С. Малевич, *Собрание сочинений в пяти томах*, Том 1, М.: Гилея, 1995, с.89.)的文末写道:"我要对所有人说:抛弃爱吧,抛弃唯美主义吧,抛弃智慧的行囊吧! 因为你们的智慧在新文化中显得滑稽而微不足道。"("Я говорю всем: бросьте любовь, бросьте эстетизм, бросьте чемоданы мудрости, ибо в новой культуре ваша мудрость смешна и ничтожна.")但这个语境中的"爱"指的是"对局部自然的爱",而"智慧"在此也与索洛维约夫的概念不同,指创作具象艺术的"智慧"。

② 同上,第88页。

③ В.С. Соловьёв, *Философия искусства и литературная критика*, М.: Искусство, 1991, с.84 - 85.

④ Erwin Fahlbusch, Jan Milic Lochman, John Mbiti, Jaroslav Pelikan & Lukas Vischer, eds., *The Encyclopedia of Christianity*, Grand Rapids, Michigan: Eerdmans & Leiden: Brill, 2008, p.122.

⑤ В.С. Соловьёв, *Россия и Вселенская Церковь*, М., 1990, с.371 - 372.转引自徐凤林:《索洛维约夫哲学》,第220—221页。

现,也是一种"万物统一"的原则,它作为整个宇宙的精神上的完美秩序性,是全部世间万物发展进化的终极目标。① 我们看到,俄国白银时代宗教哲学语境下的"智慧"虽然被描述为女神形象,但实则是上帝形象的变体,"索菲亚"虽常常和圣母、圣子(耶稣)联系在一起,但她的面容其实是隐而不显的。回到马列维奇这里,他在 1915 年首次推出至上主义概念的"0.10"展上将喻指"新艺术面容"的《黑方块》放置在代表俄罗斯传统民居"红角"(красный угол)②的位置,一方面是宣告对具象的抹除、对先前一切具象艺术的战胜,另一方面,他以传递空间无限感、蕴藏高维度时空理念的黑方块替代本应出现在该角落的圣像画(圣母圣子像),也同时暗示了至上主义与艺术普世真理的合一,暗示了其下隐而不显的"智慧-索菲亚"。③

可以说,俄罗斯白银时代宗教哲学中的两个重要的理论维度——否定神学论和与神智论相关的"索菲亚"作为诠释宗教普世性的方法论,将哲学和艺术的场域连接起来,成为马列维奇抽象艺术大综合思想的美学基础。与"索菲亚"思想互通的"万物统一"原则也把马列维奇与康定斯基串联到了一起。虽然两人"纯抽象"创作的风格、形式来源和理论构建方式差别不小,但诚然都具有指向永恒、统一、普世秩序的艺术乌托邦精神,也都拥有相似的俄罗斯文化之源。

三、抽象艺术大综合理论的社会隐喻

20 世纪初西方现代抽象艺术的另一位重要奠基者——荷兰艺术家蒙德里安虽未曾受过俄罗斯白银时代文化的直接影响,但也与康定斯基、马列维奇殊途同归,创立了类似的抽象艺术大综合理论,因此也值得纳入本文的讨论范畴,和康氏、马氏的观念进行对比。自 1917 年在新创刊的《风格派》杂志(De Stijl)上发表《绘画中的新造型》(De Nieuwe Beelding in de schilderkunst)一文起,蒙德里安便不断通过

---

① 见徐凤林:《索洛维约夫哲学》,第 214—215 页。
② 又称作"圣角"(святой угол),是信仰东正教的东斯拉夫民族家宅中悬挂圣像画的角落,通常位于房屋的东南角。
③ 关于《黑方块》与高维度时空理念和相关神秘主义思想的联系,可参见艾欣:《黑方块与隐去的面容:马列维奇几何抽象绘画创作的形而上学维度》,《艺术探索》2023 年第 1 期。

理论书写对其艺术创作基本形式元素的内涵进行自我诠释,其所谓"新造型主义"(Neoplasticism)或"风格派"(De Stijl)的艺术将正交直线(水平线与垂直线)和三原色(红、黄、蓝)所呈现的平衡视作纯粹真理的表达。在他看来,正交关系是自然界一切关系的集合,所以是最为纯粹、统一、和谐与普世的形态,蕴含了宇宙的永恒真理,是只有"纯粹艺术"才能达到的境界;而三原色因为统括了光谱中的一切自然色,所以"摆脱了特性和个体感觉,只表达普遍性的平静情绪"①。然而,新造型主义远不止是编织艺术新概念的思维游戏,从一开始,蒙德里安的抽象艺术理论就蕴含着明显的具有人类社会改造意图的大综合思想,与神智论对"人类普世兄弟会"(Universal Brotherhood of Humanity)②的未来乌托邦构想形成共鸣。

蒙德里安将新造型主义引导的未来艺术的设想表达为一种"未来建筑"的形态,它既指狭义的建筑,也指广义的艺术系统或结构,更暗含对艺术参与人类整体文化改造的社会隐喻。究其根本,"未来建筑"是以新造型主义绘画为基准,对其他各艺术门类的一体化吸收,是蒙德里安艺术大综合思想的反映,也契合其艺术理论与创作实践中对普世性的一贯追求。蒙德里安在新造型主义理论中不断宣称,为了达到内在精神与外在自然的纯粹平衡,新绘画需要对自然进行解构与重构。这一概念也自然扩展到了对与绘画关系最为密切的建筑的改造上。当然,所谓对建筑的改造绝不单单指建筑设计理念的革新,而是指搭建一个供全人类充分施展创造力的全新场域,即一个具有社会改造理想的乌托邦场域。蒙德里安认为,以新造型主义精神为共同原则,属于传统造型艺术领域的建筑、雕塑、绘画和装饰艺术将相互融合,形成一种所谓的"作为我们环境的建筑"(architecture-as-our-environment),也就是更宽广意义上的"未来建筑"雏形。而对于其他艺术门类,蒙氏认为它们都将融入这个"未来建筑"的结构中,成为其

---

① Piet Mondrian, "The New Plastic in Painting (1917)", in Harry Holtzman and Martin S. James, eds. and trans. *The New Art, The New Life: The Collected Writings of Piet Mondrian*, London: Thames and Hudson, 1987, p.36.

② 此为神智论三大基本目标之首,另外两个目标是:"对宗教、哲学和科学进行比较研究",以及"考察无法解释的自然规律与人潜在的力量。"参见 Peter Washington, *Madame Blavatsky's Baboon: Theosophy and the Emergence of the Western Guru*, London: Secker & Warburg, 1993, p.69。

内在和谐的组成成分——

> 那些不那么"物质"的艺术门类将在"生活"里得以实现。音乐作为"艺术"将走到终点,我们周遭净化的、有序的、唤起新和谐的声响将会散发出令人满足的美。文学将不再有理由作为"艺术"存在,它将成为一种简单的(不受抒情限制的)"需求美"(use-and-beauty)。作为艺术的舞蹈和戏剧等也会随着悲剧与和谐占据主导的"表达"而一并消失——生活的运动本身就将变成一种和谐。①

在蒙德里安看来,现在被细化为不同领域的艺术会在将来回归到"美"的统一意义上来,艺术门类将消失,共同形成一个"美的艺术"(Beaux Arts)的整体。更进一步地,这个"美"的整体就是和谐的未来生活,或广义的"未来建筑"。蒙德里安特别表示,未来的美将变得与现在的美全然不同,它"难以想象,无法描述",就连新造型主义的"艺术作品"都很难将其完美地表达和实现。因为只要有"艺术"这个概念存在,未来生活的丰满(fullness)与自由就依然无法被直接呈现。所以,为靠近未来生活的美,新造型主义甚至应当取代"艺术"的概念,以统一的形式"接管"曾经被束缚、分隔在"艺术"里的、分别以"建筑""雕塑""音乐""文学"(诗歌)及"舞蹈"等为名的各个"美"的领域——"新造型主义概念在其未来的实现中将远远超越艺术。"②由此看来,蒙德里安的艺术综合思想实则是以新造型主义理念代替艺术的主张。

在蒙德里安的艺术综合观念中,随着精神文化(culture of the spirit)的不断进步,艺术各个门类都能变得越来越接近"造型的创造"(plastic creation),拥有确定的、平衡的关系——这种平衡关系能"最纯粹地表达精神特有的普世性、和谐与统一"。③蒙德里安用"精神"一

---

① Piet Mondrian, "The Realization of Neo-Plasticism in the Distant Future and in Architecture Today (1922)", in Harry Holtzman and Martin S. James, eds. and trans. *The New Art, The New Life: The Collected Writings of Piet Mondrian*, p.168.
② Ibid.
③ Piet Mondrian, "The New Plastic in Painting (1917)", in Harry Holtzman and Martin S. James, eds. and trans. *The New Art, The New Life: The Collected Writings of Piet Mondrian*, p.29.

词代替了"新造型主义",更表明了他对后者崇高地位的强调。如今,新造型主义尚且停留在绘画的范畴内,但随着人类文化的继续发展,它就将作为一个至高的精神依次整合其他的艺术门类,最终达到综合了所有艺术领域的、表达纯粹美的未来生活——一个被重新构建的人类社会乌托邦。马雷克·韦秋雷克(Marek Wieczorek)认为,蒙德里安艺术理论中"精神"一词的含义与黑格尔哲学中的"精神"(Geist)形成了关联。[1] 同德语该词的词义类似,蒙氏原文所用的荷兰语词 geest 也有"精神"(或"灵魂",同英文 spirit)和"意识"(或"理智",同英文 mind)两种理解方式,这刚好是新造型主义理论处处强调的两个方面。可见,诞生于艺术的新造型主义理念在蒙德里安这里易容为一个哲学理念,成了指导未来艺术发展甚至人类社会发展的原则。新造型主义体现了黑格尔"通过艺术直观把握绝对精神"的预见,而"绝对"(absolute)在黑格尔哲学的语境里则与"完整"(whole)相关,即万物"终极综合"(ultimate synthesis)的达成。[2] 同样地,蒙德里安的艺术大综合思想从表面上看是要对不同艺术门类进行统合,使其重归"美"的概念,但实际上,他的目的也是要实现万物的"终极综合",而被提升为一种"绝对精神"的新造型主义在他看来正是达成这一目的的途径。

我们发现,蒙德里安的艺术综合思想同康定斯基、马列维奇的艺术大综合理论有不少相似之处。三人都强调艺术的精神性,都蕴含着一种"万物统一"思想和理想社会的隐喻。甚至与蒙德里安极其类似的,马列维奇也曾在一篇论文《至上主义——34 幅图画》(Супрематизм. 34 рисунка,1920)中将纯抽象创作的目的阐释为创造"地球之上统一的世界建筑体系"(единая система мировой архитектуры Земли)[3],同样通过建筑的意象来喻指整个人类社会的构建结构,暗示至上主义艺术的发展能够助力人类社会达到至高的纯粹与完美,使人类的创造力得

---

[1] Marek Wieczorek, "Mondrian's First Diamond Composition: Spatial Totality and the Plane of the Starry Sky", in Paul Crowther and Isabel Wünsche, eds. *Meanings of Abstract art: Between Nature and Theory*, New York: Routledge, 2012, p.30.

[2] Runette Kruger, "Art in the Fourth Dimension: Giving Form to Form—The Abstract Paintings of Piet Mondrian", in *Spaces of Utopia: An Electronic Journal*, No.5, Summer 2007, p.25.

[3] К.С. Малевич, *Чёрный квадрат*. М.: Азбука, 2001, с.108.

到终极的认可。① 蒙德里安的"未来建筑"与康定斯基的"纪念碑艺术"、马列维奇的"统一的世界建筑体系"具有类似的乌托邦情怀——着力对抗传统艺术的物质主义与实用主义,打破不同思想和文化间的壁垒,希望通过自己的新艺术带领人类社会步入新的文明。不过,三人艺术综合理论的内核却是不尽相同的:康定斯基整合不同艺术门类(乃至人类认知世界的不同领域)的基础是宇宙、人、人的思想活动所共同拥有的"内在需求""内在声响"及其引发的不同感官和知识领域之间的通感。马列维奇利用否定神学的路径,召唤出艺术内部具有普遍意义的"爱"与"智慧"。而蒙德里安则是基于对线条、色彩等艺术基本形式元素间关系的调和,来营造一种可扩散至人类整体生活环境的普世和谐。

和蒙德里安相比,康定斯基将艺术大综合理念拓展至艺术以外领域的做法与其身处时代的社会思潮有更大的联系,这与他在早期苏俄的生活经历(1917—1921年)和随后的包豪斯任教生涯相关。俄国无产阶级运动的风潮让康氏在某种意义上开始反对艺术的阶级性和自律性,转向艺术与生活其他方面的结合,赋予艺术沟通文化、打破隔阂的社会责任。列宁在1918年推出的"纪念碑式宣传计划"(План монументальной пропаганды)也主张一种将城市生活与苏维埃风格绘画、建筑、雕塑、音乐融为一体的大综合思想,同康氏"纪念碑艺术"在措辞上相互呼应,两者都蕴含着建立"伟大乌托邦"的趋向。② 在包豪斯教学期间,康定斯基将"纪念碑艺术"的范畴扩大至更多大众文化和实用艺术的领域,自己也为作为"整体艺术"的舞台艺术,譬如穆索尔斯基的组曲《展览会之画》(Картинки с выставки)设计了几何抽象的舞美和灯光③。不过,康氏在理论层面上依然是抗拒物质主义和生产主义的,他将艺术各门类与实用设计、科学、技术整合为一体的动机主要还是出自宇宙万物基础元素统一的观点。因此,他的"纪念碑艺术"实则是一种乌托邦式的、非实践的集合体,其社会隐喻意图要远大于实用意义。由于吸收了神智论的文化普世精神,康定斯基在艺术大综

---

① 艾欣:《从黑方块到白方块:马列维奇的至上主义进化思想与艺术终结论》,《文艺理论研究》2023年第4期。

② Christopher Short, *The Art Theory of Wassily Kandinsky, 1909–1928: The Quest for Synthesis*, pp.183–184.

③ 康定斯基舞美版于1928年在德国德绍剧院上演。

合体系构建中也融合进了国际主义的倾向,而这也和苏维埃的共产国际理念相契合。在任职于苏联人民教育委员会视觉艺术组(ИЗО Наркомпроса)期间撰写的《伟大乌托邦》(The "Great Utopia", 1920)一文里,康定斯基强调了打破国别和文化隔阂的必要性,认为俄罗斯民族的世界主义理念(cosmopolitan idea)可以引导人们克服国别分裂的"国际危机"——由此,康氏主张俄国艺术家带领全球艺术家组建一个"国际艺术代表大会",以促成"纪念碑艺术"与和谐国际社会的实现。① 同年另一篇文章《美术部在国际艺术政治中的举措》(Steps Taken by the Department of Fine Arts in the Realm of International Art Politics)进一步强调了传播艺术国际主义的重要性和迫切性,号召各国艺术家通过联合、统一的方式突破国家之间的边界——"艺术家的国际统一体将拥抱整个世界,提升全人类统一的程度。"② 可见,康定斯基在这一时期选择主动迎合时代需求,将抽象艺术的意涵延伸至各艺术门类以外的人类整体文化,并使艺术的大综合的思想扩充为构建共产国际的社会政治学理念。

与康定斯基一样,马列维奇于俄国十月革命后也成为苏联人民教育委员会视觉艺术组的成员,并于1919至1922年受邀任教于维捷布斯克新成立的人民艺术学校,并创立了"乌诺维斯"(УНОВИС,即"新艺术确立者")组织,致力发展至上主义理论与教学。③ "乌诺维斯"的学员们以黑方块为精神象征开展创作实践,为戏剧设计几何抽象风格服装和布景,将至上主义理念融入大众综合艺术,并在至上主义精神的激发下用纯抽象艺术将污秽的工业小城改造为充满新艺术符号的露天舞台,在维捷布斯克的街道墙壁上绘制几何抽象风格的公共绘画。④ 于是,源发自神秘主义的至上主义理念逐渐易容成为一种生活艺术、革命艺术的同位语,抽象艺术的乌托邦隐喻最终和苏联革命及

---

① Wassily Kandinsky, "The 'Great Utopia', 1920", in Kenneth Lindsay and Peter Vergo, eds. *Kandinsky, Complete Writings on Art*, pp.444 – 446.

② Wassily Kandinsky, "Steps Taken by the Department of Fine Arts in the Realm of International Art Politics, 1920", in Kenneth Lindsay and Peter Vergo, eds. *Kandinsky, Complete Writings on Art*, pp.448 – 454.

③ 关于马列维奇在维捷布斯克和"乌诺维斯"小组的具体活动,可参见 Pamela Kachurin, *Making Modernism Soviet: The Russian Avant-Garde in the Early Soviet Era, 1918 – 1928*, Evanston, Illinois: Northwestern University Press, 2013, pp.40 – 57。

④ А. Шатских, Малевич в Витебске //Искусство, № 11, 1988, p.38.

其宏伟的新世界营造计划实现了合流。①

和马列维奇"统一的世界建筑体系"类似,蒙德里安提出的"未来建筑"这一超越艺术自身概念的宏观结构也具有明显的社会隐喻。而作为一种普世的艺术综合体,"未来建筑"的实现必然伴随着人类和谐社会的实现,二者相辅相成,互为因果,都是人类未来乌托邦的存在形式。然而,由于远离俄国,蒙德里安新造型主义的社会革命意图相较康定斯基和马列维奇要显得模糊许多,他本人也并未像后两者一样通过理论写作或艺术实践对当时席卷欧洲的无产阶级运动进行声援。不过在他看来,人类社会的确能在新造型主义艺术与生活融合的状况下发生优化,只不过他不认为艺术作品应当就此陷入与生活日常物同等的层面,而是相反,应该将日常物提升至艺术的层面。②

总而言之,本文论述的三位西方现代艺术大师的纯抽象艺术理念发展到成熟阶段都已经逐渐脱离了现代主义"为艺术而艺术"的自律性,成为指导人类社会进化的思想原则。在俄罗斯白银时代美学的视角下,三人于此再次应和了索洛维约夫的美学主张——"艺术不是为了艺术而存在的,而是为了实现一种完美生活而存在的"③;"新艺术带着爱和同情使人回到世间,是为了医治和更新人的生活……为了对世间进行强有力的作用,为了改造和重建世间,需要给大地加入非世间的力量。"④就如蒙德里安将新造型主义的审美-社会乌托邦冠以"抽象现实"(abstract reality)之名,⑤纯抽象艺术的存在便是为了从审美的维度改造时下的现实,使之转变为理想的完美生活,其实现的途径即是为时下生活注入纯粹、和谐与普世的形而上精神或"万物统一"的力量。

---

① 更多关于俄罗斯先锋派艺术符号隐喻问题的讨论可参见艾欣:《图像隐喻与"能指重叠"——俄罗斯先锋派艺术符号机制当议》,《艺术设计研究》2021年第4期。

② Georg Schmidt, "Piet Mondrian Today", in Michel Seuphor, *Piet Mondrian: Life and Work*, Amsterdam: Contact, 1956, p.11.

③ В.С. Соловьёв, *Сочинения* в 2 т. Т.II., М.: Мысль, 1988, с.553.

④ В.С. Соловьёв, *Сочинения* в 2 т. Т.I., с.293.

⑤ 参见 Piet Mondrian, "Nature Reality and Abstract Reality: A Trialogue (While Strolling from the Country to the City) (1919-20)", in Harry Holtzman and Martin S. James, eds. and trans. *The New Art, The New Life: The Collected Writings of Piet Mondrian*。

结语

  随着西方现代艺术对自我内在价值认知的愈发强化,艺术语言的自律性也逐渐加深,在神智论等神秘主义思潮的影响和推动下,最终在纯抽象绘画这里完全抛弃了对现实世界的再现和模仿,仅进行艺术本体形式元素"有意味的"自我组合。而发展到成熟阶段,无论是在理论还是创作实践可持续发展的问题上,先锋派艺术家们都趋向于将现代艺术的自律性有意识地释放或淡化,让其重归现实社会,以业已成形的"纯抽象"审美乌托邦为指导,促进整体人类社会的变革与进步。在这一过程中,艺术完成了从一般性人类创造行为到搭建理想社会指导性原则的质变与自我超越。正如索洛维约夫在《艺术的一般意义》中将艺术的最高任务设定为把物理生命变成精神生命,即"在我们的现实中完全体现这种精神的完满性,实现绝对的美,或建立全宇宙的精神有机体"①,本文探讨的三位现代抽象艺术重要奠基人——康定斯基、马列维奇和蒙德里安都在其系统的理论书写中践行了对艺术至高精神性的构建和阐释,创造了贯通彼此却又各具特色的艺术大综合理论。基于通感原理、否定神学、"万物统一"、"神圣智慧"等与俄罗斯白银时代美学息息相关的多元的思想源头,这些大综合理论被表述为"纪念碑艺术""统一的世界建筑体系"及"未来建筑"等精髓一致的审美-社会乌托邦概念,远远超越了艺术传统的概念和范畴,与多种学科和人类思想领域发生交融,极大地丰富了现代艺术的美学意涵。

  【本文为北京外国语大学"双一流"重大标志性项目"斯拉夫国家社会与文化研究"(2022SYLZD041),2024年度教育部人文社科研究青年项目"20世纪初期俄罗斯先锋派艺术理论的源流和影响研究"(24YJC760001)的阶段性成果】

(作者单位:北京外国语大学俄语学院)
学术编辑:李素军

---

① В.С. Соловьёв, *Сочинения* в 2 т. Т.I., с.398.

美学理论与前沿问题

如何思考"如何思考审美价值"①

[加] 洛佩斯 著
周才庶 译

内容提要 最近一些艺术学者对思考审美价值本质这件事是否审慎表示怀疑。问题在于,关于审美价值的传统思维并不能抓住实证艺术学者所必须应对的特殊性。本文诊断思考审美价值的传统方式是如何成为一个问题的。然后勾勒出一种审美价值的方法,这种方法可以提高工具的解释能力,使得艺术学者可以使用这些工具来聚焦他们关心的特殊性。通往这一目标的道路避开了传统方法的棘手问题。

关键词 审美价值 美 社会实践 行动

怀疑论可以说正是在知识的利害关系超过实际利害关系的地方获得了吸引力。毕竟,针对外部世界存在的怀疑论者并不会因为他们花大价钱买了房地产而对他们的形而上学感到尴尬。审美价值怀疑论显然只是这一规则的一个例外。也许审美价值充其量只是表象,所以它对艺术作品的生产和接受中技术、历史和社会因素的把握,并没有留下必须被理解为审美的明显痕迹。然而,当审美价值怀疑论者切入正题时并没有因为他们的形而上学而感到尴尬。举个熟悉的例子,在学校聘任委员会任职的人都会知道在数学领域美学考量的重要性,其中证明的简明程度被视为重要因素,候选人因其解决问题的良好品位而晋升。同样的,在音乐和建筑学院或者创意写作和电影生产系招聘或长聘从业者时,研讨室里的怀疑论根本没有任何位置。当然这篇文章并不是学术政策制定者的指南。它的目的是提出审美价值的方法,提高艺术学者在聚焦他们关心的具体问题时可以使用的工具的解

---

① Dominic McIver Lopes, "How to think about how to think about aesthetic value", in *Journal of Aesthetic and Culture*, 2022, Vol.14.

释能力。不管怎样,为了达到这个目标,本文提出如何思考审美价值的问题,在艺术研究中把它作为实践问题来思考。

一、"多"与"元"

对审美价值怀疑论的信奉如此深入而普遍,因而迈向积极建议的第一步就不只是在怀疑论推理的一些假设上进行争论。此外,需要诊断的不仅是实证艺术研究中有关审美价值的怀疑论,因为分析哲学放弃了与其他人文学科同步的审美价值。一段时间以来,哲学家们希望有一种服务于艺术理论的审美价值理论——它对审美价值的理解将阐明人类极其广泛多样的生产活动的性质和特殊意义。[1] 艺术的审美理论的崩溃,使审美价值的理论也随之破灭。尽管艺术的审美在理论层面溃败了,艺术学者仍然可以继续将审美价值归因于作品。广义上讲,他们并没有像形而上学那样反映伦理和政治的考虑。然而,审美价值怀疑论的形而上学根源也在显现,因为它们也是方法论。哲学和实证艺术研究互相关联,怀疑论误解了两者的性质和作用。

哲学和实证艺术研究属于合作关系,以理查德·沃尔海姆的话说,它们彼此交融以至于"认可两者的区别更多是一种圆通而非应该遵守的规定"。[2] 以院系界限来构思它们会掩盖各种学者如何参与反思理论问题并为理论建设作出贡献。特别是正如我们将会看到的,包括哲学家在内的各种学者都希望理论优先于并独立于实证研究而提供一个阿基米德点。

让我们从哲学家开始讲起。如果不借助实证艺术研究,他们怎么

---

[1] Bourdieu, "The Historical Genesis of a Pure Aesthetic", in *Journal of Aesthetics and Art Criticism*, Vol. 46, No. 2, pp. 201 – 210. Schaeffer, *Art of the Modern Age: Philosophy of Art from Kant to Heidegger*, trans. by Steven Rendall, Princeton: Princeton University Press, 2000. Shiner, *The Invention of Art: A Cultural History*, Chicago: University of Chicago Press, 2001. Lopes, *Beyond Art*, Oxford: Oxford University Press, 2014. Wolterstorff, *Art Rethought: The Social Practices of Art*, Oxford: Oxford University Press, 2015.

[2] Wollheim, *On the Emotions*, New Haven: Yale University Press, 1999.

可能涉足美学领域呢？考虑一下时间哲学，许多哲学家把时间作为他们直接熟悉的现象进行阐述。一些人将他们的观点建立在现象学基础上，反思他们的时间经验；一些人试图阐明用"普通语言"谈论时间所隐含的内容；一些人针对直觉反例测试了他们的观点；一些人尽力把对时间的观察纳入一个哲学体系。然而现在，很多哲学家将时间看作是准确解释现象的概念，这一概念出现在物理学的最佳假说和解释中。差别出现在一阶哲学与二阶哲学中，前者是理论来自哲学家直接考察现实；后者是哲学家通过考察一个现象如何在他人的工作中提出，谁做了最早的研究来间接地考察这一现实。二阶哲学与他人研究存在元关系，一阶哲学独立存在。

直到如今，哲学美学通常是一阶的，即使以非常不同的方式被实践。在康德看来，美学是批判工作的必然结果，将愉悦概念与经验判断关联起来，并给出了审美愉悦的概念。（哲学家对康德在对艺术一无所知的情况下取得这么多成就感到窃窃得意，而与之相对的是休谟和黑格尔，两位都是出色的批评家。）最近分析美学倾向于以理论假设测试直觉反例的方法。由于在艺术实践背景下作出的判断是基于理论的，哲学家若是实践的合格参与者，就会在自己的判断中发现实践所隐含的理论回响。当诺埃尔·卡罗尔写道"全面的艺术理论必须适应事实，正如哲学家在我们的实践中发现了这些事实"，他是认为哲学家作为参与-观察者来仔细考虑实践。[①] 请注意这两种截然不同的一阶方法如何使哲学家完全可以选择参考实证艺术研究。他们已经很频繁地进行了选择。

与分析哲学的趋势一致，二阶哲学美学正在变得更加普遍，并被正式辩护为有价值的事业。[②] 二阶哲学家所做的美学是间接地处理艺术和审美现象，它是通过直接处理这些现象如何在实证学术研究的假设和解释中被提出。通常首选的一阶学科是大脑和行为科学，尤其是心理学和神经科学，但人类学、社会学和历史艺术研究也是重要的。珍妮弗·罗宾逊将艺术情感的本质和意义作为心理现象来理解，斯蒂芬·戴维斯依据进化论解释来看待艺术和

---

① Carroll, *Philosophy of Art*, London: Routledge, 1999, p.182.
② Lopes, *Aesthetics on the Edge: Where Philosophy Meets the Human Sciences*, Oxford: Oxford University Press, 2018, pp.23–42.

审美反应,莉迪亚·戈尔在19世纪欧洲艺术音乐史中考虑音乐作品的概念。① 这里,二阶哲学与实证艺术研究相关:它从哲学之外的学术中汲取灵感。

二阶哲学绝不是复读机,鹦鹉学舌地复述一阶学者所表达的现象的概念。比如,关于音乐作品的性质,它的想法并不是查找一阶学者的声明,然后就此打住。相反,哲学家考察涉及音乐作品的音乐学假说和解释,然后将音乐作品设想为拥有将假说和解释导向成功所需特征的项目。以这种方式进行,原则上,可以提供让一阶学者惊讶或与他们宣称的观点相矛盾的关于音乐作品的概念。例如,音乐学家也许认为音乐作品是表演的抽象指令,但是音乐学的解释需要作品像生物物种一样成为不断变化的历史个体。元层次思考不需要实际上也不应该在表面上进行基础思考,当它批判性思考时它才能做好。

尽管在阅读最后几段时,很容易回到将"哲学"和"实证艺术研究"作为部门或行业的名称,但这些术语最终指的是任务类型。试图描述什么是理论构建会分散注意力,因为这个想法不是为了解决学术界谁在做理论、谁在做哲学的焦虑。理论无处不在,哲学也是如此。

重要的不是哲学和其他的对比。重要的是一阶和二阶哲学的对比。一些被称作哲学家的人正在做二阶哲学,他们把艺术或美学现象当作实证艺术研究中提出的现象来设计理论。他们与研究一阶哲学的更传统的同行分道扬镳,后者充其量将实证艺术研究视为信息背景,而非必要的中介。相反,在专业领域之外,几乎所有的哲学都是二阶的。也就是说,艺术学者倾向于基于他们的基础作品以元层面视角来研究哲学。想象一下,一个舞蹈历史学家或音乐理论家去做一阶哲学要做些什么。他们需要以某种方式找到一种方法,把从细读、阐释、历史解释和其他实证方法这些他们接受的训练中所得到的归为一类。

换句话说,一阶和二阶哲学之间的区别并不意味着对理论性质的

---

① Robinson, *Deeper than Reason: Emotion and Its Role in Literature, Music, and Art*, Oxford: Oxford University Press, 2005. Davies, *The Artful Species: Aesthetics, Art, and Evolution*, Oxford: Oxford University Press, 2014. Goehr, *The Imaginary Museum of Musical Works: An Essay in the Philosophy of Music*, Oxford: Oxford University Press, 2007.

承诺。把那些受过实证方法教育的人所做的部分工作辩护为哲学并不会带来负担。这种区别确实意味着对实证方法的承诺：它否认一阶哲学家在反思经验、诉诸直觉或优先考虑体系时会实践真正的实证方法。这种区分承认细读、阐释、历史解释和其他实证方法的特殊作用。

这样描述，一阶美学似乎看起来太愚蠢了以至于任何人不需要理由去追求二阶。事实上，许多人对分析哲学一阶方法的可靠性持保留态度。只有当直觉不被无关因素和干扰因素的证据弄乱时，用直觉反例来检验假设才能产生良好的效果。我们应该特别警惕对美学问题的直觉判断的可靠性。二阶美学的选择是由多重因素决定的。

同时，一阶美学具有强大的吸引力。理论是追求整体的产物，而审美价值的宏大理论作为两个多世纪来的思想丰碑则说明了艺术的本质和特殊意义。没有它们，就不能把各种艺术统一起来并使之与众不同。我们只能去思考"我们称之为艺术——电影、绘画、芭蕾、诗歌、民歌的特定例子的特有品质……在所有丰富和斑驳的种类中"。这里史蒂文·康纳拥护多元主义并且也为那些想要整体化的人指出审美价值理论化的关键所在。

问题在于二阶哲学无法实现整体化。很简单，对所有艺术的实证研究也正是对艺术以外的许多东西的研究。寻找所有艺术且仅是艺术的实证研究，你会在音乐学、文学研究、艺术史（如视觉艺术史）、人类学、社会学和音乐心理学、故事创作、图像学方面找到问题。（其他艺术也是如此。）你还会发现有关想象力、创造力等方面的作品——艺术对这些现象并无垄断权。戏谑地说，"在文化解释游戏中，每个标有'艺术'的方块都是通往一个艺术种类的线索或者通向更普遍现象的阶梯"。由于没有对所有艺术且仅是艺术的实证研究，二阶哲学就不能对艺术的美学理论整体化。那些对多元主义者"巨大的丰富性和斑驳的多样性"保持警惕的人必须依靠一阶哲学。

总之，形而上学激发的对审美价值的怀疑论始于理论上的过度扩张，对审美价值理论的要求超过了它所能够提供的，即所谓艺术的整体性。然后，这种过度扩张由于需要一阶哲学提供一种独立于我们最佳实证知识的审美价值理论而变得更加复杂。若削弱对审美价值归属效用的信心，还有什么比在考虑它时以模糊掉实证艺术学术的特定方法还更好呢？

就如任何诊断一样,这个诊断只有在它提出了一种有效的疗法时才能被证明是正确的。对二阶哲学的承诺胜过对那种整体性的渴望,可能会驱使我们进入一阶哲学。① 多元主义的二阶的审美价值理论的前景如何?

二阶美学导论

二阶哲学通过考察现象是如何在实证解释中被提出的来理解世界现象。确切地说,它是如何进行的需要更多的技巧而不是算法:约书亚·德弗准确地将任何方法的选择描述为"对可能有成效的互动行为的熟练接受"。② 也就是说,两种原则构建了二阶美学的任何适宜尝试。

我们从术语的说明开始。维克拉姆·塞斯的小说《金门》以抑扬格四音步为背景的原因是什么?线性透视绘画在文艺复兴时期的意大利流行的原因是什么?我们在整个校园询问原因。为什么蚂蚁有其社会结构?为什么有些苯环是芳香的?让解释成为"原因是什么"的答案提出问题。那么人文科学中的解释和历史就是理由。我们不需要也不应该把解释让给自然科学。

解释具有普遍性。当代人文学科尤其诋毁"演绎"的错误。通过暗示,概括本身就是不被接受的。然而,概括不足与概括过度同样是错误的:过于宽泛会掩盖重要的差异,过于狭窄会掩盖重要的共同点。我们应该关注能提供最深刻洞见的那些概括。

判断什么能产生最好的回报需要更多的技巧而不是算法,但两个更准确的原则提供了指导。即使他们保持一些批判性距离,二阶哲学家也相信实证学者,只要根据证据验证假设,终将找到最有洞察力的概括。他们放弃了或广义或狭义的先验假设,而是尊重实证学者如何

---

① Lopes, "Pluralisme par Méthod", in L. Blanc-Banon(ed.), *Les arts et les images: Dialogues avec Dominic McIver Lopes*, Paris: Presses de l'Université Paris- Sorbonne, 2019, pp.99 – 120.

② Dever, "What Is Philosophical Methodology?", in H. Cappelen, T.S. Gendler, and J. Hawthorne (ed.), *Oxford Handbook of Philosophical Methodology*, Oxford: Oxford University Press, 2016, p.20.

将现实划分为不同类别。因此,根据二阶美学的匹配-解释现象原则,一种理论的解释现象应该为更多的实证解释项来概括解释现象。换句话说,一种理论解释世间现象的术语应该与对同样世间现象的基本的、实证的解释项所用的术语相同。

服务于艺术理论的关于审美价值的传统理论过头了,因为它忽视了匹配-解释现象和匹配解释项的指令。实证假设不会以所有且仅是艺术作品的审美价值事实作为他们的解释现象,也不会通过诉诸艺术的审美价值的一般概念来执行解释任务。关于巴洛克音乐或现代主义诗歌中的审美价值只有实证假设,它只针对巴洛克音乐和现代主义诗歌中审美价值的特殊性。审美价值传统理论的问题不在于它的泛化而在于它过于宽泛:被掩盖的差异超过了被揭示的共性。①

多元主义者将审美价值从作为统一领域的艺术中解放出来,这得到了二阶理论家的支持,他们放弃了关于审美价值是广义还是狭义的先验假设。他们问:一旦我们不再认为艺术如其所是,那么审美价值理论化的正确的——即最有洞察力的——概括程度是什么?我们需要缩小范围,还是扩大范围才能有所回报?如果我们不能先验地回答,那么我们必须注意哪些类别的事实需要解释而哪些类别的解释显示出应许的迹象。

实践价值,进行实践

放弃以艺术为中心的审美价值方法给我们留下了从绘画和诗歌到音乐和景观建筑的各种艺术的"巨大的丰富性和斑驳的多样性",但它也代表了艺术占据了与自然、科学理论、各种非文学写作和图像制作、宗教和公民仪式、游戏、工业设计、室内装饰、服装和化妆品、时尚、园艺和动物饲养共享的审美世界的突出一角。人类活动很少完全不被审美价值考虑所影响。智人是审美人。

让人困惑的是,人类生活的审美饱和并不需要颠覆严谨的理论。正如创造力和想象力研究若忽视科学的创造力和想象力就会出错,审

---

① Kivy, *Philosophies of Arts*, New York: Cambridge University Press, 1997.

美价值研究若局限于艺术的偏颇样本也会出错。更进一步,我们理解艺术中的审美价值的最大希望可能恰恰在于超越艺术。通过拥抱美学的广度,我们最终可以公正地对待艺术的斑驳多样性。

事物存在于它的差异之中。任何事物在现实结构中产生波澜,不论多么间接,都会以我们可以察觉到的方式影响其他事物。实证学者解释了事物产生的差异。如果审美价值是差异的制造者,那么实证艺术学者就需要解释审美价值产生的差异。多元主义者简单地坚称差异并不巨大。爱丽丝·门罗的《适合》的低调品质产生了足够大的差异,这在将它作为文学理解时具有一定分量。卡丁霍(译者注:一种酱汁)的醇香品质则不会产生类似的差异。尽管如此,在任一情况下,低调和醇香都是审美价值。微小的差异就足够了。

因此,在"匹配-解释现象"和"匹配-解释项"原则的指导下,我们要问,审美价值所产生的差异以及对这些差异的解释通常是什么。带着这些问题,二阶美学开始产生作用。这里有两个命题应该(有时已经)被二阶理论家接受为起点。

首先,审美价值产生了特定差异:它们给主体行动带来差别。审美价值可能是理论性的(对人们的想法造成差别),但它们也是实践化的。我跺跺脚因为这首歌很活泼,或者我让学生写艾丽丝·默多克的《善的主权胜过其他概念》,因为它令人兴奋。以审美优劣为依据的行为是审美行为,因此,审美价值给审美行为造成差别。

其次,审美价值在审美实践的语境中给行为主体带来差别。[①] 典型的例子就是蒙德里安的《百老汇爵士乐》。[②] 在蒙德里安的作品中,绘画是生机勃勃的、摇摆不定的,但在中世纪的抽象主义的背景下却是严肃而理性的。由于策展人将作品悬挂在展览中的审美行为是一种考虑其审美特质的行为,她如何行动取决于她以风格派还是中世纪抽象主义的实践来运作。这两种艺术实践都是审美实践,但并非所有审美实践都是艺术实践。对比一下哈巴狗饲养中的可爱与日本年轻人的"卡哇伊"审美。

---

① Walton, "Categories of Art", in *Philosophical Review*, Vol.79, No.3:334-367.
② Gombrich, *Art and Illusion: A Study in the Psychology of Pictorial Representation*, Princeton: Princeton University Press, 1960, pp.367-370.

审美价值是可行的,并且它们被实践

一个明显利用这两个命题的研究例子是迈克尔·巴克森德尔的《15世纪意大利的绘画和经验》。[1] 这一时期的一些画作——尤其是皮耶罗·德拉·弗朗切斯卡的画作——生动而具体。他们拥有这些审美价值,使得致力于文艺复兴绘画实践的成员有理由以某种方式欣赏它们。通过巴克森德尔如何诉诸"时代之眼"来解释他们的行为,我们可以看到"一幅画作所要求的鉴赏力与观看者所拥有的鉴赏技巧之间的一致性"。当然,"时代之眼"是一种"实践之眼"。进行不同实践的成员在解释技巧、类别概念以及推理和分类的习惯方面有所不同。认知风格的变化会影响到注意力、欣赏体验,它们使一些人更好地满足实践中作品的需求。画家只能要求观看者使用他们所拥有的技能,观看者的视觉能力就成为画家媒介的一部分。

考虑一下巴克森德尔关于文艺复兴时期商人阶层的商业评估能力所说的话。在标准化测量之前的时代,任何参与商业的人都学会了评估数量的几何方法。

有一个桶,两个底直径都为 2 布拉乔奥(古意大利长度单位,1 布拉乔奥约 0.7 米),塞子的直径为 $2\frac{1}{4}$ 布拉乔奥,塞子和底之间半腰的直径为 $2\frac{2}{9}$ 布拉乔奥,高为 2 布拉乔奥. 求桶的体积是多少?

该桶像是一对截短的圆锥体结合而成。底直径的平方:$2\times 2=4$,半腰直径的平方为 $2\frac{2}{9}\times 2\frac{2}{9}=4\frac{76}{81}$。两者相加为:$8\frac{76}{81}$。由于 $2\times 2\frac{2}{9}=4\frac{4}{9}$。再加在一起为 $8\frac{76}{81}=13\frac{31}{81}$。除以 3 等于 $4\frac{112}{243}$……由于 $2\frac{1}{4}$ 的平方 $2\frac{1}{4}\times 2\frac{1}{4}=5\frac{1}{16}$。加上半腰直径的平方:$5\frac{1}{16}+4\frac{76}{81}=10\frac{1}{129}$。又由于 $2\frac{2}{9}\times 2\frac{1}{4}=5$,加上前面的和则为 $15\frac{1}{129}$,再除以 3 得 $5\frac{1}{3888}$。加上第一个结果:$4\frac{112}{243}+5\frac{1}{3888}=9\frac{1792}{3888}$。乘以 11 再除以 14:得到最终的结果 $7\frac{23600}{54432}$。

---

[1] Baxandall, *Painting and Experience in Fifteenth-Century Italy*, Oxford: Oxford University Press, 1972.

他干脆地说,"这是一个特殊的知识世界。"特别之处在于令人眼花缭乱的算数,但也在于在这之前,将复杂形式自动而全面地分析为规则几何体的组合。文艺复兴的商人将他们的几何学技能带进了图片观看上,即用同样训练有素的眼睛来观看,结果是获得了图像的生动性和具体性。

这个小插曲描绘了一个学者如何解释审美价值——保持生动而具体的——在实践的语境中为主体行为带来差别。这两个解释现象——人们在做什么和他们在哪里做——在巴克森德尔的解释项中反映出来,实践之眼,一组使主体成为实践成员的特征。商人阶层的成员认为自己对皮耶罗的预期即以他们某种方式做出回应的预期负责,而皮耶罗也明白他们如此了解自己。社会实践是相互的,相互加强关于如何行动的预期。[①] 巴克森德尔的学术研究挖掘了构成活动中心的这些预期的精确内容,即文艺复兴绘画的实践。

因此,一般而言,审美价值会对主体在实践中的行为造成影响。为了解释这些事实,基础层面的艺术学者呼吁实践-构成、行动-导向的特征和预期。结果便是,对解释现象和解释项的概括需要对主体所做之事、特征与预期进行实证化的关注。

多元主义在一种共同背景下突出差异,其共性不是将差异黏成整体。我们的概括是,审美价值是可行的并且它们要被实践,符合匹配-解释现象和匹配-解释项原则,在差异和共性之间达成洞察力最大化的平衡。然而,它们并没有定义艺术,因为它们只适用于特定的艺术实践,将之作为大量审美实践中的特例。

思考审美价值的工具

有用的二阶美学应该提供一套概念工具用于捕捉审美价值如何在实践中产生实际差异。据推测,审美价值通过出现在人们对环境,

---

① Bicchieri, *The Grammar of Society: The Nature and Dynamics of Social Norms*, Cambridge: Cambridge University Press, 2006. Guala, *Understanding Institutions: The Science and Philosophy of Living Together*, Princeton: Princeton University Press, 2016.

包括社会环境的意识中而使人们的行为形成差异。只有将一个物品表现为低调或醇厚，他们才会继续行动。评价只是对一个物品具有一种价值的表述。当 V 是任何审美价值：

> 审美评价是将一些物品表现为 V 的心理状态。

审美评价是可以用语言表达的信念，也可以是经验或情感状态。从这里到将审美行为视作由审美价值造成差异的行为只是一小步。审美行为是在审美评价指导下完成的行为：

> 审美行为是由于主体的审美评价而进行的行为。

这个想法不是要解读是什么让美学成为一种行为，而是说明是什么让行为成为一种特定的美学行为。

审美评价解释了行为。厨师调整了咖喱，他评价卡丁霍太醇厚的事实解释了他的行为。评价是一种解释性的或激励性的理由。相比之下，规范性理由是世俗的事实，当主体行为良好时，这些事实证明他的行为。只有当卡丁霍实际上太醇厚时，咖喱的调整才会顺利。当厨师进行调整，评价卡丁霍太醇厚，但它并没有太醇厚，那么一切都不会顺利。在好的情况下，审美评价激发了主体拥有规范性理由去执行的行为。

审美评价理论通过说明为何审美评价能够证明审美行为的合理性而回答了这一问题，"什么是审美评价？"（它间接地说明了当一切进展顺利时为何审美评价会激发行为。）为什么当厨师认为咖喱太醇厚并被驱使做出调整时，卡丁霍太醇厚就意味着厨师有规范性理由去调整咖喱并因此做得很好？答案在于完成这个命题：

> 一个物品是 V 的事实是让主体在一定语境中作出审美行动的规范性审美原因，因为……

这个语境是审美实践。毕竟，卡丁霍对于印度果阿菜来说太醇厚，而不是针对葡萄牙美食。

不同的审美价值概念以自己的方式填补了这些点，下一章将举两个例子。目前,重要的是我们需要有一套概念工具来建构对审美价值的思考。审美评价,激发行动,表现审美价值。审美价值是确认主体行动事件的特征。它们是审美实践语境下行动的规范性理由。该框架通过揭示它与一定语境下证明和激励行动的基本联系来了解什么是价值。它的基础是二阶观察,即审美价值在实践中产生了实际差异。

社会化的两种方式

这些承诺对匹配-解释现象和匹配-解释项的原则,对审美价值在实践中产生实际差异的观察,以及对理性结构有多中立?他们是否为了审美价值的一些特定理论而暗中安排?它们是否冒犯了审美价值或审美评判的常识?

是时候进行简化了。醇厚、惊险、低调、生动和具体是审美价值的简单例子。很少有审美价值可以如此直接地命名;大部分是从丰富的描述中被挑选出来,充满修辞手法,通过比较来建构。《纽约时报》的一位评论家曾将索尔·贝娄的句子描述为"双排扣"[1],成为"双排扣"是一种审美价值。以下是主厨马克·米勒对葡萄干味道的看法:

> 当你咬下去,一开始它是甜的。它的节奏和味道适中——它的边缘变酸,它变得有点多汁,随着时间的推移,糖分变得突出,中间会有一点生硬的口感。有一定的强度上升。然后甜味消失了,接着酸味消失了,剩下的就是一种不适的甜味。[2]

审美评价不需要以主谓陈述形式表示价值。虽然批评不需要关注审美价值,但通常需要在发现它的地方阐明它。

多元主义者从艺术价值与审美价值的等式中赶走理论,因此艺术实践不只是审美实践。另外,非审美价值对人们在艺术作品上的行为

---

[1] Pahlka, "Metaphors, Take Flight", in *New York Times Book Review*, December 23, 2012, 31.

[2] Dornenburg and K. Page, *Culinary Artistry*, New York: Wiley, 1996, p.25.

产生影响。还有哪些其他价值?多元主义者对不同艺术媒介和不同艺术传统的不同答案持开放态度。二阶艺术理论,正如二阶美学,可能会确定一些共同点,它们构成但不决定对细节的思考。目前,我们的任务是捕捉审美实践的斑驳特性,包括艺术的审美实践。

为了证明概念,这里只是关于两种审美价值理论的概述而不是论证。两种理论都解释了主体在审美实践语境下进行审美行为,为何一个物品具有审美价值是其规范化的美学原因。一种是新的理论;另一种是已经确立的理论。

根据至少自18世纪以来的默认理论,物品的审美价值在于它拥有一种使某些主体经历最终有价值的体验的属性。"最终有价值的体验"是"快乐"的行话,快乐就不再限定于感官领域。因此,在当代舞蹈实践语境下,福夫瓦·德·伊莫利特的一首作品以有规则的方式显得漫不经心。当代舞蹈世界的成员,以被训练过的眼睛如此体验它,而这些体验本身就值得拥有。为什么它那规则化的漫不经心会给人们规范化的审美理由去欣赏它?答案是通过欣赏它,他们有愉快的经历,任何人总有理由获得快乐。

默认理论也可以解释为何寻求快乐的眼睛是被社会化地训练起来的。休谟在1751年写到,他认为我们这一物种——

> 具有最热切的社会愿望,并与最大的优势相适应。我们不会形成与社会无关的愿望。完美的孤独,或许,是我们能够承受的最大惩罚。与人群分离时,每一种快乐都会消散,而每一种痛苦都变得更加残酷和难以忍受。① 每个人都有理由塑造自己感受快乐的能力,这样他们就能从朋友和邻居的高兴的事情中获得快乐。快乐与社会形态相融合。安迪·伊根在2010年回应了同样的想法,明确提出"群体和亚文化,至少部分,是由其成员的共同审美感知所定义的",因为分享快乐是"建立和维持人际关系,以

---

① Hume, *An Enquiry Concerning the Principles of Morals*, Oxford: Oxford University Press, 1975, p.363.
Guyer, *Values of Beauty: Historical Essays in Aesthetics*, Cambridge: Cambridge University Press, 2005, pp.37-74.

及建立和维持社区和团体的联系过程中的重要部分"。① 快乐的最好心理模型证实了它的可塑性足以胜任这项工作。②

现在分析哲学通过重新发现休谟关于快乐社会性的洞见,以及通过制定不以快乐为中心的理论,重新回归审美价值。有些理论正在形成。③ 比如,网络理论发展良好。审美价值观给予主体行动的理由,但默认理论优先考虑一种审美行动,它叫作欣赏。网络理论拒绝欣赏方面的特权,对审美评价指导下的任何行为给予同等地位,包括制作、收集、策划、编辑和记录,这只是一个开始。每种行为都需要不同的能力,并且每个行动都在不同条件下取得成功。审美实践是具有互补能力的主体的网络,他们的成功依赖于他人的能力。为了相互协调,他们必须共享一种(经常变化的)有益实践的美学概念。他们必须与百老汇爵士乐的炫目实践或其他朴素实践相协调。

为什么它保持炫目会给策展人规范的美学理由这么做,而不是那么做? 答案是通过这样做,而不是那样做,他们依赖那些认为这是炫目的人的能力,就更能成功地发挥自己的能力。毕竟,如果你有任何理由采取行动,那么你就有理由成功地行动,如果你有理由成功地行动,那么你就有理由发挥你的能力。④ 审美规范性就是实践规范性。

这两种理论都不包含在二阶美学从基础学术中解读出来的一般承诺中。这些理论中至少有一种不会成立,但这不影响总体承诺。现在是时候对审美价值如何在实践中产生实际差异采取开放态度了。

---

① Egan, "Disputing about Taste", in Feldman and T. A. Warfield (ed.), *Disagreement*, Oxford: Oxford University Press, 2010, p.60.

② Matthen, "New Prospects for Aesthetic Hedonism", in J. A. McMahon (ed.), *Social Aesthetics and Moral Judgment: Pleasure, Reflection, and Accountability*, London: Routledge, 2018, pp.13 – 33.

③ Nehamas, *Only a Promise of Happiness: The Place of Beauty in a World of Art*, Princeton: Princeton University Press, 2007.
Shelley, "Against Value Empiricism in Aesthetics", in *Australasian Journal of Philosophy*, Vol.88, No.4, pp.717 – 720.
Gorodeisky and E. Marcus, "Aesthetic Rationality", in *Journal of Philosophy*, Vol.115, No.3, pp.113 – 140.

④ Sosa, *A Virtue Epistemology: Apt Belief and Reflective Knowledge*, Oxford: Oxford University Press, 2007.

概念的证明只是提供了一个合理的期望,期望有朝一日能够为斑驳的美学世界的多元主义奠定坚实的理论基础。

糟糕的方法加剧了对审美价值的形而上学角度的怀疑,因为它使这种怀疑变成了纯粹理论。补救措施是将审美价值视作实际的和实践的,因此要通过学术视角来思考它,以适应社会背景下行动的特殊性,从而多元地思考它。好的理论总是能解释差异:它们在各个层面上,从物理学到物种进化,到审美实践,都解释了为何世界不是一碗同质的灰汤。在艺术学者关注的特殊性中,我们应该将审美价值的多样性包括在内。

(著者单位:英属哥伦比亚大学哲学系,
译者单位:南开大学新闻与传播学院)
学术编辑:赵　靓

由"共通感"到"普遍意识"
——论费希特对"合目的性"原则的视域转换

袁 青

内容提要 费希特根植于"知识学"体系的最高原则,是在强调审美活动非概念、无目的特质的同时,通过自我合目的性的意识活动为审美自由构建了一条独立的演进路径。费希特通过人之内最高的制动性——"冲动"塑造了自我的意识活动,指明自我在摆脱功利和欲求无目的创造"审美表象"的同时,亦在"静观"中生成"审美意识",进而凝结为鉴赏能力运用于审美判断。审美判断的普遍必然根据由此被指向自我无目的设定自身、合目的返归自身的意识活动。不仅如此,自我亦呈现出超越认知界限而趋于无限的实践诉求,相较于基于"理念目的"的实践活动,艺术活动则通过"天才"运用"精神"的力量无目的地进行创造,并在精神合目的活动的引领下趋于绝对的自由。由此可见,费希特将审美与艺术领域塑造为自我合目的性意识活动的逻辑环节,不仅将美的合目的性原则的施展限度从"有限自我"转换到"绝对自我",而且其将合目的性原则在精神向度的推进也成为"美学"转向"艺术哲学"的序曲。

关键词 费希特 "合目的性" 审美意识 鉴赏 精神

在1780年的《判断力批判》中,康德为区分"目的"概念,首次在先验哲学体系中引用了"合目的性"(Zweckmäßigkeit)这一术语。他解释道:"既然有关一个客体的概念就其同时包含有该客体的现实性的根据而言,就叫做目的,而一物与诸物的那种只有按照目的才有可能的性状的协和一致,就叫做该物的形式的合目的性。"[①]据此,康德将"自然的形式的合目的性"演绎为"反思性判断力"的先验原则,进而在

---

① 康德:《判断力批判》,邓晓芒译、杨祖陶校,人民出版社2017年版,第12页。

表象与主体愉悦(或不愉悦)情感的关联中构建了"主观形式的合目的性"原则,感性判断的普遍性根据以此被导向主体中诸认识能力的自由协调活动所达成的"共通感"(sensus communis)。康德思维范式的转换意味着,审美[感性]判断的普遍机制不再限定于纯粹理性,而是转向构成人类有限心灵中各种能力之间的关系,这种关系通过主体对自身内在状况进行反思时所产生的情感表现出来。简而言之,康德在审美领域以合目的性的反思性判断力为基底,返归"有限自我"(Ich, endliches)①愉悦(或不愉快)的情感,在人与人之间情感通达的基础上构建其审美[感性]判断的普遍性根基,由此将合目的性原则限定于有限主体的"鉴赏"(Geschmack)。而费希特正是针对这种有限性主体,对"主观形式的合目的性"原则进行了重塑。

相较于康德基于"共通感"构建审美[感性]判断的普遍性原则,费希特则试图直接将人类"普遍意识"(der Universalsinn der gesammten Menschheit)或"绝对自我"(das absolute Ich)构建为审美活动发生的逻辑起点,通过自我的"合目的性"意识活动,阐明人类的"审美意识"先验生成的可能性。也就是说,费希特意图构建一个"绝对自我"去转换康德"有限自我"视域下构建的主观形式的合目的性原则,进而突破在有限层面阐释个体间情感普遍通达的理论限度,以此构建审美领域直达自由之境的特殊通路。因此,本文试图在费希特知识学体系框架内表明自我的合目的性诉求。立足自我设定界限、返回自身的无目的合目的性意识活动,阐释审美意识的生成机制;通过自我超越界限、趋向无限的无目的合目的性实践活动,揭示艺术创造的精神内涵及发展趋向。本文旨在通过发掘费希特美学中"合目的性"原则的视域转换,阐明费希特美学独特建构及独特思路,以期揭示费希特美学中这一原则在德国古典美学逻辑进程中的推动作用。

---

① 之所以强调"有限自我"(Ich, endliches),是为甄别于费希特构建的"绝对自我"或"无限自我"(Ich, unendliches)概念。康德在其先验哲学中划定了人的认知界限,以此在先验层面构建"自我"的普遍必然根据,学界通常称之为"小我";费希特在知识学中则是直接从"本原行动"的"绝对自我"作为逻辑起点,通过将自我绝对化的方式突破人类的认知界限。因此,康德的先验自我在费希特以绝对自我为根基的知识学体系中,便表现出自身的有限性。虽然谢林、黑格尔也曾就费希特"绝对自我"的合法性进行批判,但本文仅就费希特对康德"自我"的视域转换加以区分。

一、知识学体系中自我"无目的的合目的性"诉求

  德国古典哲学"神圣家族"中，唯有费希特未曾建构独立的美学体系，但这并不意味着他不关注审美领域。在其各类著作及散见的片段文字，尤其是《哲学中的精神与字母》(*Ueber Geist und Buchstaben in der Philosophie*)一文中，仍可洞见其独具创见性的美学思想。费希特在 1795 年致莱因霍尔德的信中曾言："您在拟定全部哲学的基础以后，必定是将情感与欲求能力作为一种性质从认识能力推演出来。康德不想把人具有的三种能力完全从属于一个更高的原则，而让它们依然单纯并列。在它们从属于一个更高的原则的事情上，我与您意见一致，但我不同意他说那些能力完全不应有从属关系。我将那些能力完全从属于主体性原则。"①可见，就审美领域在费希特知识学体系中的定位而言，其并非像在康德先验哲学中那般，充当勾连认识领域与道德领域纽带的角色，而是与另两个领域共同根植于主体性的最高原则，展现出自身的整体性与独立性。因此，对费希特知识学最高原理及建构原则的澄清，是探究其美学思想的必由之路。而欲要阐明审美领域何以区别于其他领域以构建自身的普遍性原则，则需梳理出知识学体系中审美活动对"合目的性"原则的诉求。

  根据哈贝马斯的观点，费希特"知识学"(Wissenschaftslehre)体系的建构是"以反思哲学的困境为开端的"②。在面对康德先验哲学呈现的二元指向时，费希特采纳了莱因霍尔德的哲学构想，即哲学的出发点不应该是"事实"，而应将"规范性"作为首要原则。③ 也就是说，哲学的"第一原则不可能是一个'事实'，而应当是一种'规范引导的行动'，

---

  ① 费希特：《费希特著作选集》(第 1 卷)，梁志学主编，商务印书馆 1997 年版，第 771 页。

  ② J. Habermas, *Nachemetaphysisches Denken: philosophische Aufsätze*, Frankfurt am Main: Suhrkamp, 1998, S. 209.

  ③ 参见 G. E. Schulze, *Aenesidemus. oder, Über die Fundamente der von dem Herrn Professor Reinhold in Jena gelieferten Elementar-Philosophie: nebst einer Verteidigung des Skeptizismus gegen die Anmaßungen der Vernunftkritik*. ed. Manfred Frank. Hamburg: Felix Meiner, 1996。

一种做某事的基础模式,这是其他规范的基础"①。因此,费希特并未像康德那样"对认识的起源、能力、界限提出考察,而是提出一个认识得以发生的本原行动,把它看作统一理论认识和实践认识的原则"②。进而这种"本原行动"(Thathandlung)的授权赋予了"自我"(das Ich),着重探讨"意识事实"(Faktum des Bewußtseins)的根基,即规范状态下纯粹的"绝对自我"。这也便意味着,绝对自我"既是行动者,又是行动的产物;既是活动着的东西,又是由活动制造出来的东西,行动(Handeln)与事实(That)是一个东西,而且完全是同一种东西"③。由此可见,费希特意图构建的"自我"绝非如笛卡尔那样为了哲学思考选定一个"开端",而是构筑了"一个现实的、真正的开端,是一切事物的绝对在先者"④。这样,本原行动的绝对自我不仅被其塑造为一切知识得以可能的逻辑前提,更成为知识得以可能的实在性根据。费特希基于此通过绝对自我本原行动的三重"设定"(Setzen),对知识学体系的最高原理进行了演绎。如费希特所言:"单单自我的纯粹活动,以及单单纯粹自我,都是无限的。但纯粹活动是这样一种活动,它根本没有客体,而只返回自己本身。"⑤那么,自我的纯粹活动何以能够让渡到客体之中?费希特将这种"从绝对自我朝向外在世界转移行动的过程刻画为绝对自我的'奋进'(Streben)"⑥,并将奋进的动力归因于"冲动"(Trieb)。他解释道:"我们把人之内的这种唯一独立不倚的、完全脱离外界的一切规定作用的东西称为冲动。这种冲动,而且唯有这种冲动,才是我们之内的自动性的最高的、唯一的原则;唯有它才使我们成为独立不倚的、有观察和行动能力的存在者。"⑦而人只有依靠这种内

---

① 特里·平卡德:《德国哲学 1760—1860:观念论的遗产》,侯振武译,人民大学出版社 2019 年版,第 110 页。
② 谢地坤:《费希特知识学的演变及其内在逻辑》,《现代哲学》2020 年第 4 期。
③ J. G. Fichte, *Gesamtausgabe der bayerischen Akademie der Wissenschaften*, hrsg. von Reinhard Lauth, Hans Jacob, Stuttgart: frommann-holzboog, 1964ff. I, 2, 259.(中译本参见费希特《全部知识学的基础》,王久兴译,商务印书馆 2016 年版,第 11 页。)
④ 谢林:《近代哲学史》,先刚译,北京大学出版社 2016 年版,第 109 页。
⑤ 费希特:《全部知识学的基础》,王久兴译,商务印书馆 2017 年版,第 178 页。
⑥ 倪逸偲:《探求意识实在性的终极根据:费希特与谢林早期先验哲学的平行演进(1794—1797)》,《哲学研究》2021 年第 1 期。
⑦ 费希特:《费希特文集》(第 3 卷),梁志学编译,商务印书馆 2014 年版,第 682 页。

在的驱动力,才能通过"想象力"(Einbildungskraft)①成为具备表象能力的存在者,表象生成的根本原因就在于冲动。此外,人之内的这种本能冲动还具有趋向无限的特质,它不仅是理念实现自身的内在驱动力,也是理念转化为实际行动的根据,这也是费希特强调"行动产生于冲动,犹如结果产生于原因"②的原因。当绝对自我借助冲动的力量进入意识时,便以不同的意识活动路径施展自身的职能,费希特也以此划分了冲动在不同领域中所呈现的状态。需要强调的是,冲动状态的区分仅在于形式,归根结底任何形式的冲动无疑又都是绝对自动性唯一的"理智冲动",费希特也正是基于这个层面批判了席勒构建"感性冲动"的思路。

"认识冲动"顾名思义是在认知活动中发挥效用的冲动,这种冲动旨在驱动想象力在时空中创造出规定"物"的表象。费希特强调:"认识冲动的目的在于认识本身,是为了认识。它使我们对物的本质、外部形状和内部形状完全不表示关切。"③换言之,认识冲动的"目的"仅在于驱动想象力创造出与物和谐一致表象,除此之外它没有任何目的;"实践冲动"则不像认识冲动那样单纯以创造符合物的表象为目的,"它的目的并不在于像物实际上存在的那样,单纯地认识物,而是在于像物应当成为的那样,规定、改变和塑造物,也就是说,它是实践的。"④显然,实践冲动是在向着其所祈想的"理念目的"进行的思辨表达,这便需要自我在自身中依循概念创造出表象,进而在现实中塑造出与表象相符合的物。由此可见,认识冲动和实践冲动皆在追求"物"与"表象"的和谐一致中,表现出明确的目的意图。二者的区别仅在于,一方需要表象以物为目的,一方需要物以表象为目的,而这种"目的"关系无疑是对自我纯粹活动的受动和限制。那么,是否还存在另一种情况,即这种冲动完全出自自身,而并非在追求与其他东西的一致中创造表象?抑或说,冲动在创造的过程中不涉及任何"目的"关系,其自身仅展现为一种"合目的性"活动。费希特将冲动的这种特殊

---

① "想象力"概念在"理论知识学"中被费希特理解主体制造表象的能力,亦称为"创造性的想象力"。想象力是理论自我的基本能力,人类精神的整体机制都是根据想象力构建起来的,现实世界以此被费希特视作理论自我无意识想象力的作品。
② 费希特:《伦理学体系》,梁志学、李理译,商务印书馆2009年版,第42页。
③ 费希特:《费希特文集》(第3卷),梁志学编译,商务印书馆2014年版,第684页。
④ 同上。

的合目的性状态引介至审美领域,在自我无目的的合目的性诉求中剥离出审美冲动,以此揭示出审美领域中自我意识活动的独特路径。由此可见,费希特以绝对自我本原行动为理论基点的体系建构,本就隐匿着一条自我"无目的的合目的性"活动的逻辑演进线索,而这条线索便在费希特鲜少提及的审美领域中得到展开。

二、"无目的"的创造:自我"审美意识"何以生成?

费希特以绝对自我纯粹活动为基底的知识学体系建构,使其无需像康德那样基于有限自我的反思性判断力来构建审美领域的合目的性原则。相比于康德从"鉴赏"出发,以"判断先行"的思路切入审美问题,通过"主观形式的合目的性"原则返归有限主体的自由情感,进而以"共通感"构建起人类审美活动的普遍性根据;费希特则立足于普遍的先验主体,从人类的"普遍意识"出发,通过梳理自我纯粹意识活动的不同路径,剥离出审美意识的生成机制从而进行审美判断,以此揭示自我的意识活动在审美领域对无目的的合目的性原则的诉求。在此基础上,费希特进一步将自我的合目的性意识活动纳入历史线索之中,通过逻辑与历史两条线索,对审美意识的生成和发展进行了双重论证,从而彰显出审美活动作为人类自由意识活动本身的自主地位。

依循知识学底色,费希特同样切断了审美活动与感性事物的关联,在将审美对象的根据指向自我创造性活动反向设定的非我的同时,强调了审美表象生成的特殊路径。这也使其更为关注如何在自我创造表象的过程中剥离出"审美表象"的问题。他在阐明认识冲动与实践冲动以"目的"的实现创造表象之后,进一步指明一种无目的的合目的性冲动,这种冲动的呈现"在于某种确定的表象,仅仅是为了这种表象,而绝不是为了一种与表象相符合的物,或只是为了对这种物的认识"[1],即"审美冲动"。也就是说,相比于其他冲动状态,审美冲动不会表现出任何外在的目的,而"只是为了这种表象的规定,为了这种作

---

[1] 费希特:《费希特文集》(第3卷),梁志学编译,第684页。

为单纯表象的表象的规定"①,它不需要用任何人之外的东西加以表征而仅指向人之内的表象。审美表象既不在与物的一致性中呈现自身的价值,也不作为改造物的前提和根据,它在与物没有任何交互规定的情况下孤立存在。费希特进一步强调:"借助审美冲动存在于我们之内的东西,不是通过任何欲求显现出来的,而只是通过愉快或不愉快显现出来的,它们出乎意料地使我们感到惊讶,与我们精神的其他活动没有任何可以理解的联系,而完全是无目的、无意图的。"②换言之,审美冲动摆脱了认识冲动的认知目的和实践冲动的欲求目的,完全以无目的状态创造出自由纯粹的审美表象,审美冲动也因此"在最大程度上独立于经验而存在,呈现出冲动作为自我活动的本质"③。可见,费希特采取将对象绝对主观化的方式,将有限自我推进到普遍的绝对自我,以此对审美表象在主体中的普遍性根据进行追问,并从纯粹自我不具任何私己目的的创造性活动出发,推演出审美表象得以形成的普遍性机制。不同于康德基于时空表象协调有限自我的诸认识能力而达成鉴赏,进而推演出主观形式的合目的性原则,费希特则直接通过无限自我无目的创造审美表象的活动出发,阐明审美意识何以生成的逻辑前提。

虽然费希特通过无目的的审美冲动推演出审美表象的内在根源,但这一思路显然又难以使审美表象在经验现实面前得到证实。为了突破这一限制,费希特将审美表象生成的逻辑线索内置于历史维度,借助人类历史的发展线索,对审美表象在现实世界中无目的生成的路径进行考察。费希特首先强调,在人类教化发展的最初阶段,个体和种族都具有保证自身生存目的的动物属性,生存是人类的核心诉求,人类在与贫瘠自然的斗争中根本无暇也无法对周遭事物进行无目的的观审。当人类试图认识自然事物,并想要对其进行改造而从中获益时,认识冲动便将自身发展为独立存在的能力,但此时的认识活动本身实则也并非全然为了认知,不过是为了实现认识之外所附加的功利目的。与此同时,他还认为在受奴役的时代和地区,人类同样无法发展出审美冲动。因为此种境遇之下,压迫者和被压迫者双方都没有余

---

① 费希特:《费希特文集》(第3卷),梁志学编译,第685页。
② 同上,第688页。
③ A.C. Adler, "The practical absolute: Fichte's hidden poetics", in *Continental Philosophy Review*, vol.40, November 2007, p.411.

暇去静观周遭的事物,一切事物都投射于充满物欲与功利的眼光中,这里的人只有一种"鉴赏能力",就是对金钱和物欲无止境追求中那欣赏的目光。实则就如马克思所说:"忧心忡忡的、贫穷的人对最美丽的景色都没有什么感觉;经营矿物的商人只看到矿物的商业价值,而看不到矿物的美和独特性。"①所以,费希特基于人类的历史发展指出,只有当人的生活达到外在的富裕与安定、压迫得以真正地平息与调解时,人类意识才能真正得到发展。就如其在"观赏茅屋傍晚时分景致"②的例子中所说,当人挣脱认知目的和道德欲望,无目的地"静观"傍晚时分郊外的景致,他的意识将会不再停留于对植物性状的认知,还会心满意足地"感受"到绿草的鲜嫩和鲜花的娇艳,以至于将目光向更远处延伸完全脱离感性对象时,他的意识仍能沉浸于这种情境而获得自由的满足与情感的愉悦,而在这种"求知欲和已经得到满足的认识冲动的宁静中,在悠然自得的灵魂里,审美意识在发展着"③。因此,费希特将在自我无目的设定审美表象基础上所唤醒的审美意识视作人类迈向自由的第一步。

审美意识的诞生也预示着主体"鉴赏能力"的生成。费希特指出:"我们同样拥有某种意识,我们能够控制某种认识,它无非是认识,它不应被引申和运用到任何事物上面……从这方面做出正确的和普遍有效的判断的能力,也首先被称为鉴赏能力。"④也就是说,即便需要沿着历史的线索阐明审美表象的生成过程,但在审美判断的过程中,发挥效用的也绝非事物的性状,而仅在于自我以想象力创造的审美表象自身,而当主体能够对这个完全由自我创造的表象做出判断,便具备了鉴赏能力。在此基础上,费希特进一步引申出了"精神"(Geist)⑤概

---

① 中共中央马克思恩格斯列宁斯大林著作编译局:《马克思恩格斯文集》(第1卷),人民出版社2009年版,第192页。
② 该例证在费希特《论哲学中的精神与字母》的第二封信件中被提及。(参见费希特《费希特文集》(第3卷),梁志学编译,第694页。)
③ 费希特:《费希特文集》(第3卷),梁志学编译,商务印书馆2014年版,第694页。
④ 同上,第695页。
⑤ "精神"(Geist)概念在康德到黑格尔的哲学中呈现出不同的理解。在美学领域,康德在阐释"天才的艺术"时谈及精神,但从其思路来看,康德还是在主体与自然交互状态下理解这一概念,并将其视作主体之内的一种"自然的禀赋";而作为黑格尔哲学的核心概念,精神的内涵体现为绝对理念在主体中的客观化,艺术通过精神的创造得以显现理念;但在费希特这里,精神则呈现为主体的绝对创造性力量,是自我意识活动得以运作的基础,无论是审美还是艺术,都基于精神的创造性活动所产生。

念,并强调"想象力达到了审美冲动的领域,停留在这个领域,即使审美冲动偏离了自然,去描述那些根本不存在,但按照其要求应该存在的形象;这一自由的创造能力就叫做精神"。① 精神沉溺于发展内心的冲动来丰富和完满自身,其创造性才能是促成审美表象形成的基础,它的创造不仅可以拓展包容于自然界的鉴赏能力的施展界限,而且由其创造的艺术也可以为鉴赏提供新的对象,从而提升人的鉴赏能力。冲动引导精神不断揭示新的内在视域,使得精神具备了持续超越的可能性。因此,费希特认为,相比于鉴赏能力作为审美意识的被动实现,精神则是促使审美意识的主动实现的先天条件。

从费希特对审美意识何以生成的论证路径可见,在审美领域中,自我以其纯粹无目的活动构建了一条独立完整的发展脉络,并以"态度自由"(Liberalität der Gesinnungen)、"鉴赏"和"精神"三个阶段②,为人类提供了通往自由的、超越现实极限的另一条通路。因此,费希特说:"当精神达到了它视野中的目标时,新的世界就向它敞开了。在它的出生地的纯洁晴朗的天空中,除了他自己通过自己的双翼激起的振动,就没有任何别的振动。"③这样也便可以理解《德国唯心主义最初的体系纲领》中所表明的主张:"理性的最高方式是审美的方式,它涵盖所有的理念。只有在美之中,真与善才会亲如姐妹,因此,哲学家必须像诗人那样具有更多的审美的力量。没有审美感的哲学家是掉书袋哲学家。精神的哲学就是审美的哲学。"④作为德国唯心论哲学的核心线索的精神,在费希特美学中展现出更为"浪漫"的表达。

费希特基于自我无目的的合目的性意识活动,通过自我以"冲动"无目的的设定审美表象,在"静观"中生成审美意识,揭示了审美意识生成和发展的逻辑和历史线索,为人类在审美领域通往自由王国提供了一条独特路径。然而在此过程中,审美意识的生成还仅是通向自由的重要环节,而非最终的抵达,就如费希特所言:"唯有审美意识才是我

---

① 费希特:《费希特文集》(第3卷),梁志学编译,商务印书馆2014年版,第695页。

② 参见 A.C. Adler, "The practical absolute: Fichte's hidden poetics", in *Continental Philosophy Review*, vol.40, November 2007, p.411。

③ 费希特:《费希特文集》(第3卷),梁志学编译,商务印书馆2014年版,第696页。

④ 谢林:《德国唯心主义的最初的体系纲领》,刘小枫译,载刘小枫主编《德语美学文选》(上卷),华东师范大学出版社2006年版,第132页。

们的内心世界给予我们以第一个稳固立足点的东西。"①在审美意识生成的基础上,精神还继续沿着通达自由的道路合目的地发展着自身。精神在向内为主体的审美活动提供审美表象的同时,也在向外通过艺术创造客观化自身,并通过艺术创造不断超越自身的有限性而趋于绝对的无限。艺术与精神的直接相关,也使艺术贯穿于费希特美学的合目的性线索之中,并在自我合目的性意识活动的实践维度中得以体现。

三、"合目的"的超越:"精神"在艺术中的自由通路

费希特通过审美冲动无目的创造审美表象,以自我设限又返归自身的思辨路径,在"自我意识"中完成了对审美意识生成路径的逻辑演绎。但若就美学视域下"合目的性"思想的整体性而言,当自我在无目的的合目的性意识活动中客观呈现自身,以求在现实中超越自身而趋于无限时,就不得不将目光转向艺术创造活动。相比于审美判断,艺术创造并非单纯依凭审美冲动的机能而发生,审美冲动在灵魂中创造出审美表象时已然完成自身全部的工作,艺术则要求其自身必须创造出一个与之相对应的客观对象,因此艺术创造活动则需要实践冲动的介入。但不同于诉诸"理念"(Idee)目的实践冲动,艺术则是依循于理念的感性图像——"理想"(Ideal)为自身的呈现提供规则。就如费希特所说:"我们的冲动的无限、不受约束的目标叫作理念,当这冲动的一部分在一幅感性的图画里得到描述时,这个部分就叫作理想。精神因此是理想的一种财富。"②如此一来,依循于理想呈现自身的艺术也便作为"精神的产品",成为精神合目的活动中不断客观化自身的结果,并在精神合目的趋近无限的实践中塑造自身。而当纯粹的精神在逻辑和历史发展中完全客观化自身时,便达成了费希特所构建的人类

---

① 费希特:《费希特文集》(第3卷),梁志学编译,商务印书馆2014年版,第697页。
② 同上,第695页。

历史的最终发展阶段——"理性艺术"①阶段。

对于精神与艺术的内在关联,费希特与康德的理解表现出很大的差异。康德在第三批判也曾就精神和形式的问题展开论述,但康德并没有将想象力发展为一种纯粹的创造性和生产性力量,从而发展其内在的必然性,而是始终将想象力从属于知性和理性,进而通过鉴赏来约束想象力的施展限度。因此,康德所构建的美的艺术不仅需要想象力,还需要知性;不仅需要精神,还需要鉴赏。这也使得他在"天才的艺术"与"美的艺术"之间陷入了纠缠,并最终妥协于美的艺术。相比之下,费希特对艺术的相关论述中却少有提及"美的"这一概念。因为从费希特的思路来看,他完全没有必要通过"鉴赏"来约束"精神"。精神代表着自我意识活动更高的发展阶段,其在合目的发展迈进到更宽广的视域时,不但不会受到鉴赏的约束,还会使其奋力追逐精神。因此,费希特几乎完全基于精神纯粹的创造能力视角来审视艺术,并认为"艺术家可以彻底不依赖于一切外部的经验,不要任何他人的帮助,而从他自己的情感的深处展示出对于所有人的眼睛都隐而不显的、包含在人类灵魂里的东西"②。

就费希特将艺术视作精神的产品而言,意味着艺术创造的规则并非根源于艺术家的个体意识,而是普遍的精神本身。这样一来,任何一个鉴赏者便皆可对艺术做出普遍有效的判断,因为"精神只有一个,由理性存在者设定的东西在一切有理性的个体那里都是一样的"③。但精神何以能够将自身塑造为创造者? 费希特认为有一部分人灵魂中的精神能够同时存在于所有人心中,他们的意识就是整个时代人的"普遍意识",便是具备"天才"(Genie)的人。他由此将天才塑造为精神内化到有限的主体中的有效途径,并认为天才能够使人在灵魂中无意识地直观到精神所创造的"裸露形象",亦能将这形象塑造为感性的形体呈现到同时代人眼前。所以费希特强调:"艺术家的这种内在情调是他的作品的精神;而他在其中表达这情调的偶然形

---

① 费希特以理性发展的不同程度对人类的历史进行划分,分别为理性本能阶段、理性权威阶段、理性解放阶段、理性知识阶段、理性艺术阶段五个阶段。理性艺术阶段人类社会达到"至善完成"的最高理想,是历史发展的最终目的。(参见费希特《全部知识学的基础》译者导言,王玖兴译,商务印书馆2016年版,第17页。)

② 费希特:《费希特文集》(第3卷),梁志学编译,商务印书馆2014年版,第682页。

③ 同上,第697页。

象则是这种精神的形体或字母。"①也就是说,是天才这种创造性才能的介入,才使艺术家的创造既不在变动不居的自然物中表达私己的情感,也不立足于任何个人欲望和功利动机,而只是栖息于精神,内在于艺术家的精神以"运动的形象"表达其"灵魂的内在震颤"。与此同时,僵死之"物"被艺术家的内在精神赋予了"灵魂",这灵魂又通过物传递给鉴赏者,这些物的形象本身不过是艺术家与他者灵魂沟通的桥梁。可见,费希特对艺术的建构同样完全摒弃了外在的自然界的意义,只要艺术家以其天才在灵魂中直观精神,并将这种"不可抵御的感觉"呈现出来,精神的产品便可使所有人产生与其灵魂相同的情调。

而精神如何创造出承载自身的形式?费希特梳理出两种方式:一种是艺术家通过天才直观到"精神",以此在自然界中寻找组织感性材料的形式以承载精神;另一种是艺术家能够直接在灵魂中直观到"精神的形象",完整的艺术作品可以直接从他们的灵魂中跳脱出来。二者的区别在于,前一种情况艺术作品经常会表现出一种道德教益,艺术家通过对艺术形式的巧妙构思表达灵魂中的精神,但在精神与感性材料结合的细微之处,仍可看出艺术家意图结合二者的痕迹;后一种情况精神与形式就好像自然界的创造过程一样无需任何雕饰而融合,艺术作品那完满的生命毫无目的地全然从艺术家的灵魂中托出。就像自然界的"作品"一样,即便这些作品有时会让人发觉一些细微的瑕疵,但这仅表现为鉴赏者无法理解和说明艺术作品一些地方的用意,这些无法理解之处无法进行优化,因为它不仅没有伤害艺术作品整体的意蕴,而且呈现出艺术作品的性格。因此,在费希特看来,迎合大众和时髦的东西往往没有审美趣味,而"最卓越的艺术作品则不可能受到什么欢迎,因为时代还没有发展出一种能够理解这样的艺术作品的鉴赏力"②。他以此再次强调了精神的发展和教养程度的差异对鉴赏能力生成的影响,而对于真正的艺术实践而言,天才的艺术家绝不会想着教化别人,他们创作的初衷并非以道德为目的。

与此同时,费希特也承认艺术家凭借精神塑造艺术时需要借助"技艺"的加持,但这仅在于艺术家可以凭借技艺更为得心应手地塑造

---

① 费希特:《费希特文集》(第3卷),梁志学编译,商务印书馆2014年版,第700页。
② 同上,第371页。

出承载精神的形体。所以他也进一步强调,艺术家不能执着于技巧的训练与形式的构思,因为技艺和形式的目的往往在于规定和限制精神而并非通往自由,过于强调技艺和规则会表现出对精神的一种外在的束缚。就技艺自身而言,其绝不会升华为任何思想或自由的精神,"除了一些空洞的乱弹乱奏,它什么也不能产生出来;除了游戏,它还是一场没有任何其他内容的游戏。"①而拥有天才的艺术家即便用最戏谑粗略的笔触也能够呈现出内含精神的风格。所以,艺术家的职责仅在于全力表现那个漂浮于眼前的精神,并将其形象作为艺术形体的唯一根据,进而运用技艺"恰如其分"地呈现出精神。这也说明,费希特彻底推翻了在"形式"层面构建艺术普遍根据的思路,而是进一步将"精神"推演为"形式"的根据,直接从精神出发构建艺术的形式。这样,精神的合目的发展,也便成为引导艺术发展的内在驱动力,艺术创造仅在于艺术家无目的、无意识地遵从着精神,而精神的合目的发展必然会将人类提升到更高尚的领域,从而打开我们心中那从未开垦的领域。所以,费希特并没有像席勒和谢林等哲学家那样大肆赞扬古希腊艺术,因为他所要构建的艺术是一种发展状态中的艺术,是一种趋向未来的艺术,人类的普遍意识在精神发展的过程中不断彰显,并在自身塑造的"理性艺术"阶段实现"终极目的"(Endzweck)。虽然在费希特晚期思想中,可明显看出他对抵达"终极目的"可能性的妥协而诉求于"信仰",但其对艺术的独特理解无疑为后来者开拓出重要的思路,预示了一种极为现代的审美态度。

  费希特将艺术视作精神趋于无限进程中的实践,通过艺术在精神的创造中以现实的手段伴随着精神的脚步"合目的"地趋于绝对的路径,塑造了人类通向自由之境的可能性。这种建构也使得艺术承载起绝对的力量,展现出更为崇高的价值。凭借对自我意识活动的演绎,费希特不仅搭建起审美意识和精神的历史与逻辑的发展线索,而且贯通了鉴赏与精神、审美判断和艺术创造之间的界限,以无目的的合目的性塑造了精神在审美王国实现自由的独特思路。而其依循于精神在客观化自身过程中自由创造艺术的理论架构,也标志着"美的艺术"

---

① 费希特:《费希特文集》(第3卷),梁志学编译,商务印书馆2014年版,第700页。

(schöne Kunst)向"艺术哲学"(Philosophie der Kunst)①转化的真正开端。

四、结语：费希特美学的"合目的性"意识活动基底

费希特以绝对自我的本原行动作为逻辑起点，在认知、实践和审美三个领域分别构建起自我趋向自由的通路，进而将自我合目的的意识活动阐释为审美领域的普遍性原则与逻辑主线。在审美判断中，自我以冲动无目的设定审美表象，并在自身对审美表象的静观中生成审美意识，以此衍生出鉴赏能力而进行审美判断，审美意识的生成也便成为自我合目的的意识活动在认知层面的普遍意识；在艺术创造中，作为普遍意识的精神通过"天才"展现出创造性才能，借助艺术家之手塑造出承载自身的感性形象，艺术以此成为自我合目的的意识活动在实践层面趋向自由的客观呈现。由此可见，费希特通过否定主体之外的一切实在性因素，将审美判断和艺术创造均置于自我合目的的意识活动这一逻辑链条之上，从而构建起审美王国通向自由的通路。而费希特以这一线索为基底所建构的独立发展的美学，与康德的"主观形式的合目的性"原则相比，无疑展现出其对美学普遍性原则和体系架构的别样思考。

首先，费希特将"主观形式的合目的性"原则中的"主观"从"先验自我"推进到"绝对自我"，在此基础上对审美判断的普遍性根基进行了重构，由康德的"共通感"转变为"普遍意识"。如前文所述，康德先验哲学体系中阐述的"主观"概念通常指向的是"先验自我"或"有限自我"，这意味着，他需要优先在有限的审美主体与感性对象之间以判断搭建起可沟通的桥梁，康德提出的解决方案便是基于反思性判断力去构建"主观形式的合目的性"原则。在鉴赏判断中，鉴赏主体在感性对象的刺激下，通过想象力在观念中塑造出表象，"表象指向的是与审美

---

① "艺术哲学"(Philosophie der Kunst)概念虽是由谢林基于"绝对同一性体系"正式提出，但就费希特将艺术关联于精神的思路来看，其试图阐明的艺术绝非立足于鉴赏原则的"美的艺术"，而是在人类精神活动自由创造基础上所构建的"艺术哲学"。鉴于费希特在艺术领域的论述相对有限，且未形成一套完备的艺术哲学体系，故本文将费希特的艺术观点定位为真正艺术哲学体系之"序曲"。

相关的直观形式,而想要将其与'愉快和不快的情感'相关联,少不了'共通感'这一先天条件"①。因此,康德进一步借助反思性判断力以主观形式的合目的性原则将表象导向主体,在主体诸认识能力的自由协调活动中产生愉悦的情感,并将这种人与人之间"共通感"塑造为审美判断的普遍性根基。然而,费希特认为康德不仅未能澄清外在的经验对象何以能够介入观念性的时空而在主体中形成表象,而且没有对表象的生成机制进行区分。因此,他直接立足于绝对自我的意识活动,在不依赖于任何经验对象刺激的情况下,完全在自我的"感受"中凭借想象力创造表象,通过将表象来源彻底主观化的方式弥合了经验对象与主体间的割裂。而且费希特在表象生成的过程中便对各领域表象的运作加以区分,并以审美冲动创造审美表象时所具备的无目的的合目的性阐明其特殊性。在审美判断过程中,自我在对审美表象的静观中生成审美意识,并依据这种人类的"共同意识"自上而下地进行审美判断,而不是对经验对象做判断的基础反思到先验自我的鉴赏能力。在审美意识和审美判断的生成过程中,费希特切断一切外在性来源,整个审美活动从始至终都在主体之中发生。经此转变,鉴赏能力的形成机制便不再根源于先验主体诸认识能力的自由协调,而是源自绝对自我在无目的设定活动中审美表象的生成。这样,费希特便以纯"思"的方式将康德在"先验自我"中构建的审美判断的普遍机制的思路推进到"绝对自我",从而将审美判断的普遍性原则由主观形式的合目的性转变为绝对自我的合目的性意识活动。

其次,费希特没有将"艺术"依托于鉴赏,而是直接将艺术纳入自我合目的性意识活动的逻辑脉络中,以自我在实践领域合目的趋向无限的创造性活动,将艺术塑造为精神在感性世界的客观表达。相较于康德基于鉴赏去构建"美的艺术"的思路,费希特则明确反对将精神从属于鉴赏,并将精神提升为创造艺术的绝对性力量。康德将鉴赏视作艺术创造的先验基础,当面临鉴赏与天才之间的抉择时,他宁可牺牲天才的自由,也不愿对鉴赏造成丝毫损害,即便鉴赏会"狠狠地剪掉它(天才)的翅膀"②,这种将"主观形式的合目的性"原则贯彻到艺术中的

---

① 卢春红:《从共通感、兴趣到感性的理念——对纯粹鉴赏判断中"第三者"问题的考辨》,《湖北大学学报》(哲学社会科学版),2023年第3期。

② 康德:《判断力批判》,邓晓芒译、杨祖陶校,中国人民出版社2017年版,第126页。

思路，也致使艺术不得不在纯粹先验形式的约束下运作。就如伽达默尔评价道："审美判断力的自我立法（Heautonomie）绝没有建立一种适用于美的客体的自主领域。康德对判断力的某个先天原则的先验反思维护了审美判断的要求，但也从根本上否定了一种在艺术哲学意义上的哲学美学。"①相比之下，费希特则是将审美判断与艺术创造的普遍性原则共同根植于自我合目的性的意识活动这个唯一的主体性原则，相较于鉴赏能力需要诉求于审美意识的生成，精神则表现出更为根本的创造性力量。而"就像人的精神的一切有规律的活动一样，精神的这种自由活动也必须获得一个切磋琢磨的对象，靠自己的工作方法把自己内在的本质表露在这对象中"②，作为精神对象的艺术又为鉴赏提供新的对象，进而促进鉴赏能力的提升。而通过对费希特以自我合目的性意识活动视角切入艺术的分析可以发现，其并非着眼于剖析既定的艺术现象或典范的艺术形式，相反，他的目的在于打造一条能够通往未来，抑或说何以创造未来艺术的实践之路。因此，在费希特看来，艺术的本质无法仅通过认知领域来探讨，艺术实践的无限性意味着，人类不可能通过对已存在之物的反思来加以预期。而他通过自我合目的性意识活动开启的对审美和艺术的无限展望，无疑塑造出一条不同于黑格尔艺术终结论的更为广阔和包容的路径。这条路径虽被黑格尔冠之以"反讽"（Ironie）③之名，费希特也被其视作德国浪漫派的精神导师。然而深入分析后便可知，尽管费希特强调想象力和精神的无限创造力，但他所理解的无限性并非单纯放纵，而是在主体理性合目的性的活动中，展现出理性思辨活动下的自我约束，而这种唯有"浪漫"之名，但无"浪漫"之实的体系构架，与德国浪漫派所诉求的"赋予生活和社会以诗意"的"浪漫的律令"（der romantische Imperativ）④存在本质上的差异。

再次，费希特将自我合目的性的意识活动与人类审美意识的发展历程相对应，以此阐释人类审美意识的历史演变及其发展规律，从而

---

① 伽达默尔：《诠释学·真理与方法》（第1卷），洪汉鼎译，商务印书馆2010年版，第85页。
② 费希特：《费希特文集》（第3卷），梁志学编译，商务印书馆2014年版，第699页。
③ 黑格尔：《美学》（第1卷），朱光潜译，商务印书馆2017年版，第80页。
④ 参见弗雷德里克·拜泽尔：《浪漫的律令》，黄江译，华夏出版社2019年版，第35—36页。

剥离出审美活动在人类历史中的合目的性发展的线索。相比之下,康德在审美领域似乎并没有表现出对历史线索的关注,因为对于康德而言,其要解决的首要问题在于调和必然与自由的分裂,而审美领域固然要通过走向道德领域以达成自身的使命。所以,他始终没有将诉诸情感能力的美学视作自我意识的目的(Zweck an sich),而是将其视为达成目的的手段(Mittel zum Zweck)。在"审美判断力批判"的最后一节,康德也曾试图指明鉴赏的历史维度,认为"对于建立鉴赏的真正入门就是发展道德理念和培养道德情感,因为只有当感性与道德情感达到一致时,真正的鉴赏才能具有某种确定不变的形式"[①]。但这简短的论述也由此关闭了审美领域直达无限理境的可能,因为"即使鉴赏能力的培养尚未完成,真正的鉴赏最终也能达到一种最终的、不变的形式"[②]。与费希特同时代的席勒,则明确地将历史线索引入审美领域,并指出二元对立并非人类历史发展的永恒状态,而是某一特定历史阶段的特征。然而,从席勒所倡导的从自然王国向道德王国发展的历史线索来看,审美王国终究还是扮演着过渡的角色。而且,即便席勒将艺术视为历史变革的重要引擎,但他亦多次强调古希腊艺术代表了人类艺术的永恒经典,以此将艺术的历史寻觅于重复展现一种原始的、自然和谐的状态。相比之下,费希特将审美领域直接根源于绝对自我合目的性意识活动的理论建构,则明确表现出审美对道德从属关系的拒斥,自我无目的的合目的性创造活动自身便可演绎出审美领域的历史发展线索,并呈现出趋向终极历史目的的可能。如前文所述,费希特在人类的认知目的和欲求目的于历史进程中得到满足的基础上,通过自我无目的的合目的性意识活动,塑造了人类趋向无限未来的审美意识和艺术现象的发展史。而自我在艺术创造中所呈现的自由意识,也使费希特将"理性艺术"阶段视作人类历史发展的最终阶段和终极目的。在这一阶段,人类社会达到"至善"的最高理想,理性艺术创造者能够以灵魂中"人类的最高原型"为图像自由地塑造自己的生活。而这由绝对自我合目的性意识活动所塑造的人类最终的王国,无疑是一

---

① 康德:《判断力批判》,邓晓芒译、杨祖陶校,中国人民出版社2017年版,第156页。
② A.C. Adler, "The Practical Absolute: Fichte's hidden poetics", in *Continental Philosophy Review*, vol.40, November 2007, p.412.

个"绝对的王国"①。

  综上所述,费希特基于知识学的体系架构,以自我无目的的合目的性意识活动为原则,阐释了其美学理论独特的逻辑架构及演进路径。而伴随着美学中合目的性原则的这种视域转换,审美判断的先验原则、艺术的普遍性根据、鉴赏和艺术的历史线索等要素也随之呈现出理论视角的变革。费希特通过纯"思"的方式,将合目的性原则结合于绝对自我意识活动去阐释审美活动的路径,无疑为人类从普遍意识视角审视审美和艺术提供了新的思路。这一思路的展开,也彰显了德国唯心论美学在康德之后的独特魅力。虽然费希特将主体自我绝对化的思路饱受诟病,谢林就曾指出,即便费希特设定了一个绝对的自我,但是这个自我依旧是"人的自我",而"每一个人在他自己的意识里面发现的自我,是唯一真实的存在者"②;黑格尔亦批评说:"费希特把'自我'——当然只是完全抽象的形式的'自我'——看作一切知识、一切理性和一切认识的绝对原则。"③诚然,费希特知识学体系建构在客观实在性方面着实不尽如人意,但他对绝对自我合目的性意识活动的创见性思路,在谢林和黑格尔"艺术哲学"中以精神的思辨活动被借鉴和保留,并由此开启客观精神以合目的性的活动创造艺术,并在艺术中显现自身的路径。由此可见,在德国古典美学的理论发展中,实则本就内含着一条由"有限自我"形式的合目的性到"绝对精神"合目的性活动的逻辑演进线索,而费希特美学在这一线索中所起到的推动作用,我们理应有所洞见。

(作者单位:中国社会科学院哲学所)
学术编辑:黄 江

---

① 这个"绝对的王国"不同于黑格尔从理念出发,以"精神"的思辨运动塑造起客观的"绝对理念的王国"。费希特是从自我的设定活动出发,以自我的意识活动(这种活动虽被费希特称作精神活动,但若从黑格尔思辨哲学视角来看实则仍是意识活动)创造出根源于绝对自我的自由王国。与此同时,费希特的"绝对的王国"意指的并非"自我已经创造出了它的世界……而仅仅意指它具有这样去做的能力,它能够通过不懈的努力趋近于一个完全理性的世界之理想"。参见弗雷德里克·拜泽尔:《浪漫的律令》,黄江译,华夏出版社2019年版,第246页。

② 谢林:《近代哲学史》,先刚译,北京大学出版社2016年版,第106页。

③ 黑格尔:《美学》(第1卷),朱光潜译,第80页。

论罗蒂伦理美学思想的两个来源

郝二涛

内容提要 除了维特根斯坦的生活形式、杜威的实用主义和海德格尔的生活世界观念之外,罗蒂伦理美学思想也源于他的福音观念和后现代观念。福音观念意味着追求道德与正义,引导着罗蒂在审美框架内反抗一切社会不公正现象。后现代观念意味着无根基、偶然与怀疑,引导着罗蒂在历史语境中用新语汇对他者进行持续描述,使其显得好抑或不好。它们共同形成了罗蒂伦理美学思想之问题及解决问题的框架。理清这一点有助于我们准确把握罗蒂伦理美学思想的来源、内在逻辑,并推进罗蒂伦理美学思想研究。

关键词 后现代主义 伦理美学 正义 罗蒂

我们若要准确理解一种思想,必须首先理清这种思想的来源。同理,我们要准确理解罗蒂的伦理美学思想[①],也须首先理清其思想来源。关于罗蒂伦理美学思想的来源,一些学者已经取得了不少研究成果。相关代表性成果的核心观点主要集中于两点:一个从哲学来源的角度,将罗蒂伦理美学思想来源归结为奎因的整体论、古德曼的多元主义、塞拉斯的反基础主义[②];另一个从思想动力的角度,将罗蒂伦理美学思想的来源归结为维特根斯坦的生活形式、海德格尔的生活

[①] 关于罗蒂美学思想,有的将其定位为新实用主义美学,有的将其定位为伦理思想的美学向度或后哲学美学思想,这些研究成果虽然在一定程度上顾及了罗蒂在哲学层面对杜威实用主义哲学的批判性继承,或在哲学层面的后现代语境,甚至美学趋向,但都相对忽略了罗蒂美学思想的伦理内核与审美的框架之间的有机统一。据此,笔者将其定位为伦理美学思想。具体参见郝二涛、韩立平:《论理查德·罗蒂伦理思想美学定位的三个层面》,《武陵学刊》2021年第1期。

[②] 参见康乃尔·韦斯特:《美国人对哲学的逃避:实用主义的谱系》,董山民译,南京大学出版社2016年版,第303页。

世界和杜威的实用主义观念。① 如果不考虑罗蒂成长中所受的家庭氛围、社会思想主潮影响的话,这两种观点都是非常深刻的。但是,与普通人一样,罗蒂也深受家庭氛围和社会思想主潮的双重影响。具体而言,罗蒂所处的家庭氛围中最重要的是福音宗教氛围和左翼氛围,其所处时代的社会思想主潮中最重要的是后现代主义。不理清这两种观念,我们就不可能完整准确地把握罗蒂伦理美学的思想来源。下面,我们就一一剖析,看是否真如所断言的那样。

一、福音观念:兴趣与正义的双重追求之宗教来源

如果说,作为主体性失落的公开辩护人罗蒂由此使自己转向了宗教的话,那么,我们有必要追问这样的问题:罗蒂转向了哪个宗教?罗蒂是如何为主体性失落公开辩护的?粗略地说,罗蒂转向了福音宗教观念。在这种观念的影响下,罗蒂为主体性公开辩护。具体而言,我们可从以下两方面来看。

1. 追求道德与正义

福音派观念源于 16 世纪 30 年代宗教改革中基督教耶稣的救世福音与美国建国初期的"宇宙主宰"或"自然神"信仰,既是教会与政府分离的产物,也是美国最强有力的一种宗教传统观念。② 这种观念宣扬福音派的基督神圣、《圣经》崇拜、救赎、信仰与宗教分离、个人自由、个人道德品性塑造等观念,同时充满对公共宗教纯粹性及其作用范围的担忧。③

福音观念是福音派的观念。福音派指在英国和美国的新教中被发现的福音运动成员。这场运动以《圣经》为宗教唯一权威,以体验为拯救的唯一方式。这里所说的"体验"主要指通过信仰耶稣基督而由

---

① 参见郝二涛:《在审美与伦理之间——罗蒂审美伦理思想研究》,博士学位论文,中国社会科学院研究生院,2016 年,第 17—46 页。
② 徐以骅:《宗教右翼与美国外交政策》,《宗教与美国社会》第一辑,时事出版社 2004 年版,第 81 页。
③ 乔恩·米查姆:《美国福音——上帝、开国先贤及美国之建立》,王聪译,华夏出版社 2009 年版,第 138—139 页。

圣灵所完成的生命转化的体验。① 福音派虽然具有全球性,但主要是一种美国宗教文化现象。美国福音派是美国进步主义思潮的一支重要力量,也是对基要派的改良。基要派萌芽于19世纪80年代,产生于19世纪90年代,在20世纪20年代影响力逐渐增强,但于20世纪40年代分裂为两派。其中一派是新福音派。新福音派宣扬福音观念。这种观念在葛培理影响力的辐射下,在美国主流文化中的影响力逐渐扩大。在20世纪20年代前,虽然福音观念被一些人视为私人事务,但20世纪50年代以来,在冷战的时代背景下,福音观念却逐渐成长为一场影响力广泛的运动。

到了20世纪70年代,福音观念复兴,其外延已经超出新福音派的范围,兼及基要派、复临派等新福音派的旁支。20世纪70年代以来,福音观念通过协调与天主教、犹太教之间的关系,已经逐渐步入美国文化的主流之中,并深刻地影响了当代美国乃至世界的政治、文化、社会、国际关系等的发展。这种影响指向外部却能保持自身形式的稳定,其主要原因在于,福音派与灵性的生活方式尤其是私人性的"安静时刻"相联系②,在对外发力时,这种联系使福音派的福音观念能同时使个体有自由、从容的思考空间,从而能表达社会与个体的双重诉求,因为美国民主"从宪法和机构的建立开始,它就十分注意尊重少数人的权利"③。

除了个体私人性内心诉求之外,福音观念的另一个核心诉求是,对突出社会问题的道德和正义的诉求。④ 这里所说的突出的社会问题主要包括贫富不均、阶级压迫、经济不公正、穷国无法偿还债务、人权、意识形态等问题。这些问题的受害者是贫穷者、弱者、边缘人、流浪者、受迫害者等。在社会问题中,不公正问题显得更突出。在受迫害者中,共产主义者受迫害更严重。他们解决问题的方式是,在区分是非、对错、正义与非正义的基础上,介入问题与说服对方。这种方式遵循的核心原则与福音观念的核心诉求——道德与正义——一致,并为

---

① 乔治·马斯登:《认识美国基要派与福音派》,宋继杰译,陈佐人校,中央编译出版社2005年版,第108页。
② 阿利斯特·麦格拉斯:《福音派与基督教的未来》,董江阳译,姚西伊校,中央编译出版社2004年版,第133页。
③ 资中筠:《20世纪的美国》(修订版),商务印书馆2018年版,第7页。
④ 乔恩·米查姆:《美国福音——上帝、开国先贤及美国之建立》,王聪译,第270页。

沃尔特·劳申布赫(Walter Rauschenbusch)所继承。

沃尔特·劳申布赫是来自普鲁士的移民、浸礼会牧师、教会史教授、基督教神学家和美国社会福音运动的开创者与社会福音观念的集大成者。① 他主要关注社会中的不公平竞争以及劳动利益的不公正问题。劳申布赫的社会福音观念针对个体福音主义观念②，继承了华盛顿·格拉登(W. Galadden)的社会福音的社会关联、介入观念和理查德·伊利(T. R. Ely)的社会共同体观念，并以《圣经》为主要思想资源，吸收了基督神学、进化论与马克思主义等思想观念。它由晚期维多利亚中产阶级文化塑造，以上帝之国的自由、正义、团结的社会理想（社会福音）为宗旨，力图使世人在上帝的理想国度中得到拯救，过上充分就业、社会公正、有序、富裕的生活。而且，沃尔特·劳申布赫主张，国家通过非暴力革命的方式，在民主合作的基础上重新组织经济生活③，但反对公共生活领域与私人生活领域之间的分离。④ 这深刻地影响了他的女儿韦尼费莱德·劳申布赫(Winifred Raushenbush)。可是，韦尼费莱德·劳申布赫不赞同沃尔特·劳申布赫关于"反对公共领域与私人领域之间的分离"的观点。

韦尼费莱德·劳申布赫罗蒂的母亲，她是作家、种族关系研究专家，其丈夫也即罗蒂的父亲詹姆斯·罗蒂(J. Rorty)是编辑、共产党的同情者。他们都努力为左派观念奋斗。由此，理查德·罗蒂的父母周围就凝聚了一个改良左派圈子。这个圈子中的成员有官僚麦迪逊(Madison)，也有学者悉尼·胡克(S. Hook)、莱昂内尔·特里林(L. Trilling)、卡洛·特雷斯卡(Carlo Tresca)、约翰·杜威及其弟子麦克斯·奥托(M. Otto)。"在这个圈子里，爱国主义、主张重新分配的经

---

① 参见 Neil Gross, *Richard Rorty: The Making of An American Philosopher*, Chicago and London: University of Chicago Press, 2008, pp.64 – 65.
② Casey Nelson Blake, "Private Life and Public Commitment: From Walter Rauschenbusch to Richard Rorty", in John Pettegrew, eds., *A Pragmatist's Progress: Richard Rorty and American Intellectual History*, Lanham, Md: Rowman Littlefield Publishers, Inc., 2000, pp.89 – 91.
③ 参见资中筠:《20世纪的美国》(修订版),商务印书馆2018年版,第75页。
④ Casey Nelson Blake, "Private Life and Public Commitment: From Walter Rauschenbusch to Richard Rorty", in John Pettegrew, eds., *A Pragmatist's Progress: Richard Rorty and American Intellectual History*, p.89.

济学、反共思想和杜威式的自由主义并行不悖,自然融洽。"①这使罗蒂生活的家庭中充满了社会福音、左派、民主的氛围。在这种氛围中,罗蒂父母的社会主义信念与左拉(É. Zola)、辛克莱(U. Sincair)、德莱塞(T. Dreiser)、法雷尔(T. J. Farrell)的小说共同影响罗蒂,使他成为一个资产阶级自由的马克思主义者和福柯主义的鄙视者。

2. 追求个人兴趣与反抗社会不公正

在这样的家庭环境中,除了受社会福音观念影响之外,罗蒂也深受他父母的政治反传统观念、激进主义观念的影响。② 罗蒂接触较早的是关于托洛茨基案件及其辩护的书籍,比如,杜威关于托洛茨基(Trotsky)案件的调查报告《无罪》。这份调查报告一度被罗蒂视为"家庭《圣经》",对他产生了两个影响。一个影响是,它促使罗蒂加入反相对主义者的队伍中。③ 另一个影响是,它促使罗蒂重新认识苏联社会主义,并认识到正派人士在托洛茨基分子和社会主义者之间的两难处境。④ 尽管罗蒂将美苏冷战视为反专制的正义之战并认同美国与苏联打冷战,但他却将政治视为一种满足欲望、修复自由民主体制的工具。⑤

再加上美国平民主义运动宣扬的"为社会公正而斗争"观念、美国自由主义——个人主义思想传统宣扬的"人通过自己的努力能改造自然,但同时人通过教育和宗教信仰自律完善"、"天赋人权"观念的影响,罗蒂深切地感到:一个人活着的意义,不仅在于对内追求自己的个人兴趣,而且在于对外不惜一切代价地与社会中存在的不公正现象进行斗争。⑥

除此之外,在佛莱特布如可威尔(Flatbrookville)生活期间,罗蒂养成了对书籍及其感兴趣的事物主动追求的习惯。除了对里夏德·

---

① 参见理查德·罗蒂:《筑就我们的国家:20 世纪美国左派思想》,黄宗英译,生活·读书·新知三联书店 2006 年版,第 45—47 页。

② Neil Gross, "James Rorty", in Neil Gross, *Richard Rorty: The Making of an American Philosopher*, Chicago and London: The University of Chicago Press, 2008, p.36.

③ Casey Nelson Blake, "Private Life and Public Commitment: From Walter Rauschenbusch to Richard Rorty", in John Pettegrew, eds. *A Pragmatist's Progress: Richard Rorty and American Intellectual History*, p.85.

④ 资中筠:《20 世纪的美国》(修订版),商务印书馆 2018 年版,第 16 页。

⑤ 参见理查德·罗蒂:《筑就我们的国家:20 世纪美国左派思想》,黄宗英译,第 27 页。

⑥ 理查德·罗蒂:《托洛茨基和野兰花——理查德·罗蒂自传》,理查德·罗蒂:《后形而上学希望——新实用主义社会、政治和法律哲学》,黄勇编,张国清译,上海译文出版社 2003 年版,第 392—393 页。

冯·克拉夫特·埃宾（V. R. Krafft-Ebing）的《性心理变态》感兴趣之外，罗蒂也对中国的西藏与野兰花感兴趣。其中，对野兰花之兴趣是在罗蒂研究新泽西州西北部的野兰花时，发现了令人激动的审美愉悦之后产生的。① 其实，罗蒂对埃宾的《性心理变态》的兴趣与对野兰花的兴趣是紧密地联系在一起的。比如，当阅读《性心理变态》时，罗蒂遇到了大量晦涩的语汇，但是，他既没有钻牛角尖，也没有放弃，而是暂时放下，从对野兰花细致入微地了解及对野兰花重要性的信念中，寻求解答困惑的可能。在了解野兰花并努力弄懂克拉夫特·埃宾的《性心理变态》中难懂的词汇时，他也反思了自己做法的社会意义。罗蒂认为，自己虽然有追寻野兰花、弄懂克拉夫特·埃宾的《性心理变态》中所有词汇的自由，但更重要的是，自己所做的事情要对改变或减少社会不公正现象有意义。于是，罗蒂尝试寻找一条将个人兴趣与社会责任结合起来的路径。

这条路径之选择除了与罗蒂从父亲詹姆斯·罗蒂那里继承来的写作能力、批判分析与政治话语有关，也与罗蒂对黑格尔的《精神现象学》、对伊壁鸠鲁（Epicurus）和马克思主义著作的阅读有关。这些著作为罗蒂指出了两条路：犬儒主义的道路与社会革命的道路。前者秉持自苦式的无所作为，不符合罗蒂对人生意义的外在界定，后者秉持自爆式的无所不为，可能使罗蒂失去追求个人感兴趣的事情的自由。而罗蒂既不想无所作为，也不想无所不为，而只想在保持个人兴趣的前提下有所作为，以自己的绵薄之力与微弱的身躯反抗一切社会不公正现象，因为罗蒂深知，我们都是历史的创造性的参与者，都可以在参与历史过程中获得想象社会历史的视野与能力。② 这决定"我们需要的不是一场大的革命，而是朝着一个明确的方向持续进行的细小的改变"③。

在进入哈钦斯学院学习以后，罗蒂的愿望逐渐清晰，并最终确定下来。在哈钦斯学院，罗蒂尽量避免与欺负自己的同学产生正面冲

---

① Casey Nelson Blake, "Private Life and Public Commitment: From Walter Rauschenbusch to Richard Rorty", in John Pettegrew, eds., *A Pragmatist's Progress: Richard Rorty and American Intellectual History*, p.85.

② 参见张国清：《无根基时代的精神状况——罗蒂哲学思想研究》，上海三联书店1999年版，第231页。

③ 参见理查德·威尔金森，凯特·皮克特：《不平等的痛苦：收入差距如何导致社会问题》，安鹏译，新华出版社2010年版，第219页。

突,并幻想着他们在社会主义革命完成之后的结局,以此安慰自己痛苦的心灵。同时,罗蒂喜欢哲学,选择了哲学作为职业并试图用哲学将个人兴趣与社会责任联系起来。但是,当在德里达的影响下罗蒂回到杜威的实用主义观念时,他却发现:把托洛茨基与野兰花结合起来的所有哲学努力都注定失败。①而且,在母亲韦尼费莱德·劳申布赫的影响下,罗蒂开始消除外祖父沃尔特·劳申布赫的"个人成就与政治承诺的综合"观点在内心中的影响。②再加上,罗蒂不喜欢哲学的形而上学形态,因此,他采取了一种折中的方案,试图用一种思想的或审美的框架把托洛茨基与野兰花调和起来。其目的是表明自己的最终愿望:"成为一个有思想有灵魂的势利小人,又想成为一位全人类的朋友","与世无争的隐士"与"追求正义的战士"。③

有的学者将之称为两种极度相反的倾向的象征,并将这种象征概括为"罗蒂父母的激进政治的影响,出自自然本性之神秘的'性'的想象联系在一起的审美欲望"④。其依据在于,罗蒂不仅将新形式的文化生活视为一种由"审美提升"主导的生活,在主体间一致的意义上看待客观性,而且将"审美提升"视为奇特的自我创造和人类生活的目的,并将社会视为达到审美提升的方式。⑤有的学者从罗蒂的身份入手,将其中的一个主要原因归结为"罗蒂是一个左翼反共产主义战士,一个拥有精致的文化品位的知识分子"⑥,也有学者从罗蒂的职业特征与个人爱好入手,将其中的一个原因归结为罗蒂"对哲学家在美国政治

---

① Casey Nelson Blake, "Private Life and Public Commitment: From Walter Rauschenbusch to Richard Rorty", in John Pettegrew (eds.) *A Pragmatist's Progress: Richard Rorty and American Intellectual History*, p.85.

② Casey Nelson Blake, "Private Life and Public Commitment: From Walter Rauschenbusch to Richard Rorty", in John Pettegrew (eds.) *A Pragmatist's Progress: Richard Rorty and American Intellectual History*, p.89.

③ 理查德·罗蒂:《托洛茨基和野兰花——理查德·罗蒂自传》,《后形而上学希望——新实用主义社会、政治和法律哲学》,黄勇编,张国清译,第395页。

④ 毛崇杰:《实用主义的三副面孔:杜威、罗蒂和舒斯特曼的哲学、美学和文化政治学》,社会科学文献出版社2009年版,第94页。

⑤ Richard Rorty, "Intellectual Autobiography", in Randalle Auxier, Lewis Edwin Hahn (eds.), *The Philosophy of Richard Rorty*, Chicago & London: The Open Court Publishing Company, 2010, pp.19-21.

⑥ Neil Gross, "Wellesley College, 1958—1961", in Neil Gross, *Richard Rorty: The Making of an American Philosopher*, p.146.

和文化中相当有限的作用的认识"①。其实,这两种原因都存在,我们应该将这两方面结合起来看。就"个人"与"国家"而言,在坚持区分"私人"与"国家"的基础上,罗蒂尝试将二者放在一个框架中,并依托一定的思想资源来界定"个人"与"国家"。罗蒂所依赖的思想资源主要有王尔德的思想与黑格尔的思想。前者将社会主义的目的视为为了个人主义,后者将现代国家(资产阶级社会)的目的视为为培育自我创造与自由的具有西方特点的人的最好的环境。② 在此基础上,罗蒂将社会希望与未来的重要性及更具包容性的社会观念联系起来。③ 这主要得益于戴维森(D. Davison)的"隐喻"概念。

罗蒂借用戴维森的"隐喻"概念,将看待语言的方式与看待政治的方式结合起来,以释放自由主义的潜力,并最大限度地挖掘自由主义的可能性。④ 从罗蒂自身的哲学、文学与文化修养来看,他将哲学视为"文学文化的盟友",确认哲学的叙事语言魅力,即通过叙事语言改变被描述对象的印象,从而在改良中逐步建设一个充分自由、充满希望的民主政治共同体。⑤ 这既是现代性视域中哲学与文学地位趋于平等甚至哲学逐渐融入文学之中的趋势和文学逐渐在文化中居于主导地位的趋势演变的结果,也是罗蒂所构想的、所确信的、所努力追求的目标。这种追求虽然因为过于虚拟化和语言化而被彭锋视为与生活的定义相抵触,但却因其在审美层面上的合理性而成为罗蒂的伦理美学思想所要解决的基本问题产生的缘起。

---

① 理查德·舒斯特曼:《哲学实践:实用主义和哲学生活》,彭锋等译,北京大学出版社2002年版,第142页。

② Richard Rorty, "Intellectual Autobiography", in Randalle Auxier, Lewis Edwin Hahn(eds.), *The Philosophy of Richard Rorty*, Chicago & London: The Open Court Publishing Company, 2010, p.20.

③ Jean-Pierre Cometti, "Rorty, Pluralistic Pragmatism, and Relativism", in Randall E. Auxier, Lewis Edwin Hahn (eds.), *The Philosophy of Richard Rorty*, Chicago & London: The Open Court Publishing Company, 2010, p.167.

④ 参见基思·詹金斯:《论"历史是什么?"——从卡尔和埃尔顿到罗蒂和怀特》,汪政宽译,商务印书馆2007年版,第123—124页。

⑤ Richard Rorty, "The Continuity Between the Enlightenment and Postmodernism", in Keith Michael Baker, Peter Hanns Reill (eds.), *What's Left of Enlighten-ment? A Postmodern Question*, Stanford & California: Stanford University Press, 2001, pp.18–19.

二、后现代主义观念:暂时性、差异对话与伦理美学的优势

上述问题要得以解决,我们也必须理清罗蒂伦理美学思想所面对的后现代主义观念。除了少数学者将罗蒂视为现代主义者之外,绝大多数学者将他视为后现代主义者。而罗蒂本人既不认同自己是现代主义者,也不认同自己是后现代主义者。这引发了一系列疑问。

1. 罗蒂为何被贴上后现代主义标签?

据美国学者大卫·卡曾斯·霍伊(C. D. Hoy)考证,后现代主义观念可追溯至尼采精神失常的那一天。有的学者将尼采被称为后现代主义主要哲学家与先驱的原因,归结为尼采独特的书写方式。尼采书写哲学的方式已经不像康德、黑格尔、费希特(G. J. Fichte)等哲学家一样追求逻辑严密、推理细致的哲学体系,而是追求智慧的直观表达,追求片段、警句式的即兴发挥。① 在19世纪末,尼采的书写方式逐渐为哲学学者接受,并于20世纪下半叶成为主流的哲学书写方式之一。也有学者将尼采视作后现代主义先驱的原因归结为尼采对解释的存在的唯一性与普遍性之确认。② 在笔者看来,这两方面的原因都有,且共同确认了一个事实:尼采是后现代主义的代表性哲学家之一!

后现代主义观念对现代性中的理性、单一、传统、审美无利害、全球化、永恒观念等构成了巨大的挑战,呈现出复制、混合、趋新、非审美、地方文化和暂时性等特征。正如舒斯特曼所说:后现代主义的特征主要包括"重复使用而不是独特原创,折中混合的风格,热情拥抱新技术和大众文化,挑战审美自律和艺术纯粹的现代主义观念,以及强调地方化和暂时性而不是假定的普遍与永恒"。③ 不少理论家在阉割了本质或去除了基础主义的观念之后,努力寻求伦理学观念与美学观念之间的关联。在阉割本质观念、去除基础主义观念这一点上,罗蒂

---

① 参见 David Couzens Hoy, "Foucault: Modernor Postmodern?", in Jonathan Arac (ed.), *After Foucault: Humanistic Knowledge, Postmodern Challenges*, New Jersey: Rutgers University Press, 1988, p.12.

② 参见理查德·舒斯特曼:《实用主义美学》,彭锋译,商务印书馆2016年版,第159页。

③ 同上,第268页。

与马克思在认识论的层面上达成了一定共识,共同以历史和语境作为新的哲学、美学的出口。也正因为这个原因,罗蒂被不少学者贴上了"后现代"的标签。比如,泰尔玛·Z. 莱文(Lavine Z. T)将罗蒂称为"俄狄浦斯之子,一个装备精良,精力始终充沛,嘲弄性地佯装恭顺温良的,在代替这位哲学家兼父亲中寻找乐趣的后现代主义者"①。也比如,立足于应对理性和美学之间论争的姿态,舒斯特曼将罗蒂视为审美与后现代主义的一个代表人物。

2. 后现代主义观念:一个赞词还是一个贬词?

奇怪的是,在谈到他者时,罗蒂却特别厌恶甚至漠视他者赋予自己的"后现代"标识,好像这个标识带着瘟疫或具有矮化人的功效一样,但在谈到自己时,罗蒂却默然接受"后现代"一词,甚至将其视为一个赞词。② 具体而言,只有在以实用主义的态度对待真理与理性时,罗蒂才承认自己是一个后现代主义者。其主要原因,除了实用主义反对客观性、一致性与真理之外,也与罗蒂的实用主义观念的独特内涵有关。罗蒂的实用主义观念意味着,将自身从旧习惯与原有的坚持中解放出来,是一种治疗哲学观念。③ 但是,在称呼他人时,罗蒂却变换了策略,将1968年之后在政治上绝望的人称为后现代主义者。④ 至于罗蒂为何在谈到自己的时候将后现代主义者视为褒义词,在谈到他者的时候将后现代主义者视为贬义词,我们无从得知其中的具体原因。尽管如此,但可以肯定的是,罗蒂对"后现代主义"一词充满疑虑,甚至对"后现代资产阶级自由主义者"也充满疑虑。

后来,面对后现代主义一词所处的困境,罗蒂看到了后现代主义一词的空洞性,不仅放弃了这个词,而且改用后尼采哲学家来称呼自

---

① 泰尔玛·Z. 莱文:《美国与现代性之争:本特莱、杜威和罗蒂》,海尔曼·J. 萨特康普编:《罗蒂和实用主义——哲学家对批评家的回应》,张国清译,商务印书馆2003年版,第64页。

② Richard Rorty, *Essays on Heidegger and Others*, Cambridge: Cambridge University Press, 1991, pp.1 - 2.

③ Richard Rorty, Edward Ragg, "Worlds or Words Apart? The Consequences of Pragmatism for Literary Studies: an Interview with Richard Rorty", in *Philosophy and Literature*, October 2002, Vol.26, No.2: pp.369 - 396. https://www.researchgate.net/publication/236811815.

④ Richard Rorty, *Truth, Politics and "Post-Modernism"*, Amsterdam: Van Gorcum, 1977, pp.35 - 36.

己及像海德格尔、德里达、福柯等哲学家。① 这种对待后现代主义的含糊或矛盾的态度一度让同行感到困惑。有的学者甚至将罗蒂不接受"后现代"标识的原因归结为罗蒂的清高,或者归结为罗蒂一贯的特立独行的风格。这种归因虽然有些偏激,但也在某种程度上击中了罗蒂关于自我定位之七寸。

罗蒂不仅更愿意自我定位,而且极力把自己的这种自我定位区别于其他后现代哲学家对自身的定位。罗蒂把自己描述为"后现代资产阶级自由主义者"。他赞成利奥塔(J. Lyotard)对后现代主义的定位:"后现代是对元叙事的怀疑。"② 罗蒂所谓的后现代主义,仅仅是对元叙事进行怀疑的一种观念。这有点类似于利奥塔对合法的宏大叙事之怀疑。舒斯特曼认为,这种怀疑论对明显的历史和文化分歧有较强的说服力。③ 在非元叙事层面,这种观点虽然有一定的道理,但由此否认了这样的可能性,即通过寻求自由或完善的人类精神的不同但不断演进的表现,来解释历史和文化的分歧是失之偏颇的。罗蒂的后现代主义尽管追求自由或完善的人类精神的差异,但对历史和文化分歧是可以解释的,只不过,这种解释主要集中在语汇效果的层面上。

我们有理由认为,罗蒂的后现代主义观念带有浓厚的实用主义色彩,因为,这种观念吻合了罗蒂所赞同的实用主义的两个基本思想。"一个是把现代科学和实验技术作为一般理性的榜样来使用,另一个是通过关注历史、文学和宗教之类的'软性'学科以及关于常识的局部知识和方法,否定科学的至高无上性。"④ 虽然罗蒂与利奥塔都赞同区分科学知识与叙事知识、区分科学叙述的规则与科学叙述的语境,但是,与利奥塔以人们对"元叙事"的怀疑为主要内容,与以表现不可表现的事物、追求崇高为目标的"后现代"观念相比,罗蒂的后现代观念立足实用主义,追求社会历史发展的进步,旨在提供一种以自由主义政治学为核心的社会希望。⑤ 这之所以可能,除了因为罗蒂主要关心

---

① Richard Rorty, *Essays on Heidegger and Others*, pp.1-2.
② 参见让-弗朗索瓦·利奥塔:《后现代状态》,车槿山译,南京大学出版社2011年版,第4页。
③ 参见理查德·舒斯特曼:《实用主义美学》,彭锋译,第320页。
④ 艾伦·汉斯:《实用主义作为自然化的黑格尔主义:战胜先验哲学?》,海尔曼·J.萨特康普编:《罗蒂和实用主义——哲学家对批评家的回应》,张国清译,第158—159页。
⑤ 参见理查德·罗蒂:《哈贝马斯和利奥塔论现代性》,孙伟平编:《罗蒂文选》,孙伟平等译,社会科学文献出版社2007年版,第320页。

道德义务与其他人所受的折磨之间的无所谓的联系方式之外,也因为罗蒂所说的实用主义将黑格尔的浪漫主义与历史主义扬弃进了一个思想的单一模式中。这个模式虽然允许反讽主义者为追求自我完美而去求助于文学资源,但也留下了一个公共空间进行社会生活的实践事务——建立自由主义社会。

3. 罗蒂对后现代主义观念的担忧与迷恋

虽然罗蒂与哈贝马斯都将普遍的理性标准视为人为的虚假观念,都追求个体的美好和谐的生活,但是,与哈贝马斯的反现代性的后现代主义观念相比,罗蒂的后现代主义观念只是一个对现代性观念的反讽式表达和阉割式处理。① 比如,他将后现代感推向极端,将真理以及寻求真理的方式、过程统统视为偶然的,从而将对真理的整体持续信仰分隔成片段式的断断续续的信仰,将对真理之追求由一次转变为多次。② 这种观点固然看到了认识真理之艰难,也展现了制造真理之勇气与魄力,但却仍然未洗脱真理观念的实用主义色彩,反而益发凸显了真理之实用主义色彩,并增添了人们对罗蒂的真理观念及罗蒂对真理评判标准之担忧。

直到罗蒂的晚年,这种担忧才得以解开。罗蒂坦言,后现代主义观念在政治上愚蠢,在哲学上正确。③ 按照这种说法,罗蒂厌恶后现代主义一词,拒绝将自己归入后现代主义阵营是出于政治上的考量,而非出于哲学上的考量。而事实上,从一开始,罗蒂就从政治上的困惑进入哲学之中,并在哲学研究中寻求解答政治困惑之答案。他对后现代主义观念的考量亦然。只不过,罗蒂从哲学上考量后现代主义观念,但在政治上发现了后现代主义观念的诸多弊端,且无法从哲学上提出一种令人信服的弥补弊端的方案,因为"后现代主义是从哲学——我想到的是福柯、德里达和罗蒂——跃入文化史、修辞和美学,

---

① 参见理查德·罗蒂:《哈贝马斯和利奥塔论现代性》,孙伟平编:《罗蒂文选》,孙伟平等译,第320页。

② Jeffrey W. Robbins, "Richard Rorty: A Philosophical Guide to Talking About Religion", in Richard Rorty (ed.), *An Ethics For Today: Finding Common Ground Between Philosophy and Religion*, New York: Columbia University Press, 2010. "Foreword" X.

③ 参见理查德·罗蒂:《后形而上学希望——新实用主义社会、政治和法律哲学》,黄勇编,张国清译,第374页。

以及对普遍主义者和超验价值的否定(如果不是颠覆的话)。"①我们可以从中体会到,罗蒂在政治与哲学之中对后现代主义观念进行定位之艰难,同时也可以看到罗蒂将哲学上的后现代主义观念应用于政治领域中的艰难尝试,还可以看到哲学中的后现代主义观念在政治领域中的局限性。这或许是罗蒂在20世纪80年代曾经迷恋后现代主义,但之后却不再区分现代性与后现代性的一个原因。

4. 罗蒂后现代主义观念之独特性

罗蒂的后现代主义观念是对资本主义民主政治制度保持乐观态度的、给人以私人完美希望的、充满生存政治热情的、立足本民族利益与传统的、张扬偶然的自我内在精神完善的观念。如果后现代主义可以按照欧洲时代的终结、欧洲与美国之间的力量对比的变化、亚非民族民主运动的兴起三个历史过程来理解的话,那么,罗蒂的后现代主义观念就应该在这三个坐标中来审视。罗蒂的后现代主义观念的独特性也理所当然地应在与他之前和他之后出现的后现代哲学家的观念的比较中凸显出来。

和布尔迪厄(P. Bourdieu)的社会学一起,罗蒂的后现代主义观念"继续着由尼采开始的对人文主义和道德以及权力关系的'揭露',尽管——和哈贝马斯不同——它没有提出一个取代性的标准价值体系来和西方个人主义的人文主义相对照(罗蒂有部分例外,他提出了将社会民主政治和海德格尔反形而上学相结合的一种奇怪联合)。"②与丹尼尔·贝尔(Daniel Bell)的理性人文主义美学观相比,罗蒂的相关观点虽然揭露人文主义的伦理性及文化政治性,但却不偏重后现代主义的解构潮流与身体潮流,而更偏向于私人语言潮流。与德里达的后现代解构主义美学观相比,罗蒂的相关观点虽然注重私人领域,但却更注重想象力及重新描述,具有文学叙事的特点。与舒斯特曼(R. Shusterman)的后现代主义通俗艺术观相比,罗蒂的相关观点对通俗艺术关注不多,甚至排斥通俗艺术,反而更关注现代主义诗歌与现代主义小说。罗蒂不像舒斯特曼一样强调通俗艺术的重复使用、拥抱新技术和大众文化,而是强调现代主义文艺的独创性、审美伦理性,非但

---

① 参见丹尼尔·贝尔:《资本主义文化矛盾》,严蓓雯译,江苏人民出版社2007年版,第312页。

② 同上。

不挑战审美自律与艺术纯粹的现代主义观念,反而倡导审美自律与艺术纯粹的现代主义观念。他虽与舒斯特曼一样反对假定的普遍与永恒,但却不像舒斯特曼一样强调现代主义文艺的地方性、暂时性,而是强调其私人性、偶然性。

虽然罗蒂与哈贝马斯都将普遍的理性标准视为人为的虚假观念,都追求个体的美好和谐生活,但是,哈贝马斯的后现代观念反现代性,不反现代性的根基,而罗蒂的后现代观念反现代性的根基,不反现代性,只是一个反讽式表达的、无根基的现代性观念。① 也就是说,罗蒂既在一定情况下认同后现代主义,同时又对后现代主义保持警惕。这与罗蒂对启蒙主义的纠结态度(启蒙主义分为好的政治与坏的哲学)密切相关。

这种态度与德里达、福柯对待后现代主义的态度类似。不同的是,罗蒂并未停留在欧洲中心主义的框架中,而是在美国哲学的框架中保持开放的视野,也未忠于现代主义,而是摒弃现代主义,倡导机缘巧合的对话观念。② 有学者认为,马克思主义观念使罗蒂看到了走出后现代的希望与前景。也有学者认为,在政治上,后现代主义观念让罗蒂看不到希望。③ 在笔者看来,这两种观点其实说的是一个意思,就是,罗蒂对后现代主义政治不满,渴望走出后现代主义的政治。在这个过程中,马克思主义在其中发挥了催化与推动作用。在谈论罗蒂的进步与儒家真理之间的关系时,学者黄勇敏锐地指出了这一点。与威廉·斯帕诺斯(W. Spanos)、早期保罗·波菲(P. Bove)对后现代主义观念的暂时性、差异性等发掘类似,罗蒂彻底承认了暂时性观念,并将之推广到语汇、政治、社会领域之中。在一定程度上,这反映了罗蒂对自由价值的稳定性信心不足,且在回应苏珊·詹姆斯(S. James)对罗蒂的政治构想与情感进步观念的批评时,罗蒂承认了这一点。④ 比如,罗蒂相信,个体可为进步的社会变化所能做的事情是,通过教育缓慢

---

① 参见理查德·罗蒂:《哈贝马斯和利奥塔论现代性》,《罗蒂文选》,孙伟平编,孙伟平等译,第320页。

② 保罗·拉比诺:《表述就是社会事实——人类学中的现代性与后现代性》,赵旭东译,《21世纪:文化自觉与跨文化对话》(一),北京大学出版社2001年版,第485—486页。

③ Yong Huang, "Rorty's Progress into Confucian Truths", in Randalle Auxier, Lewis Edwin Hahn(eds.), The Philosophy of Richard Rorty, p.458.

④ Richard Rorty, "Reply to Susan James", in Randalle Auxier, Lewis Edwin Hahn(eds.), The Philosophy of Richard Rorty, pp.429-430.

地使公众自由化。不同的是,罗蒂并未像威廉·斯帕诺斯、早期保罗·波菲、苏珊·詹姆斯一样,仅仅在哲学、艺术策略层面谈论后现代主义,而是在文学文化的层面谈论后现代主义。这一点与詹姆逊(F. Jameson)、卡拉格·欧文斯(C. Owens)、福斯特(H. Foster)、胡伊森(A. Huyssen)对后现代主义边界的拓展类似。① 不同的是,罗蒂未像詹姆逊、福斯特和胡伊森一样把后现代主义理解为一种社会范畴、文化优势,而是将它理解为一种文学文化范畴、伦理美学的优势。

总之,福音观念使罗蒂明确了伦理美学思想的基本问题:私人完善与反抗社会不公正。后现代观念既构成了罗蒂伦理美学思想的基本语境,又使罗蒂明确了伦理美学思想的基本立场:无根基的、批判的、反思的立场。二者共同促成了罗蒂伦理美学思想之产生。理清这一点,对我们准确把握罗蒂伦理美学思想产生的思想根源、内在逻辑具有不可或缺的意义。

【本文为2022年度国家社会科学基金后期资助项目"罗蒂伦理美学思想研究"(项目批号:2022FZXB065)阶段成果】

(作者单位:湘潭大学文学与新闻学院)

学术编辑:张　冰

---

① 参见康乃尔·韦斯特:《美国人对哲学的逃避:实用主义的谱系》,董山民译,南京大学出版社2016年版,第356页。

鲍德里亚超美学思想的三个关键词与三重转向

梁晓萍　冯倩雯

内容提要　鲍德里亚以美学典型形象、美学表现策略、美学真实为基础而建构的超美学思想有力地把握了"拟真时代"信息符号的支配作用,提出了拟像、拟真、超真实三个核心概念,揭示出传统美学从形象到拟像、从再现到拟真、从真实到超真实的三重转向,以及从再现真实到逐渐远离真实并最终物化为无本源、无所指、无根基的拟像的拟真过程,表现出对后现代美学转型和文化变迁极大的阐释能力,在一定程度上重构了后现代美学理论。

关键词　拟像　拟真　超真实　超美学

鲍德里亚发展出了迄今为止最引人注目的,也是最极端的后现代性理论,他的理论深刻影响了当代文化理论以及当代媒体、艺术和社会的话语[①]。鲍德里亚提出了"拟像"(simulacra)、"拟真"(simulation)和"超真实"(hyperreality)三个相互关联、互为前因后果的核心概念,形成了一套独特的超美学(transaesthetics)话语体系,是20世纪西方美学"后现代转向"以来最有原创性的美学形态之一。鲍德里亚通过这三个关键词,阐释了当下美学的存在境况,剖析了传统美学从"形象"到"拟像"、从"再现"到"拟真"、从"真实"到"超真实"的三重转向,揭示了西方美学话语的后现代转向,为我们更加清楚地认识当代社会和重新观察世界提供了一种全新的"广角镜"。

---

　①　凯尔纳、贝斯特:《后现代理论:批判性的质疑》,张志斌译,中央编译出版社2011年版,第123页。

一、从形象到拟像

鲍德里亚超美学揭示了传统美学从"形象"到"拟像"的转变。

形象(image)"以复制与现实的关系为中心,以这种距离感为中心"①,追求与现实世界的相关性与相似性。一方面,形象不是现实本身,与现实之间有明显的距离感,也就是说,"为了获得一个形象,您就需要先有一个场景,也就是一定的距离,没有这个距离,就不会有观看,就不会有瞥视的作用,正是那一作用使事物得以呈现或消逝"②,即形象先在地预设了呈现者与被呈现者之间的认识论距离,距离产生美感,故形象本身就是美的。另一方面,形象是替代另一不在场的"象"而出现,从这个意义上而言,一切形象皆是意象,即活在意识中的形象或被赋予意义的物象,因此,形象具有丰富的意味与呈现形式。然而随着大众媒介以及电影、摄影等复制技术的发展,原创消失,距离感被消泯,形象被物化,逐渐演变成无指涉、无意义的拟像。

作为鲍德里亚分析后现代审美现状的关键性术语,拟像"是围绕着世界的影像而产生出来的一个概念,它通常被看作后现代社会通过大量复制和再生产出来的、没有客观本源、没有任何所指的图像、形象或符号,是一个'没有本源、没有所指、没有根基'的'象'"③。

"拟像"一词,源自拉丁文 semulacre,就其字面释义而言,主要有两层含义:"事物的影像,此其一也;其二,具有欺骗性的代替物。"④从哲学学科视域而言,拟像关涉"真实"的古老哲学话题,其最早可以追溯到古希腊时期柏拉图基于"理念分有说"提出的虚假影像。在中世纪的神学观念中,人只是(上帝)按照自己的形象(原本)创造的摹本,

---

① 弗雷德里克·杰姆逊:《后现代主义与文化理论》,唐小兵译,陕西师范大学出版社 1987 年版,第 168 页。

② *Baudrillard Live: Selected Interviews*, ed. Mike Gane, London & New York: Routledge, 1993, p.69.

③ 张劲松:《重释与批判:鲍德里亚的后现代理论研究》,上海人民出版社 2013 年版,第 18—19 页。

④ 牛津大学出版社编:《牛津英语图解大词典》,外语教学与研究出版社 1999 年版,第 773 页。

当亚当偷食禁果之后,人"失去了道德性存在而进入了审美性存在"[1],保留了外在影像而丢失了内在相似性,由摹本转向拟像。19世纪后半叶,尼采以权力意志颠覆了柏拉图传统中理念、摹本和拟像之间的关系,拟像不再是一种只具有从属价值的摹本,"拟像和幻影凌驾于摹本和影像之上,真实与虚假失去了绝对的、超验的保证"[2]。20世纪哲学中的"语言转向"使拟像获得更多关注,"人们对通过语言媒介对于世界的把握产生了某种怀疑,怀疑这样所把握的世界是否仅仅是一个拟像,怀疑语言媒介再现世界时的真实性、可靠性"[3]。20世纪60—70年代,"拟像"被鲍德里亚当作后现代的批判性主词,用以构建其独树一帜的超美学体系,揭示了传统美学形象从再现真实到逐渐远离真实并最终物化为拟像的全过程。

在鲍德里亚看来,传统认识论的表象阶段,形象反映基本现实,展现的是再现性,类似于真实的投影。然而,随着科技的发展,传统美学逐渐衰弱,形象逐渐向拟像转变,掩饰和歪曲基本现实,出现使现实去本质化的趋向。形象掩盖着基本现实的缺席,作为一种表象逐渐被物化。随着互联网成为信息社会的一种组织与结构方式,拟真逻辑成为虚拟网络下的符号生产和行为过程,极度真实的拟像被大量地复制而生产出来,成为足以取代"真实现实"的逼真再现。在这个意义上,真实被完美地谋杀了。究其根源,这得益于现代科技的革命性突破,电影、电视、网络、电子计算机、3D打印等现代科技使精确再现客观现实成为可能。时至今日,拟像不仅可以让我们看到与日常经验完全一致的真实场景与客观物象,还能够让我们感受到自然感官根本无法感知的景象和场面。

鲍德里亚认为,从传统社会向现代社会的演进历程中,拟像经历了仿造(counterfeit)、生产(production)、拟真三个阶段:从文艺复兴到工业革命"古典"时期,自然价值规律主导下的"仿造"模式为主阶段;在工业时代,市场价值规律主导下的"生产"模式为主阶段;在符码统

---

[1] Gilles Deleuze, *Logic of Sense*, New York: Columbia University Press, 1990, p.257.

[2] 张劲松:《拟像概念的历史渊源与当代阐释》,《天津社会科学》2010年第5期,第40页。

[3] 盛宁:《人文困惑与反思:西方后现代主义思潮批判》,生活·读书·新知三联书店1997年版,第75页。

治时期,"结构价值规律"主导下的"拟真"模式为主阶段。① 在符码统治时期,计算机、自动控制系统、网络媒介等高新科技迅猛发展,符码和模型成为社会的组织原则,符号不再表征任何现实,社会进入"拟真时代"。只有在这样的时代中,拟像才是传统美学形象转向后的拟像,而在仿造、生产秩序中的拟像,其实质不过是传统美学形象的变种。所以,鲍德里亚早期的拟像三秩序,是从历史发展角度对传统美学形象向拟像转变的又一重解读。

根据鲍德里亚的分析,自然科学和技术的发展推动了从仿造到生产再到拟真的演变。从文艺复兴到工业革命时期,人的价值和尊严得到复苏和高扬。到17世纪,随着自然科学的迅速发展,人的理性进一步解放,《蒙娜丽莎的微笑》《大卫》《伦勃朗自画像》等艺术作品纷纷涌现,此时的艺术文本主要以人的形象为创作对象,追求复制和反映基本现实,展现形象的距离美,鲍德里亚把这个阶段称为仿造阶段。他用自动木偶的比喻来映射仿造阶段的形象特征,认为模仿人的外在形象而创造的自动木偶,虽然是人的形象的完美复制品,却只追求与人的外在形象的相似性,而忽视了自动木偶与人之间极为显著的本质差别。

随着18世纪60年代蒸汽机革命和19世纪60—70年代电力革命的推进,整个世界向工业化社会转变,人类社会进入工业化、机械化大生产阶段。在此阶段,美学形象的大批量生产和复制成为可能,鲍德里亚把这个阶段称为生产阶段。由于机械化大生产制造出来的系列产品间互为摹本,彼此间是一种可相互替代的无差别的等价关系,不再有原型和复制品间的区分,所以,机械复制生产的众多工艺品取代了原作的"唯一性",消解了古典艺术的"韵味""敬意""本真性"与"距离感"。这样,机械化大生产就将艺术从神圣的"祭坛"上拖了下来,在摧毁了传统艺术神圣性的同时,也促进了艺术领域一系列新的变革,使现代艺术具有了新的特点、价值和接受方式,形象在"独立自主"的生产阶段获得了空前的平等,从根本上摆脱了依附性。

从20世纪40—50年代的第三次科技革命开始,信息技术飞速发展,计算机网络渗透到社会生活的各行各业,形成"虚拟网络"的新的社会形态,人类社会进入信息与符号所支配的"拟真时代"。在此阶

---

① 让·波德里亚:《象征交换与死亡》,车槿山译,译林出版社2021年版,第62页。

段,拟像已经脱离了原始实物的参照,是没有原本东西的摹本,是拟真逻辑下由先在预设的模型所制造出来的"象",不再与任何现实发生关联,只是计算机内部"拟像"自身的数字运算和复制再生产。由此,拟像成为一个独立的符号系统,在一个没有所指、没有中断、没有边缘的循环体系中与自身进行交换,不再与"真"发生交换,存在的只有拟像以及拟像背后的拟像,体现了符号形式所指"真实"内容的荡然无存、所指价值的取消和"符号真实指涉"的终结。

在"拟真时代"的符码统治下,网络触角延伸至人们生活的方方面面,"他性"的抹杀、距离感的消失、现实感的破坏,使以距离感为中心的形象无法解释数字网络社会中社会和世界非真实化下的审美文化现状。

鲍德里亚超美学所表述的"拟像",不同于传统社会中人工制造的原本和摹本,"不表现出任何劳动的痕迹,没有生产的痕迹"[1],它解释了符码统治下"形象"无法反映的那些拟真时代中的审美现状。鲍德里亚超美学用"拟像"这个核心概念,描述了电子媒介发展过程中形象与真实的对抗和谋杀的过程,深入剖析了当今社会中空洞虚幻的审美体验、麻木麻痹的审美感知、模糊不清的审美价值等审美现象发生的机理,揭示了传统美学从"形象"到"拟像"的后现代转向。

的确,在"互联网+"视域下,拟像借由影视传播、网络媒介以指数级的速度无限增殖,泛滥于大众衣食住行的日常生活当中,成为大众自我经验的一部分,从而从感性经验上实现了对现实的替换和对真实的谋杀,激增的拟像在反复无休止的自我指涉中构成一个循环结构。从这个角度看,现实世界在文化上没有任何现实感,而现实感的破坏带来的恐怖谷效应,也凸显了艺术作品的非真实化和事物的非真实化。在这个意义上,现实似乎不存在,一切都是拟像文本,没有指涉物。同时,不再意指任何事物的拟像,却以无限复制再生产的数量、狂轰滥炸的姿态、沉浸式的感官盛宴,销蚀着拟像与大众之间的距离,传统凝神专注式的艺术欣赏方式逐渐被沉浸视听艺术的直接感官式的欣赏方式所取代,感官刺激后的空洞虚无成为当代审美文化的普遍状态。

---

[1] 弗雷德里克·杰姆逊:《后现代主义与文化理论》,唐小兵译,陕西师范大学出版社1987年版,第175页。

二、从再现到拟真

鲍德里亚超美学揭示了传统美学从"再现"到"拟真"的转变。

作为一个古老的哲学、美学和文学理论概念,"再现"(representation)最早可追溯到柏拉图关于模仿(mimesis)的探讨。柏拉图认为,艺术的模仿是对客观现实的被动忠实的记录。在柏拉图的基础上,亚里士多德进一步发展了模仿理论,认为模仿是使事物或多或少地变得比它本身更美,即艺术不仅模仿了现实世界的外形,而且模仿了现实世界内在的本质和规律,艺术甚至比它所模仿的现实世界更加真实。[①] 由此看来,"再现"一方面是指艺术对现实的"模仿",即再现事物的表象;另一方面意指再现事物的本质和规律。此后,由柏拉图和亚里士多德奠定的再现原则被诸多欧洲美学家、艺术家所继承。

到19世纪,机械复制的照相技术出现,使得艺术被视为社会生活的再现。通过媒介以及相应的编码,根据人的意指创造出不同形式的所指。但随着艺术抽象化倾向的出现以及浪漫主义艺术的兴起,再现观念在西方美学和艺术理论学界受到广泛质疑,表现说、距离说、移情说、有意味的形式等理论皆欲取"再现"而代之。

20世纪60年代,随着计算机、数码影像和虚拟现实等信息技术的发展,以及哲学上的语言转向、后现代转向等新的理论语境的出现,"再现"在新的语境中被赋予全新内涵并形成相应的话语体系,此时,语言、思想和图像尽管呈现事物的方式全然不同,但都被视为"再现"。据此,鲍德里亚将"再现"与客观现实的关系完全颠倒过来,形成其独具特色的拟真思想,力图以"拟真"逻辑去超越传统美学的"再现"

[①] 亚里士多德关于模仿的观点主要有三:其一,亚里士多德肯定了现实世界的真实性,也由此肯定了模仿它的艺术的真实性,关于艺术真实性的肯定,参见亚里士多德《诗学》第9章中诗和历史作比较进而表明诗的高度真实性的相关论述。其二,肯定了艺术比现实世界更为真实,即艺术所模仿的是现实世界所具有的必然性和普遍性,即它的内在本质和规律。参见《诗学》第9章中诗和历史的比较、《诗学》第25章中对三种不同模仿对象的列举以及《诗学》第24章、《形而上学》等。其三,艺术也可以使事物比原来更美,参见《诗学》第15章中悲剧诗人应该仿效好的画像家的榜样,把人物原形的特点再现出来,一方面既逼真,一方面又比他原来更美以及《诗学》第25章中名画《海伦后》的例子。详见朱光潜:《西方美学史》,译林出版社2021年版,第66—70页。

逻辑。

"拟真"是鲍德里亚超美学思想中一个极其复杂的概念。它是指"一种不以客观现实为基础但又极度真实的符号生产和行为过程"[1]。但根据鲍德里亚的解释,其一,符号生产不是拟真,它是拟真的应用。拟真是一个信息展现、拟像生成的过程。其二,信息与拟像本身不是拟真,它是拟真要显示的对象。其三,拟真是一种意向行为,但意向性不是拟真,而是拟真的一种内在特性。其四,拟真也是一种计算、程序、模型,但计算、程序、模型本身不是拟真,而是拟真的操作形式。显然,"拟真"概念具有一些家族相似特征。

第一,"拟真"是与现代性的"表征"(即再现)结构相对立的概念。"表征"作为认知科学的核心概念之一,既是心灵把握世界和信息在大脑或计算机中的显现方式,也是人类表达知识的主要形式。[2] 随着语言符号作为一种具有独立价值的中介物呈现在主体和现实之间,"主体—语言—现实"三因素之间的复杂关系使得主体与现实之间的直接同一"表征/再现"关系产生了断裂。如果表征是对客观真实的再现和记录,那么,拟真逻辑便抛弃了对表征对象的依赖和束缚。在拟真逻辑下,所有指涉物均已消失,能指和所指完全断裂,符号不再是超越自身而指称一个外部世界。

第二,拟真以"模型先在"为主要特征,通过"0""1"符码在源代码中因果性原则预设目的性,生成先在的"数字模型",通过模型形成文字、符号、声音、图像等信息,从而重塑媒介世界。在模型起主导作用下,"自动控制、模式生成、差异调制、反馈、问/答,等等:这就是新的操作形态,数字性是这一新形态的形而上学原则"[3]。在这个意义上,"符码、数字、模型"成为真实的原本,获得了区别于客观现实的自主性,生成、操纵、定义着现实事物,这种"模型先在"的拟真逻辑已经广泛应用于当今建筑设计、家居装饰、时尚杂志、影视特效等领域,成为大众日常工作的一种基本行为方式,"当一种形式不再根据自身规定性被生产,而从模式本身被生产时,时尚就出现了"[4]。时尚、真人秀、明星、偶

---

[1] 支宇:《"超美学"——论鲍德里亚后现代美学思想》,《西南民族大学学报(人文社科版)》,2005年第11期,第124页。
[2] 魏屹东:《科学表征:从结构解析到语境建构》,科学出版社2018年版,第85页。
[3] 波德里亚:《象征交换与死亡》,车槿山译,译林出版社2021年版,第73页。
[4] 同上,第122页。

像等要素共同构成了信息化社会中普遍的审美文化现象,基于"模型先在"的拟真逻辑产生的审美现象,潜移默化地引导着大众的审美旨趣。

第三,拟真是一种存在于虚拟网络世界和电子媒介中的底层支撑逻辑。互联网作为整个社会的"操作系统",建立起了电子媒介运用资源、能力、品牌重新配置资源的架构,在此基础上,计算、编码、剪辑、拼贴、改写成为主要的拟真操作形式,电子媒介成为主要的拟真机器,大量产生出影像、符号、代码。① 一方面,网络媒介是人们认识世界最主要的方式之一,数字信息是人们了解世界的主要信息来源。但数字信息不再代表客观现实,每个电子媒介的使用者都可以在使用中拼贴再造客观现实,真实与虚构、历史与新闻、事件与表演在符号层次上等同,在感觉经验上越来越难以辨别。而且,电子媒介等拟真机器不仅影响和控制着新闻事件的发展进程,更从根本上改变了新闻事件本身的性质。另一方面,大众通过场景拍摄和媒介观看,使被拍摄的物品,哪怕是一件有韵味底蕴的艺术珍品,也不再作为一个艺术朝圣的对象,而仅仅是一个物件罢了。相机、手机、摄影机等电子媒介作为人眼和双手的延伸,将任何喜欢的现实事物置于电子设备的内存,拿到自己身边。通过这种拿来的方式和编码规则,拟真将现实生活重新诠释、置换为符号形式,将现实本身一步步虚拟化、数字化、符号化。

鲍德里亚超美学用"拟真"概念审视数字化、信息化、网络化的社会中艺术与技术的关系问题,搭建起后现代美学与网络媒介之间的桥梁,建构起适应新问题的超美学话语体系,揭示了传统美学从"再现"到"拟真"的后现代转向。在符码操纵下的拟真时代,数字艺术、交互艺术、加密艺术、数字表演等前卫艺术形态的产生,使得新语境下重新诠释的艺术再现无法圆满地解答当代艺术发展所产生的现实问题,而在拟真逻辑中,现实生活被置换成符号的形式,从而走向虚拟化、数字化和符号化,由此出现了在数字化的情境中探讨数字化的艺术问题。

---

① Douglas Kellner, *Jean Baudrillard: From Marxism to Postmodernism and Beyond*, Stanford University Press, 1989, p.68.

三、从真实到超真实

鲍德里亚超美学还揭示了传统美学从"真实"到"超真实"的转变。

传统美学话语体系建立在"真实"观念之上,"真实"问题作为"西方传统哲学的一个核心问题,是关系人类生存的终极问题"[1],关联着实在、存在、本质、规律、真理、事实等"确定性"思维。但自笛卡尔以来,传统的真实观念被轮番颠覆,思想家们越来越无法确定世界和人类生活的实在性。自然科学与现代电子计算机技术的发展,使得数千年建构的实体性存在连同现实世界被不断地数字化和符号化,无限复制再生产的"数字模型真实"终结了传统意义上唯一的"真实"。由此,美学面对的世界已不再是传统意义上真实的客观世界,取而代之的是一个拟真逻辑下被操控符码组成的"超真实"世界。

"超真实"是鲍德里亚在激进否定现代性真实观念基础上提出的术语,是"拟真时代"符码和模型运作下的结果,指代一种比真实更真实的超真实状态。

"超真实"概念由前缀"超"(hyper-)和"真实"(real)一词构成,"超"意为"僭越现代性真实观念的真理性地位"。在拟真时代,数字模型和符码操控使任何符号-物的任意复制再生产成为可能,所有的客观真实仅仅只是需要加工改造的次级从属质料。"超真实"僭越了"真实"概念,取代了真实的中心地位。在这种意义上,"超真实"不是超越真实,更不是背叛真实,而是"没有原型和现实性的真实,一种由现实的模具制造的真实"。[2] 也就是说,当数字技术不再束缚于模仿现实的真实,而是以数字模型的方式建构世界并取代现实的真实时,"超真实"就成为数字模型操控的真实。此时的真实,不再是一种客观现实事物的真实,例如山川湖泊,而是人为地再生产出的真实,例如虚拟世界,这种真实并非荒诞,而是一种被精心雕琢过的真实。

鲍德里亚的"超真实"以最激进的姿态否定和超越了"真实",但

---

[1] 马小茹:《"超真实"概念探析》,《哲学分析》2018年第5期,第123页。

[2] Jean Baudrillard, *Simulacra and Simulation*, Ann Arbor: University of Michigan Press, 1994, p.1.

"超真实"事实上并没有真正超越"真实",而不过是对真实世界和现代社会的另一种解释,是真实世界对人类产生的超真实象征。

第一,"超真实"是"结构符号对真实的僭越,以及能指符对所指的僭越",从而在结构体系中呈现为一种消解了指涉物的脱离真实的真实[①]。由此,符号的真实优于真实本身,即观念本质上的真实远比表象的真实更为真实。例如,美国的迪士尼乐园就是这种超真实的典型体现。作为理想的美国世界的缩影,迪士尼乐园体现了当代美国的特质,历史与未来、科技与幻想在此交汇,营造出一种观念上的真实,实现了"美国式生活方式的概括,美国式价值的颂扬,对充满矛盾的现实进行理想化的转换"[②]。

第二,"超真实"是拟真时代媒介操纵现实世界图景的一种"症候",影像、符号、代码构成了超真实的领域,"自然的真实"被数字化模型再生产出来的"制造的真实"所取代。按照模型生产出来的超真实颠覆了真实存在的根基,此时的超真实是人为制造的再生产之物,是一种模型复制的媒介真实。既然一切都在媒介中存在,一切都在媒介中被感知,那么,没有原型的符号和模型本身就是现实,不再有超越它的另一个真实世界。目前,随着人工智能、基因技术、类脑计算、虚拟现实、区块链等多项科技的全面突破,超真实在社会生活的各个领域中日渐凸显,成为一种新的形态特征。

第三,"超真实"是基于科技发展的一种去蔽。在科学技术的支撑之下,媒介制造的数字拟像揭示了我们在日常生活中用肉眼无法察觉的真实事物,"超写实主义"是对这种超真实理论的回应,即通过对细节的强调,呈现出我们日常不可见的真实,达到视觉上的震撼,这种震撼来自"比现实更真实"。

第四,"超真实"是一种基于科技发展的超前预判,越过了真假判断,先行裁决。2021年井喷的"元宇宙"话语体系就是架构于现代科技之上的对未来虚拟世界的一种超真实的超前预判,无关真假,无关对错。

在鲍德里亚的理论视野中,生物工程的 DNA、信息技术的 0/1 符

---

① 马小茹:《"超真实"概念探析》,《哲学分析》2018 年第 5 期,第 132—133 页。
② Jean Baudrillard, *Simulacra and Simulation*, Ann Arbor: University of Michigan Press, 1994, p.12.

码构成了超真实的独立领域,以超真实为基础的"超美学"凸显了信息、传媒和符号的作用,以数字景观呈现了一种虚拟的现实艺术形态。超美学不仅以声光影完美融合的数字化沉浸式视听,彻底超越了真实与想象的界限,拆解了艺术与现实生活的联系,使艺术不再来源于现实生活,而且还以自由放飞的想象力、精准复制逼真再现的科技手段,以及光速传播的信息交流技术等,创造出接近完美的"美的拟像",使昔日的审美幻境无处不在。然而,不可否认的是,这种超真实世界中独有的"美的拟像",在反复地自我指涉和镜像繁衍中变得日常化甚至泛滥化,失去了其自身的神圣性。艺术作品在鲍德里亚所言的拟真时代已经变成了图像和瞬间时刻的二进制数字符号编码,"在它们的语言中,没有关联,没有语境,没有历史,没有任何意义,它们拥有的是趣味代替复杂而连贯的思想"[1]。这种音乐、图像、人工制品已经不再是传统意义上的艺术,因此,在鲍德里亚的观念中,"艺术是一场共谋,甚至是'圈内人的买卖':它包括了一种无效的内行知识,无须轻视,你不得不承认,在那里,每个人都在残余物、垃圾、空无上工作。每个人都在庸常、无意义之上做着主张,不再有人宣称要成为一名艺术家"[2]。在超真实的虚拟世界中,艺术以一种共享的姿态呈现在更大范围的普罗大众面前,我们每个人都可以对其发声,对其评论,对其改编再创作,在这种共创共享之下,真正意义上的艺术革新变得尤为困难。而且,数字原生代的每个人都可能是互联网上潜在的"艺术创造者",通过不断地重新拼组和玩弄过去已产生的各种艺术形式和艺术碎片,我们每个人都在极大地消解着艺术的深度和意义。应当说,鲍德里亚提出的源自符号与真实(指涉物)分离的超真实概念,从根本上颠覆了长期以来形成的真实观念,很好地解释了真实世界对人类产生的超真实象征。

总之,"超美学"用拟像、拟真、超真实三个关键词有力地把握了"拟真时代"信息符号的支配作用,阐释了符码统治下美学的存在境况,以一种全新的视野和开创性的思路展现出传统美学从形象到拟像、从再现到拟真、从真实到超真实的后现代转向,直接反映了当代文

---

[1] 尼尔·波兹曼:《娱乐至死·童年的消失》,章艳、吴燕莛译,广西师范大学出版社2009年版,第70页。

[2] 让·波德里亚:《艺术的共谋》,张新木、杨全强、戴阿宝译,南京大学出版社2015年版,第104页。

化中大众的心态变化，直面当代人类精神世界的幻灭状态。在鲍德里亚的逻辑推演中，当社会大众逐渐沦为电子媒介操控的机器，被无限复制再生产的审美拟像遮蔽，大众对客观现实的感知逐渐淡漠，逐渐被消解为"沉默的大多数"，至此，一切的社会能量和社会关系都将失去作用，成为毫无所指的空无符号，并最终导致了"社会的终结"。当然，鲍德里亚后期的这种走向虚无主义的倾向是不可取的，但毋庸置疑的是，其超美学表现出了对后现代美学转型、对文化变迁、对审美大众心态变化的极大阐释能力。

更值得关注的是，超美学的论述并不是对传统美学的简单超越，即超美学不是在经典美学的范畴中去狭隘地分析美、感性认知和艺术，而是超越了传统的界定，将美学置于整个人类社会事务当中，从人与物的关系的经验、从社会媒介的发展来透视当时的社会观念与人类经验，是对当代社会文化现象的深层反思，体现了一种"美学"与"非美学"之间的交叉、跨越、融合，即美学对经济、政治、文化以及日常生活的渗透。当美学从哲学意识形态和文化经济赋予它的狭隘领域和角色中超越时，我们的审美观念也随之扩大，美学也成了一个各种平行理论话语共存的广大领域，由此变得更为重要和富有意义。如今，科学美学、法律美学、审美政治、审美经济等美学话题的蓬勃发展，也正是映射了这一点。

【本文为国家社会科学基金艺术学重大项目"美学与艺术学关键词研究"（项目编号：17ZDA017）、国家社科基金项目艺术学一般项目"当代中国数字艺术伦理问题研究"（项目编号：23BA025）的阶段性成果】

（作者单位：山西大学音乐学院　山西大学哲学学院）

学术编辑：胡　镓

阅读与评论

逻辑、辩证与修辞：评《思想与方法：T.J.克拉克艺术社会史研究》

蒋苇

论文摘要 英国著名马克思主义艺术社会史学者T.J.克拉克的著作对艺术史学科具有引领性的重要意义和厚重分量，但因其辩证的观点立场和宏大的理论跨度，他的写作往往盘根错节、艰涩深邃。诸葛沂所著《思想与方法：T.J.克拉克艺术社会史研究》是对其逻辑脉络和理论路径的系统性梳理。作者创造性地以"否定"与"隐喻"两个中介性概念为抓手，提取出"共时性评论""事态分析""情景主义策略"等克拉克艺术史写作中的方法论创举，揭示了克拉克现代主义理路隐晦而曲折的路径，并在比较视野中使其思想与方法的形态得以清晰显现。

关键词 T.J.克拉克 艺术社会史 马克思主义 中介 现代主义

诸葛沂的新著《思想与方法：T.J.克拉克艺术社会史研究》（以下简称《思想与方法》）是对当今最重要的艺术史学者T.J.克拉克毕生所著的全面剖析，也是透过克拉克对艺术史作为人文学科所触及的问题与路径的一次审思明辨。该书是少数专论艺术史学家的著作之一，作者不仅将克拉克放置于艺术史方法论的坐标系中，更从哲学、文学、历史学、社会学的人文科学宏观视野，挖掘了克拉克作为思想家和理论家的卓著成就。作者宽广的理论视野使得这本《思想与方法》能够穿透克拉克文字的浩繁佶屈，承托住克拉克艺术史研究的雄心和抱负——重新拾起在李格尔那个年代老大师们对阐释作品和揭示艺术与人类社会文明进程的关联的雄心。

T.J.克拉克将阿比·瓦尔堡、海恩里希·沃尔夫林、艾尔文·潘诺夫斯基、弗里茨·萨克尔和尤里乌斯·冯·施洛茨视为艺术史学科发展历史中的"伟大阶段":"这是多么伟大的时代啊,李格尔和德沃夏克是真正的历史学家,他们操心的是最本质的问题——意识的条件、再现的本质。"①诸葛沂指出,克拉克推崇这些老大师是因为他们"从来都注重在整体历史结构中去思考艺术,考察艺术创作的社会环境及其对艺术的影响,而非仅仅依赖于某种神秘'方法'(形式分析、图像学)。"②这种艺术史研究的视野和抱负,来自对人类社会深切关怀的内在驱使,使克拉克的研究超越了方法论和学科知识体系。当然,这也决定了克拉克的写作往往宏大而艰深。这本著作条分缕析剖析克拉克的思想理路,不仅对于艺术史学史来说具有必要性,而且对于哲学、社会学、思想史、现代性研究以及马克思主义美学研究等都具有重要的参考价值。

一、辩证的艺术社会史

克拉克的文章在一众艺术史和艺术理论的文献中尤为佶屈深奥。其视角独特,如洞隐烛微,立场、观点却过于迂回隐匿;论证材料广博丰富,有时恣意铺以陈辞泛滥无涯,掩盖了基本论点;语言饱含哲思,洋溢诗情,但笔调生僻,以致会游移不定,隐晦难懂。这源于其理论的辩证立场和阐释跨度所带来的写作路径的多维交织。但眼下这本书,其研究思路与写作风格却恰恰相反,逻辑严谨,条理分明,语言晓畅,表述练达,若"游鱼细石,直视无碍"。在本书的第一部分,作者首先通过廓清艺术社会史的前世今生,使我们认识到克拉克在其中所处的立场位置,为理解其后续理论概念提供了一个锚点。

作者将克拉克置于艺术社会史—马克思主义艺术社会史—新马克思主义艺术社会史这样三组递进关系中,清晰地标记了克拉克艺术史研究的价值取向。克拉克的目标是"对艺术作品和社会历史进行接合表述",而不是将作品割裂为社会文化中一个特殊的自治部门,但区

---

① T. J. Clark, "The Conditions of Artistic Creativity", in *Times Literary Supplement*, May 24(1974), p.561.

② 诸葛沂:《思想与方法:T.J.克拉克艺术社会史研究》,商务印书馆2023年版,第101页。

别于艺术社会学或传统马克思主义艺术社会史,在他的论述中,绘画仍然作为绘画本身被解读,而非被先行认定为某种文化现象或作为意识形态表征。他的抱负在于从艺术自律出发,却要抵达与传统马克思主义艺术社会史相同的政治关切——对资本主义现代性的审视与批判。克拉克给予了艺术自由、自治的地位,又认为艺术是一种文化表征,这种文化表征既"处于社会的'表象战争'之中,又强调艺术区别于意识形态表象的独立性"。这个论断辩证地回答了本雅明·布赫洛抛出的问题:"文化生产到底是在社会意识形态的运作系统之内,还是有意识形态之外的一块纯粹的空间?"[1]诸葛沂认为克拉克的这一立场"既显示出矛盾性,又表现出巨大的理论张力"[2],他将这种辩证性的逻辑追溯到黑格尔的传统,并将克拉克的思想看作是马克思唯物主义对黑格尔辩证法的继承与发扬。

以简化的逻辑来看,克拉克的新艺术社会史研究似乎只是传统艺术社会史的精细化、复杂化版本,"注重将艺术放在动态的社会进程和复杂的社会关系中去辩证地考察,甚至强调艺术对社会的能动作用"[3]。而实际上,这是一项非比寻常的艰巨挑战,诸葛沂在书中直击了问题的实质——克拉克要跨越的是"内容对抗形式,内在对抗外在,文本对抗环境"这些永恒的难题,"克拉克艺术社会史的最大价值就在于……对这些中介问题的固执而多样化的解决"[4]。他的解决方案立足马克思主义的理论根基,同时广泛吸收了20世纪人文学科的众多成果,例如意识形态理论、文化马克思主义、情境主义、结构主义、法兰克福学派的批判理论,以及从弗洛伊德、巴赫金、保罗·德曼、马歇尔、维特根斯坦等一众理论家之处拾取攻玉之石……克拉克将这些理论吸纳、转化,并创造性地形成了一套阐释和论述的方法策略。《思想与方法》不仅抽丝剥茧地剖析了克拉克对这些理论的调用,还在克拉克盘根错节的论述之上构建了一个理解的结构,即"中介机制"。作者以这一机制为框架,对克拉克的论述进行了结构化提取,创造性地提出了"否定性""隐喻""事态分析法""共时性评论"等几个核心阐释策略

---

[1] Ed. Rosalind Krauss, Hal Foster, et al.. *Art Since 1900*, London: Thames and Hudson Ltd, 2016, p.30.
[2] 诸葛沂:《思想与方法》,第123页。
[3] 同上,第11页。
[4] 同上,第159页。

和概念抓手,厘清克拉克现代主义理论的关键概念和基本理路,使我们得以领会克拉克艺术史研究路径中这些极富胆魄的创举究竟在何种意义上突破了艺术社会史的范式,又是如何为整个艺术史研究带来了巨大的阐释活力。

二、修辞作为中介

美国保守主义艺术批评家希尔顿·克莱默(Hilton Kramer)曾这样批评艺术社会史学者:"他们有一个地下室,有一个阁楼,但地下室通往阁楼的楼梯是没有的。"[①]这实际上指出了困扰着整个艺术社会史学派的核心问题。克拉克的中介性策略首先弥补了传统艺术社会史宽泛宏大叙事遗留的问题,即萨特批评的"简化、草率而固执的方法",通过"一个抽象普遍性之间的异质性体系……将概念压迫进预先构想的模具"。[②] 他通过精细化的叙述在"地下室"与"阁楼"之间搭建起脚手架,也使得对艺术的批评性的解读能够避免法兰克福学派在形式与意识形态之间做出的直觉性分析。他试图在一个更具体、更有针对性的层面解决问题:如果艺术反映社会,那么如何反映,在何处反映,反映了社会中的什么?毕竟如果离开了这些具体讨论,"艺术反映社会"至多也只是一句正确的废话。克拉克在《人民的形象》开篇写道,"我想揭示机械的图像'反映'背后的具体意义,去了解'背景'如何变成了'前景';揭示两者之间真实复杂的关系,而不是形式和内容之间的类比"。[③] 更重要的是,正是由于中介机制,也只有通过中介机制,克拉克才能实现他对艺术自由与社会关切的接合表述,从作品的形式语言,到准确、真实、有意义地揭示出艺术与社会之间的张力,实现社会批评与作品阐释之间既断裂又统一的辩证关系。

迈耶·夏皮罗在1936年的论文开篇就已经回答了一种完全与社会现实无关的艺术史不可能存在。艺术"既依赖语境,又不可还原为

---

① Hilton Kramer, *The New Criterion Reader: The First Five Years*, New York: Free Press, 1988, p.54.

② Jean-Paul Sartre, *Search for a Method*, trans. By Hazel E. Barnes, New York: Vintage Books, 1968, p.126.

③ T.J.克拉克:《论艺术社会史》,张茜译,《新美术》2012年第2期,第7页。

语境性的因素"①,迈克尔·巴克桑德尔(Michael Baxandall)指出,"形式可能反映社会状况,但是社会状况却并不会形成形式"②,环境条件是一件艺术作品的必要条件而不是充分条件。因而任何持语境性立场的艺术史研究者都要面对如何在"此岸"与"彼岸"之间建立联系这个问题,而"中介"策略,实际上也被包括巴氏在内的其他研究者所采用。《思想与方法》要探讨的核心问题之一便是 T.J. 克拉克所调用的中介策略的立场与方法,特殊性和程序性。这种特殊性也可以从比较中显现出来。

巴克桑德尔作为非马克思主义艺术社会史的代表,虽然拒绝任何意识形态维度的上升,但艺术与社会的关系同样是他毕生致力回答的问题。他参照了18世纪科学家皮埃尔·布格尔测量烛光的方法,通过引入一个中间变量将两个原本异质的概念联系起来。③ 例如,通过引入"视觉技能"或"艺能训练"在艺术与社会这两个本不兼容的概念之间搭建起桥梁。④ 他的基本方法是将贡布里希的视觉认知心理学扩展到文化、习俗、社会实践的场域。贡布里希将视觉研究、心理学与瓦尔堡的文化史相融合,提出我们对艺术作品的认识总是建立在艺术传统和接收到的视觉图式、样本的基础上,因而具有一种"心理定向",它是我们理解作品的参考框架。而巴克桑德尔在贡布里希的基础上,吸收了来自文化研究、人类学、认知科学、语言学的研究成果,解释了惯例、图式对绘画生产场的影响并非直接的,也不仅限于艺术世界内部,而是经由复杂的社会参与和文化实践形成"视觉认知风格",即某个文化时期对事物特有的视觉认知方式⑤,巴氏称之为"时代之眼"。这个概念如布格尔法则的方法所示,在艺术与社会二者之间扮演了一个中介角色,巴氏正是通过这一概念在《15世纪意大利的绘画与经验》一书

---

① Michael Pedro, *The Critical Historians of Art*, New Haven: Yale University Press, 1984, p.20.

② 麦克尔·巴克桑德尔:《德国文艺复兴时期的椴木雕刻家》,殷树喜译,江苏美术出版社 2014 年版,第 131 页。

③ Michael Baxandall, "Art, Society, and the Bouguer Principle", in *Representations*, no.12(1985), pp.32–43.

④ 蒋苇:《布格尔法则的启示》,《南京艺术学院学报(美术与设计)》2024 第 2 期,第 158 页。

⑤ 蒋苇、魏本悦:《从"心理定向"到"时代之眼"——巴克桑德尔对贡布里希的继承与推进》,《美育学刊》2023 年第 3 期,第 41—48 页。

中以实证主义精神和历史眼光勾勒了佛罗伦萨社会生活与艺术生产之间鱼水交融的图景。这一概念也因其强大的理论生产潜力成为20世纪艺术史研究最重要的概念之一,并为不同学科的后续研究所调用。

以巴克桑德尔等为代表的实证主义艺术史学者,致力于在文化实践与艺术生产之间建立起清晰、可信并具有科学性的阐释路径。然而,形式与意义、物质与符号之间并非一切都可以用科学论证说明,因为艺术与社会之间的情形,本就不完全属于客观科学范畴。更重要的是,实证主义在可靠、严谨的同时,也同样有着一种回避,规避了价值判断的冒险。特别是在涉及物质性的情况时,正如克拉克所说,物质性,"在现代主义条件下……是真理或虚假的问题消失进入时间黑洞的场所"。[①] 持马克思主义艺术社会史立场的学者要寻找"经济基础决定上层建筑"的实证性线索,也更希望去揭示那些在表面的客观性之下无迹可循却更具影响力、更具决定性也更隐蔽的深层关系形态,例如对主导意识形态、权力结构的批判或认同,讽刺或模仿,反抗或追随……

有抱负的艺术社会史学者试图从艺术和社会看似分离的表征之中揭露出复杂而难以言喻的真实关系情形。在迈耶·夏皮罗的阐释理路中,对艺术作品作为"表象"做出社会内涵的"解读",同样通过了中介性概念的逻辑中继。他认为,绘画从具象走向抽象的风格变迁,其内在动因源自资本主义总体性带来的自我弱化的悲怆感,驱使艺术家产生"以令人震惊的方式"来宣布自由的这样一种形式欲望[②],因此抽象表现主义的自由姿态和自发性,实际上是对物化、同一化的文化做出的补偿性应对。夏皮罗将风格视为艺术家对社会文化境况的一种表达和回应,将作品与社会指向之间的关联诉诸"能动的、智性的人"这一中介性的概念。艺术家具有独立的创作自由,同时,他作为社会生活的参与者,具有社会属性。优秀的艺术家往往能够将对社会施加的张力寓于主动选择的自由表达中,它不同于实证主义艺术史中的客观影响或是"经济基础决定上层建筑"这句话所暗含的一种受制于

---

① T. J. Clark, *Farewell to an Idea: Episodes from a History of Modernism*, New Haven and London: Yale University Press, 1999, p.48.

② 迈耶·夏皮罗:《最近的抽象画》,《现代艺术:19与20世纪》,沈语冰、何海译,江苏凤凰美术出版社2015年版,第264页。

社会条件的被动性,而是优秀艺术家才具有的高级思想情感和更高层次的人格能力。夏皮罗将艺术家视为"自由人"的卓越典范:"充满热情和自发性的艺术家是自然、多产、自我实现的人的一个典范。在他身上,情感与思想同时作用,二者间真正的社会属性紧密相连。"[1]通过艺术家的智性与能动性,夏皮罗为抽象艺术这一形式风格做了社会批判性和进步性的意识形态辩护。

夏皮罗的论述可以被视为抛砖引玉的先行者。克拉克曾言促使《现代生活的画像》诞生的源起是夏皮罗《抽象艺术的性质》中关于早期印象主义具有道德面向的一番话。[2] 沿着夏皮罗的方向,正如诸葛沂在《思想与方法》中所呈现的,夏皮罗的方法论雏形在克拉克这里已经形成了庞大而精细的阐释体系,具有更为清晰、成熟的学理性和方法路径。可以发现,克拉克的写作实际上在不同方法和维度之间时常变动,自由切换,他显然对于那些不可名状的却潜藏的关系形态更感兴趣,力图以近乎冒险的姿态,征用一切可能的手段,去追踪、探测、施压。故而,他所欣赏的成功的解读是"一种对复杂假设、陈辞、技巧的动员"。[3]

对于实证主义触碰不到的、传统马克思主义又无法细说的更复杂、更精确的关系形态,克拉克诉诸文本、修辞层面的解读去把握——"将绘画看成一种符号的艺术、话语的艺术、将图像放在以表象等级制建构起来的社会进程中,放在弥漫或渗透在社会结构的符号流通中"。[4] 诸葛沂从克拉克浩繁的卷帙与隐晦游移的文字中提取了"否定"与"隐喻"这两个核心概念,作为克拉克中介性策略中高度浓缩、高屋建瓴的关键因素。否定,既指画面内部具有否定性的艺术实践,也指现代主义绘画作为对资本主义总体性的"否定的实践"。而关于隐喻,诸葛沂指出,克拉克对这一手法的使用是变动和多层次的,"时而

---

[1] 迈耶·夏皮罗:《狄德罗关于艺术家与社会之间关系的论述》,《艺术的理论与哲学》,沈语冰、王玉冬译,江苏凤凰美术出版社 2016 年版,第 208 页。

[2] T.J.克拉克:《现代生活的画像》,沈语冰、诸葛沂译,江苏凤凰美术出版社 2013 年版,第 30 页。

[3] T. J. Clark, "Arguments about Modernism: A Reply to Michael Fried", in *The Politics of Interpretation*, ed. W. J. T. Mitchell, Chicago: University of Chicago Press, 1983, pp. 85 – 86.

[4] Norman Bryson, "Introduction", in *Calligram: Essays in New Art History from France*, Cambridge University Press, 1988.

是转喻,时而是提喻",并且总是伴随着其他的一些逻辑和理论策略,例如将隐喻的两极转移成语言的问题和思想的范畴①,或是将平面性的隐喻转向认知理论和社会学意义②。甚至在某种程度上可以说,克拉克的隐喻有时是对他自己的结论观点,做出的一种修辞性的强化和总结,例如"现代艺术将媒介当作'最典型的否定和疏离的场所'","平面性"本身就是一个否定的隐喻。"否定"和"隐喻"隶属于话语或修辞的范畴,这似乎暗合了巴克桑德尔所说的"我们生活的语言本质也许对于一个人做任何事来说都是他所需考虑的普遍而又迫切的首要条件"③。而在这两个看似主观、过分文学化的词背后,实际上,克拉克恰恰通过二者实践了一种有着坚实形式分析和实证史料基础,同时又以复杂的理论性和学理性为支撑的中介性阐释路径。

以修辞概念作为打开克拉克中介机制的钥匙,对克拉克变动,甚至近乎矛盾的逻辑脉络进行探察,解释修辞背后的实证性和理论性的内涵,摸清克拉克率性的写作方式下潜藏的深层逻辑结构,使其清晰化、条理化和结构化,并成为可复制、可检验的艺术史研究策略,是作者寄予本书的雄心,也是本书最为出众的方面。

三、中介机制与现代主义理路

那么"否定"与"隐喻"是如何发挥中介的作用从作品抵达克拉克对现代主义形式逻辑的重铸?

克拉克认为,格林伯格所颂赞的纯粹性实践的艺术所带有的不妥协、紧张、激烈、渴望、蔑视和愤怒,即一种"否定性"④;同时,绘画作为与现实世界同一性拉开距离的一片自由、自足的领地,本身便是对资

---

① 诸葛沂:《思想与方法》,第182页。
② 同上,第175页,第286页。作者指出克拉克将媒介特征的平面性与流行海报进行对照,认为平面性的产生与疏离的现代性体验及缺乏深度的社会形成了对应一致的共感关系。Charles Harrison认为克拉克的这个观点"赋予平面性以一种社会学的意义"。Charles Harrison, *Essays on Art & Language*, Cambridge Mass: MIT Press, 2001, p.228.同时,作者认为,从社会环境中获得视觉习得也具有认知理论的支撑。
③ Michael Baxandall, "The Language of Art History", in *New Literary History*, Vol.10, No.3, Anniversary Issue: I (Spring, 1979), p.461.
④ 诸葛沂:《思想与方法》,第142页。

本主义总体性的否定。诸葛沂指出，在克拉克的论述中，"否定"既是一种媒介特性，又具有一种"与作品之形式特征相对应的、在社会过程之中穿梭的性能"①。这种"穿梭"具体是如何实现的？

　　作者在其后的章节为我们渐次揭开了谜团。首先，诸葛沂将克拉克着眼于社会整体情境的叙述方式称为"事态分析"，亦即将视觉分析与社会历史情境做一种精密、复杂的结合。在这个社会情境下，打开绘画审美自律缺口的，使得意义不可避免地涌入社会话语系统的契机，就是诸葛沂所说的"共时性评论失语处"。克拉克在写作中花费了大量笔墨考察当时的评论家在言说马奈的《奥林匹亚》之时，造成了如何的混乱、自相矛盾和不知所谓。在克拉克看来，评论者最无法理解的部分恰恰是关键，历史考察者同精神分析师一样，应当更重视破碎、失败、勉强的表达。这种无法表达的"失语之处"往往就是问题的关键所在——艺术解读得以生效的社会文化共识被打破。而造成这种失效背后的原因，又涉及艺术惯例的断裂。克拉克认为意识形态和社会结构早已渗透于艺术的惯例和视觉结构中，而在艺术家的创作过程中，社会变迁带来的新的社会形态和视觉方式，与嵌入绘画既定惯例的意识形态开启了砥砺竞争，最终社会现实的改变通过绘画惯例或图示反馈出来。沈语冰写道："在贡布里希看来，只有首先依赖现成图示（通常表现为图画传统或惯例），在情景逻辑的压力下对图示做出修正，图画才有可能再现对象。换成克拉克的话来说，则是只有首先对图画传统或惯例作出改变（而迫使改变惯例的压力则来自社会现实），图画才有可能表现社会现实。"②《奥林匹亚》正是在那些违背了裸体画画种传统的细节处理上，挑衅或是讽刺了内嵌于这种传统中的关于身体、性和阶级的意识形态默认共识，才使得这一切得以成为有关阶级的丑闻曝光，才成为对巴黎小资产阶级的娱乐产业——卖淫业和对阶级表征的脆弱性——交际花神话的无情揭露，并最终成为对主流意识形态的冒犯和挑战。

　　克拉克的学生，同样也是当今最重要的艺术史家之一托马斯·克洛（Thomas Crow），从克拉克这种以断裂、失语处作为阐释突破口的

---

① 诸葛沂：《思想与方法》，第171页。
② 沈语冰：《是政治，还是美学？——T.J.克拉克的艺术社会史观》，《文艺理论研究》2012年第3期，第14页。

策略中获得了一种方法论的启示,看到了结构主义在艺术史写作中的巨大阐释潜能。克洛发现实际上先前成功的阐释案例,同样很大程度上要归功于这种将意义的阻塞处或是自相矛盾处作为解读入口的方式,例如夏皮罗从苏亚克雕塑违反常规的构图出发揭示了世俗社会对宗教雕塑施加的影响。受到索绪尔"差异产生意义"以及雅各布森陌生化理论中"特例-规范"思想的启发,克洛总结道:理想的阐释突破口就来自作品中一些反常的矛盾突兀之处——"使得一个对象具有可读性的强硬、暴力的错位与替代行为早已在作品自身之中得到展示"①。一件艺术品如果包含了其被非常规的冲突因素所打断、干扰的迹象,那么被打断、干扰的"反常"之处就是我们读取意义的突破口,正如《奥林匹亚》对主流意识形态发出的冲击就在那些让她看上去既不是一个裸体,也不是一个妓女的形式处理中。这里,诸葛沂认为克拉克的这种敏锐眼光来自他与情境主义国际的羁绊,并把马奈的手法视作对"异轨"的不经意的非故意所为。克洛最负盛名的著作《18世纪巴黎的画家与公共生活》,同样沿用了克拉克的事态分析法和共时性评论策略,并再次发扬了克拉克的结构主义方法,从解读的失语处入手,重新阐释了华托绘画与法国资产阶级集权政府官方文化之间的张力。

诸葛沂通过"中介机制""事态分析""情景主义策略"这三个在不同维度间彼此嵌套而非平行的策略分析,清楚地阐明了克拉克对于现代主义绘画具有社会意义上的"否定性"的观点。更具体地说,克拉克认为"现代艺术通过否定媒介的通常的一致性来坚持其媒介性,通过扯断它、排空它、制造间隙和沉默,将它设置成感觉或连续性的对立面,让这种行为、事情本身成为抵抗的同义词"。②那么这种对惯例的反叛如何作为"否定的实践"穿梭到"媒介性"作为否定性的隐喻呢?

在本书第四章,诸葛沂集中讨论了克拉克的现代主义理论,其中最精彩的部分是将格林伯格与克拉克对现代主义的不同理解并置进行辨析,并引入了弗雷德和德·迪弗的第三方视角。格林伯格将媒介纯化看成现代主义审美价值的化身,因此绘画的价值就在于对平面性的不断追求,并且只有在这种媒介自律中,绘画才能保全其在资本主

---

① Thomas E. Crow, *The Intelligence of Art*, Chapel Hill, London: University of North Carolina Press, 1999, p.5.

② 诸葛沂:《思想与方法》,第142页。

义总体性中的生存根基。正如诸葛沂指出,克拉克对于平面性的看法,并不与格林伯格和弗雷德决然对立,其中更多的是一种错位。格林伯格关注的是现代主义绘画中的媒介意识这一特征,而克拉克关注的是这种依托媒介性的艺术自治得以形成和维系的条件或原因。实际上克拉克对格林伯格现代主义理论釜底抽薪式的反击,就是将这种对媒介的执着意识视为一种症候式的表征。

德·迪弗对此有更公允的阐述,他对克拉克的理解是,艺术的惯例是一个稳定的协定,在知己知彼的双方(艺术家和他者)之间订立起来,但在现代性条件下,资产阶级无法胜任审美仲裁者的角色,无法成为那个让现代艺术表达自身价值的他者,便只能将媒介宣告为它自己的价值,它自己的意义。① 在社会环境的压力下,艺术家转向媒介的方式"是通过否定媒介的通常的一致性来实现的"。以波洛克为例,克拉克写道:"从1947年到1950年,波洛克创造了一整套表现形式,囊括了之前被人们所边缘化的自我表现方式——沉默的、肉体的、野蛮的、自危的、自发的、不受控制的、'存在主义'的、超越或先于我们意识的——这些层面在波洛克那里变得明晰起来,并且获得了一系列相对稳定的能指(signifier)。"② 诸葛沂认为,对克拉克来说,波洛克的绘画产生出了一系列特殊的粗野的"表现性"(expressiveness)效果,包括画面的密集和夸张的姿势,这些都是"粗野"的表现,正是以这种粗野而密集的方式,波洛克的抽象表现主义绘画向美国的消费资本主义和冷战社会进行了对抗。③ 更重要的是,波洛克同现代主义的批评一样拒绝隐喻,而这种拒绝的企图,克拉克认为,本身就是一种症候的表征。

因而,克拉克将现代艺术作为对资本主义总体性的"否定的实践"在一种症候分析视角下的隐喻。这一视角下,现代艺术几乎具有了一种类似亚文化的特性——一种具有表达性、补偿性的"文化激进主义"。媒介,在隐喻的意义上,是"否定和疏离的场所",一旦以媒介为现代艺术自我价值的目标,那么其后的逻辑就是现代艺术"将自己体现为一种无止尽的、绝对解构的艺术,一种总是将'媒介'推向其极限的艺术——推向其终点——在此,它四分五裂,或蒸发消失,或回归到

---

① 诸葛沂:《思想与方法》,第325—328页。
② T. J. Clark, "Unhappy Consciousness", in *Farewell to an Idea: Episodes from a History of Modernism*, New Haven and London: Yale University Press, 1999, p.308.
③ 诸葛沂:《思想与方法》,第139页。

那单纯而未具形的材料中去。这就是媒介于其中得以恢复并重新改造的形式:艺术(Art)的事实,在现代主义中,是否定的事实。"①

"否定"和"隐喻"结伴而行的多重性还体现在克拉克其他一些阐释的分支逻辑中,例如克拉克认为现代主义艺术是社会环境的现代性的"赋形",早期的现代主义者进行的各种艺术技术革新,向极端发展,在技术被固化的时刻,现代主义便隐喻般地成了技术理性的镜像时刻。②再者,克拉克认为平面性的产生与疏离的现代性体验及缺乏深度的社会形成了对应一致的共感关系。这些论断实际上也从不同的维度再次表明了克拉克将现代主义的艺术实践视为现代性条件下的症候。

克拉克的这些论述时而采用了文学性的修辞,时而在不同维度滑移。有时,他自己承认,"基于我们现有的证据,这些问题都是猜测性的,所以我的答案注定也是尝试性的。"③但克拉克所指出的这种作为症候的文化激进主义,的确揭示了现代主义绘画中被其他批评家、美学家所忽视的一些形式面向,一经点破,我们发现这种特质几乎潜藏于所有伟大的现代画家身上,正如我们能在马奈、塞尚、立体主义、波洛克绘画的形式中所能感受到的:

"它所采用的形式……是被强调的,和异常的(脱离正轨的)。或者说,形式秩序被放置于前景中来突出(或者可以说是盲目迷恋)……现代主义中的形式看起来,是存在于纯粹的重复和纯粹的差异之间的交叉点。形式和单调(monotony)相伴而行。或者,是形式和无差异(undifferentiation)相伴而行,形式和幼稚,形式和混乱的涂抹。"④

克拉克现代主义理论的形成从20世纪70年代初开始至今,经历了50多年的发展,他的现代主义观念零星分布在大量的文献中,许多论述是只言片语,语焉不详,时过境迁,便如雪泥鸿爪。而作者从现代主义的历史坐标系、本质、特征、类型和争论等各方面,抽丝剥茧般地抉奥阐幽,给出了对克拉克现代主义理论高屋建瓴的总结:"现代主义是将现代性体验置于媒介之中的极限主义形式实验,它既意图完全再

---

① 诸葛沂:《思想与方法》,第142—143页。
② 同上,第258页。
③ 克拉克:《现代生活的画像》,第323页。
④ T. J. Clark, "Modernism, Postmodernism, and Steam", in *October*, Vol. 100, Obsolescence (Spring, 2002), p.164.

现现代性,又逃避甚至拒绝现代性的种种规划,这种既爱又恨的艺术实践体现出了巨大的悲怆。"①

四、结语

克拉克作为当今最重要的艺术史家之一,也因其观点的激进和写作方式而受到争议。克拉克从形式/作品的"此岸"抵达现代主义否定性的"彼岸"的远征,的确具有一种冒险性。同时,他在横跨形式分析与意识形态批评的论述架构中,并没有谨慎地保留一种安全、正确的开放性,而是一针见血、直言不讳。将确切的"否定性"赋予一件作品,受到了当时同样从事前卫实践的电影人的批评。在布莱希特和戈达尔的时代,意义的打断、悬停、震惊,本身就构成了在现代性的早期阶段对技术理性的一种抵抗策略。同时,在后现代主义还未粉墨登场之时,人们对意义的空置、开放仍抱有期待,因为开放性意味着主导逻辑之外的更多可能性。

但是迄今为止,事实证明,当意义打断、悬停、空心化、虚无化之后,事态仍将停留在这个阶段,除非有一种建设性的替代方案,不然并不会生出更多的可能性。特别是当这种策略被体制化之后,在今天的许多庸俗当代艺术中,这种不确定、不表明的暧昧态度,反而提供了一种庇护,成为逃避真正意义和真实行动的一个借口。因而,克拉克的这种确定性的、冒险的写作方式,本身也有着现代主义艺术所具有的那种测试、检验的前卫实践属性,对其观点理路的回溯,甚至于对其漏洞、偏颇之处的检验,都具有重要的价值。

克拉克的几部作品无一例外都对阅读者和翻译者带来了巨大挑战。行文艰涩,逻辑缠绕,变动滑移,时常有同意不同文或同文不同意的表述……这或许与克拉克的英语国家文学传统有关。相较于德语国家传统的逻辑性,英语学术传统更看重文学性、修辞性带来的具有启示性的阅读体验。与实证和逻辑见长的文风相比,克拉克文学性的表述有时呈现出令人惊艳的对问题本质的穿透力和把控力。对于克拉克的这种文学性的写作方式和思维风格,诸葛沂的研究同样展现出

---

① 诸葛沂:《思想与方法》,第243页。

了极强的把控能力,不仅要穿透克拉克的语言,对其进行理性、逻辑的检阅,将克拉克这种文学性的风格化解为秩序清晰、逻辑井然的文本,同时还要保留克拉克写作语言中的灵活变通和巧妙的包容性,去缓和、衔接一些逻辑尚未清晰化但仍然值得重视的方面。最终,作者凭借扎实的学识和深邃的洞察力,于克拉克广泛而精微的文献资料中析毫剖厘,擘肌分理,构建出层次分明的多维度论述,体现了其对克拉克鸿旨大意把握的巧思与从容。

【本文系教育部人文社会科学研究青年基金项目"文化研究视域中的艺术批评——基于托马斯·克洛的研究"(项目编号21YJC760033)、上海市设计学Ⅳ类高峰学科资助研究成果】

(作者单位:华东理工大学艺术设计与传媒学院)

学术编辑:李永胜

柏拉图思想的艺术之旅
——评《柏拉图的艺术学遗产》

李 念

内容提要 孙晓霞的《柏拉图的艺术学遗产》一书从"技艺理论""剧场政治"和"智识传统"三个视角切入,通过文本细读和历史还原努力接近更加真实立体的柏拉图艺术学思想。在整体艺术观下的柏拉图技艺理论解读,既是对其艺术学思想内在理论张力的探究,也是对其思想在历史中发展变化的脉络梳理和呈现。书中运用概念史研究方法对柏拉图艺术学遗产的发掘和整理也体现出立足中国艺术学建设发展的鲜明学科意识,所探讨的"艺术与技术的关系""艺术与科学的关系"等一系列话题正是当前中国艺术学发展所亟需思考的重要理论命题和前沿热点话题。

关键词 柏拉图 艺术学 技艺理论 剧场政治

哲学家、历史学家怀特海(Alfred North Whitehead)曾说:"对欧洲哲学最安全的一般性刻画是,它是由对柏拉图的一系列脚注构成的。"① 这句话或许有些言过其实,但毋庸置疑的是许多现代学科的建立过程都不可避免地遭遇了柏拉图,甚至是建基于柏拉图的文本和理论。就古典学的发展历史来看,虽然"现代世界开始对古典的权威提出疑问,然而对哲学家、艺术家、政治家和历史学家来说,来自希腊罗马的文化传承仍是我们所熟知的典范、有力形象和富于启发性的论证的神奇源泉"。② 在宏阔的哲学天地中,我们会遭逢柏拉图的知识论、形而上学、道德理论、政治理论和宇宙论;在传统的美学研究领域中,

---

① Alfred North Whitehead, *Process and Reality: An Essay in Cosmology*, New York: The Free Press, 1979, p.39.
② 内维里·莫利:《古典学为什么重要》,曾毅译,北京大学出版社 2020 年版,第 76 页。

我们会遭逢柏拉图的"美是理念说""艺术模仿论""灵感和迷狂说";那么,在艺术学的目光中我们又会遇见一个怎样的柏拉图?孙晓霞所著《柏拉图的艺术学遗产》一书给出三把钥匙,即"技艺理论""剧场政治"和"智识传统"。

一、整体艺术观下的柏拉图"技艺理论"解读

艺术与技术之间分分合合的过程形塑了千余年来西方美学和艺术发展的历史。从学科建构的角度来看,艺术门类的系统化和艺术理论的观念化无疑具有重要的理论意义和实践价值。但从"泛艺术"到"纯艺术",从"艺术"到"美的艺术"的体系建构和理论思考过程却充满论争,学术论争的核心问题便指向了是否存在一个学界普遍认可的现代艺术体系,如果存在这样一个体系它包含哪些具体艺术门类以及这个体系是否最终形成于18世纪等。关于上述问题的讨论将勾连起从夏尔·巴托(Charles Batteux)《归结为同一原理的美的艺术》(*The Fine Arts Reduced to a Single Principle*,1746)[①]到保罗·奥斯卡·克里斯特勒(Paul Oskar Kristeller)《现代艺术体系:美学史的研究》(*The Modern System of the Arts: A Study in the History of Aesthetics*)等一系列研究成果。克里斯特勒在20世纪50年代发表的《现代艺术体系》一文尤为重要,这篇文章也构成了《柏拉图的艺术学遗产》一书的重要思想来源和论述背景。

克里斯特勒在文章开篇即表明了写作的目的和意义。虽然构成近代美学基础的五门大艺术的体系中有许多成分可以追溯到古典时期、中世纪和文艺复兴时期的思想,但这样一个现代艺术体系直到18世纪才最终确定。《现代艺术体系》一文只是讨论把这五门大艺术系统结合起来的过程,主要涉及它们的相互关系和在西方文化总框架中的地位。这一论题以往多为学界所忽视,因此一番简短初步的研究会对阐明近代美学及其史学的一些问题有所助益。开宗明义表明写作目的之后,克里斯特勒开始了他的历史性考察。他首先对艺术与美在古典希腊罗马文化时期的所指进行了概括:

---

① 夏尔·巴托:《归结为同一原理的美的艺术》,高冀译,商务印书馆2022年版。

> 希腊文中表示艺术的词及其拉丁文的对应词并不明确表示近代意义上的"美的艺术",而是被应用于我们常称作工艺或科学的所有人类活动。……当希腊的作者们开始把艺术与自然相对时,他们考虑的是一般人类活动。……近代美学的另一个主要概念,美,并没有以其特定的近代内涵出现于古代的思想或文献中。古人从未把希腊词及其拉丁文的对应词明晰地或者始终一致地与道德的善区分开来。①

对于这一问题,《柏拉图的艺术学遗产》一书在综合学界既有研究成果的基础上做了更为细致而系统的考察,用了两章的内容揭示了技艺与艺术的共源以及柏拉图技艺思想中作为知识生产的技艺所具有的知识论属性。

克里斯特勒从近代美的艺术的视角来观照古代美学尤其是早期希腊罗马美学所得出的结论是大致准确的,但由此产生出一个重要问题,即如何从古代和现代两个视角来重新审视古典文化时期的美学和艺术,又如何在二者之间建立起联系,既要避免以今视古和以古律今所产生的误读,又要在尊重文献和时代面貌的前提下,于古今之间建立起沟通的桥梁,让历史上的思想资源实现古为今用的价值。这实在是摆在美学史家和艺术理论家面前不可忽视的重要论题。《柏拉图的艺术学遗产》一书在纷繁复杂的概念流变过程中锚定了技艺的坐标,努力尝试回答这一问题。观澜索源,振叶寻根,经由柏拉图技艺理论厘清西方哲学美学中的智识传统内蕴的逻辑,并将其带至当下,与中国艺术学科的发展相结合,我们会发现柏拉图并不仅仅是凭吊追忆的先哲,其寻求终极真理与实在所构建的哲学体系也并不是单调的对话和结论。柏拉图的艺术学遗产在当下中国将会激发出新的理论活力。

这部著作的整体艺术观体现在为各门类艺术在柏拉图的技艺概念下寻找自身定位,并且将柏拉图前后期艺术思想中的连贯与变化放在一个整体框架中来思考。在第六章"'剧场政治'与艺术统一论"中,作者用了一整节的篇幅梳理分析了柏拉图关于各门类艺术的相关论断,其中柏拉图基于技艺概念的音乐学定位就涉及了音乐调式在道德

---

① 保罗·奥斯卡·克里斯特勒:《文艺复兴时期的思想与艺术》,邵宏译,广西美术出版社2017年版,第199—200页。

伦理层面的功能价值,音乐的数理基础,具体的音乐本体等丰富的内容,在舞蹈艺术方面指出柏拉图主要强调舞蹈是以政治伦理为目标的一种身体法度,在绘画和建筑方面更是着重突出了它们所具有的认识论功能。正如书中所说:

> 柏拉图思想中的诸门艺术虽然并没有被明确专列为一个独立体系,更没有形成所谓"美的艺术"的概念,但音乐、舞蹈、绘画、雕塑、建筑等诸艺术在其阐述中有意无意地被作为一个整体来对待:它们自成有机体系,且拥有多个共同标识,但同时与各自专门知识间又不乏深度介入与互动。这些论断虽未能直接通达现代艺术体系,但它们的发现,使得柏拉图可在揭示各门艺术经验基础上形成一个立体纵横的整体艺术观,进而以深刻的逻辑关联实现了诸艺术一般原则与特殊知识的有效衔接与上下流通,为后世西方艺术理论的体系化、学科化发展奠定思想基石。这无疑是柏拉图留给艺术学科的重要遗产。①

在这部书中,作者以整体性观念分析了柏拉图前后期艺术思想的"变"与"不变"。众所周知,受时代变迁以及自身经历和学术积累等因素的影响,许多思想家所构建的知识体系和世界图景都会不断发生变化,而这变化之中又总是蕴含着不变的部分,一个哲学思想家在不断打破自身知识边界的同时也总是在坚守着某些不可动摇的认知基础和价值选择,这也是研究哲学观念发展的重要依凭。书中以"技艺"和"剧场政治"双重视角考察柏拉图的艺术思想时既关注到了柏拉图前后期艺术思想中的变化,亦发现了其艺术理论中一以贯之的价值追求。

一方面,作者在第三章通过对《理想国》《智者篇》《蒂迈欧篇》等柏拉图不同时期的论述进行分类列举,从而辨析"模仿"和"模仿艺术"两个概念。而在讨论柏拉图关于诗歌中的技艺与灵感问题的矛盾时,则主要通过打开对话的多层转折使思想褶皱中的隐微意涵得以呈现。另一方面,作者则通过第五章柏拉图论"美"、数与艺术中"美"的原真意涵和数理原则与技艺两节内容,探寻柏拉图艺术理论中一以贯之的

---

① 孙晓霞:《柏拉图的艺术学遗产》,文化艺术出版社 2021 年版,第 186—187 页。

价值追求即实现理念的终极关怀。正如书中所说:"规则、真、神性等美的原则与柏拉图技艺概念主导下的艺术要求基本一致,这更加证实了柏拉图艺术理论中的技艺性特质,尽管这一特质在柏拉图的整个思想体系中有多重指向,涉及思想及现实的多个层面,甚至出现了互为悖反的表述,但其根本性标准是完美的规则。"①

此外,就整体艺术观而言,这部著作对西方"智识传统"的长时段考察关注到了柏拉图艺术思想的时代关联性。从古至今的柏拉图研究仿佛一条奔流的长河,而学界流行的"模仿说""灵感论""理念论"等研究,当然也包括"技艺理论"和"剧场政治"研究,都只是柏拉图研究这条长河所激起的层层波澜,而该书最后一章所提到的"柏拉图与西方艺术史上的崇智传统"这一理论命题注重的则是观察这条柏拉图研究长河的河床。只有看清了河床的地形地势,才能对河流的走向了然于胸,自然也就能对这层层叠叠的波澜有一种整体性的感知与理解。

在第八章"柏拉图与西方艺术史上的崇智传统"一章中,作者虽然只用了粗笔勾勒的白描式写法展现了从古希腊经由中世纪神学时代以及文艺复兴和启蒙运动的发展直到19世纪艺术哲学化的简单艺术史历程,却已经给读者呈现出一种既见树木又见森林的连贯性和通透感:

> 在两千多年的历史进程中,西方艺术理论始终受制于由柏拉图确立的形而上学的召引和目的论智识传统,通过对秩序、规则、原理等逻各斯知识的追逐,艺术完成了对自身知识体系的理性深入和话语型构,成就了西方现代艺术理论所拥有的普遍性和公度性……可以说,外显为自反式关系的现代与古代艺术理论之间实际上内嵌着历史的同质性和连续性。②

这样一种灌注了历史思维的大艺术观观照下的柏拉图艺术理论研究在作者的另一部专著《西方艺术学科史:从古希腊到18世纪》③中得到了更为系统和细致的呈现。作者对西方艺术学科史的书写暂时结束

---

① 孙晓霞:《柏拉图的艺术学遗产》,第150页。
② 同上,第262—263页。
③ 孙晓霞:《西方艺术学科史:从古希腊到18世纪》,文化艺术出版社2021年版。

于18世纪现代艺术体系的确立,使得读者更加期待其能以18世纪现代艺术体系的确立之后的西方艺术学转向和西方艺术学在中国的发展作为理论课题进一步追踪寻迹,从中发现柏拉图在其中不断变换的脚步与身影,激发出柏拉图艺术理论更大的张力与活力。

二、概念史视角切入的柏拉图艺术学遗产发掘整理

关于概念史研究的目的、意义与价值,方维规在《什么是概念史》一书的导论中谈道:"概念史在史学研究中的目的是,借助概念理解历史。概念史试图回答一系列直接关乎史学科学性的问题:为何有必要一再重写历史?如何将已被阐释、流传下来的历史想象引入今人的意识视野?概念史考察不同文化中的重要概念及其发展变化,并揭示特定词语的不同语境和联想。不仅概念可成为历史的索引,概念史自身也有其历史索引,即对概念本身的历史研究。借此,历史断裂、过渡和范式转换才是可以想象的。"①《柏拉图的艺术学遗产》一书正是借助"技艺"概念回答艺术学科在本原意义上的知识特性,同时揭示出艺术作为知识体系的一个重要组成部分同样在发挥着思想史的作用。作者对"技艺"概念进行语境化还原的努力在剧场政治与艺术统一论部分展现得尤为突出。古希腊历史的天空下闪耀着光芒的民主政治和哲学精神为柏拉图及其艺术理想的登场做了充足的准备。历史评论与历史还原之于艺术史研究而言如鸟之双翼、车之两轮,书中经由柏拉图技艺概念阐释所呈现出的学科史研究样态在还原和评论上皆有出色表现,其中尤以注重历史现场的还原见长。

从历史还原的角度来看,"剧场政治"不仅展现了雅典城邦平民政治和贵族政治之间的角力,将工匠、商人、手艺人等共存共生的社会百态和盘托出,更勾连起了古典时代文化精神演进的内在逻辑并将希腊文明所内蕴的宗教性、精神性特质进一步开显出来。这一点在古希腊的竞技体育、建筑、雕塑、绘画、诗歌、戏剧和哲学中都有生动的体现。英国诗人雪莱(Percy Bysshe Shelley)在长诗《希腊》的序言中说:"我们都是希腊人。我们的法律、我们的文学、我们的宗教、我们的艺术,

---

① 方维规:《什么是概念史》,生活·读书·新知三联书店2020年版,第5页。

全部根植于希腊。"①这不仅说明了希腊文化在后世的影响之深远,更从一个侧面反映了当时希腊文明之繁盛。剧场政治与艺术统一论的反思提供了一个逻辑思考的起点,而这也正构成了关于此一时期的历史还原。

古希腊戏剧尤其是悲剧的发展催生了希腊城邦的剧场建设,为后世留下了许多建筑典范,戏剧的演出和剧场的建造必然关涉绘画、雕塑等视觉艺术的发展,甚至引发其中的科学思考与实践。戏剧的内容大量来自古埃及和古希腊文明中的神话传说和英雄故事体现出了文明所蕴含的宗教性和精神性,同时观剧也是当时城邦民众获取知识、参与政治和提升文明素养的重要途径和手段。在看到上述内容之间关联性的同时,将目光放回柏拉图所处的时代变革之中,也就能理解为什么说希腊悲剧呼唤着哲学。正如赵林在《古希腊文明的光芒》一书中所说的那样:"哲学的诞生在某种意义上也意味着希腊城邦文化的鼎盛时期的结束与衰亡的到来。'密涅瓦的猫头鹰只有在黄昏时才起飞。'这句黑格尔的名言蕴含着深刻的意义:智慧只有在一个人、一个国家、时代、民族的黄昏时候,才会翱翔……隐藏在悲剧中的命运意向也逐渐发展成明晰的'逻各斯',成为希腊哲学的核心概念。"②我们也就能理解为什么说柏拉图的艺术理论作为知识体系的一部分同时也发挥着思想史的作用,也就更加能够厘清艺术统一论之下柏拉图前后期艺术思想变与不变的核心之所在。也正是在历史还原的大背景之下,《柏拉图的艺术学遗产》一书在"技艺理论"和"剧场政治"的双重视角之下才能探索出在柏拉图生活的时代"艺术这类知识既具有连接实用性的价值论元素,又自觉地趋向形而上的普遍性知识。精神性的特殊知识的定位在柏拉图的艺术理想和现实间起着极为重要的承转与过渡作用"。③

与此同时,这部著作还明确体现出以"技艺"概念史切入的柏拉图艺术理论研究较之以往传统美学研究以现代艺术体系观照柏拉图艺术理论的优长之所在。要对这一命题进行较为科学准确的阐释,针对中外学者写作的西方美学史及其所涉及的柏拉图美学思想和艺术学

---

① 雪莱:《希腊·序言》,江枫译,《雪莱全集 第四卷》,河北教育出版社2000年版,第4页。
② 赵林:《古希腊文明的光芒》,人民邮电出版社2020年版,第736—737页。
③ 孙晓霞:《柏拉图的艺术学遗产》,第175页。

思想做一番简要的学术史梳理是有必要的。限于本文篇幅，关于国内学者的西方美学史研究写作可以刘悦笛和李修建合著的《当代中国美学研究(1949—2019)》一书中第五、六章"西方美学史"研究的整体图景所做梳理为参考①，而外国美学家所做经典西方美学史研究则可以波兰美学家瓦迪斯瓦夫·塔塔尔凯维奇（Wladyslaw Tatarkiewicz）所著三卷本美学史中《古代美学》(Ancient Aesthetics)一书开篇所列的"有关综合美学史的研究书目"和"有关古代美学的研究书目"两部分作为基础进行分析。②

相关的学术史梳理反映出了一个关键问题，那就是西方美学史研究中的柏拉图美学思想和艺术思想主要集中在对"美是理念""艺术模仿论""灵感和迷狂"等理论命题的阐述，较少学者关注到柏拉图"技艺理论"的重要价值，这一问题在中国学界尤其突出，中国学界只有陈中梅等少数几位学者关注到这一问题并有所阐发。③ 相较之下《柏拉图的艺术学遗产》整部书以"技艺"为切入点的概念史研究则更加凸显出一种学术的敏感力和反思性。从学术研究的整体性来看，书中所谈到的技艺作为"知道"、作为知识生产、作为学科之源等内容勾连起了以往柏拉图美学艺术思想研究中的"模仿论""灵感论"等传统命题，做到了一种学术史上的回溯和理论体系的完整。就理论的延展性和生命力而言，书中通过探讨"技艺与艺术的共源""技艺与逻各斯"等内容极大地拓展了柏拉图技艺思想的理论空间，发现了柏拉图技艺理论的张力，延展出了重返柏拉图艺术理论的多种可能。书中所呈现的概念史研究既立足于柏拉图技艺理论又打破了个案研究的局限，将目光放到了整个西方艺术史的崇智传统上，使得柏拉图艺术理论研究带有历史的纵深感和时代的连贯性，真正看到了柏拉图技艺理论的生命力之所在。最后，以学术研究的主体性和学科意识观之，该书所呈现的"技艺"概念史研究对于当前中国学界的艺术学科发展具有重要的奠基价值和启示意义，因此下文将着重分析该书所呈现出的学科意识。

---

① 刘悦笛、李修建：《当代中国美学研究(1949—2019)》，中国社会科学出版社 2020 年版。
② 塔塔尔凯维奇：《古代美学》，张卜天译，商务印书馆 2023 年版。
③ 陈中梅：《柏拉图诗学和艺术思想研究》，商务印书馆 2016 年版。

三、立足于中国艺术学学科建设的柏拉图艺术思想研究

他山之石，可以攻玉。《柏拉图的艺术学遗产》一书虽为西方艺术思想研究，却体现出鲜明的中国艺术学学科意识，即为中国艺术学学科的发展提供西方艺术学思想的理论智慧和范式结构支持。以"技艺理论"重返柏拉图艺术思想为一般艺术学的"元理论"研究提供了重要的思想支持。对于一门学科而言，基础理论研究作为学科基础的奠基作用不言而喻。正如该书导言中所论述的："柏拉图思想中完成了对技艺的本质、定义、价值及其体系构成等问题的全方位论述，技艺不只是手工意义上的一种劳动程序，它本质上是引导人们构成人类世界的稳定知识体系。这样一种追逐稳定性和普遍性知识类型的技艺观深深地铭刻在以希腊为开端的思想史传统中，为后世的艺术概念奠定了极其坚固的思想基石，框定了艺术理论的基本结构。"①

这样一种带有知识体系理想和艺术理论基本结构雏形的技艺观考察在西方现代艺术体系形成过程中曾发挥了重要作用，克里斯特勒的《现代艺术体系》一文就曾对柏拉图的技艺理论进行考察分析，并且做出了对于今天重写美学史和艺术史极具启发意义的一段总结：

> 古典文化时期没有留下具有美学性质的体系或者详尽的概念，而只留下了许多零散的观念和暗示，它们产生了持久的影响，这种影响一直持续到近代。但是人们必须对它们认真加以选择，把它们从其上下文中分离出来，重新排列，重新加以强调，重新解释或者误释，然后它们才能被用作确立美学体系的建构材料⋯⋯古代的作家和思想家们尽管面对着精美的艺术品并十分容易被它们的魅力所吸引，却既不能够也不渴望将这些艺术品的审美品质与它们思想的、道德的、宗教的和实用的功能或者内容相分离，或者把这样一种审美性用作一种标准，把美的艺术归在一起或使

---

① 孙晓霞：《柏拉图的艺术学遗产》，第16—17页。

它们成为全面的哲学解释的论题。①

回到中国艺术学的理论体系建设这一议题,从文本出发的历史还原性写作与从观念出发的体系建构性写作对于材料的分析运用会呈现出不同的路径选择,而《柏拉图的艺术学遗产》一书在这两个层面进行了一种融通,既有细致入微的文本分析,又有高屋建瓴的整体逻辑性把握,这样一种研究方法对于构建具有中国特色、中国风格、中国气派的艺术学学科体系、学术体系、话语体系具有重要的参考和示范价值。

由柏拉图"技艺理论"的概念史研究延伸开来思考中国古代艺术史中"艺术"概念的历史生成和演进变化又自是别开生面,气象万千。单从正史一脉进行考辨②就能发现,历朝历代大量的"艺文志""经籍志""方技传""术艺传""艺术传"中包含了医术、卜筮、阴阳、博戏等大量与"技艺"相关的分类内容,这其中既潜在表明了中国传统艺术史中的"艺"与"术"的密切关系,更内蕴着"艺"在中国古代经历了在知识系统和文化系统内外的地位变化,"艺术"概念在"大道"和"小道"、"雅"与"俗"、"大传统"与"小传统"中的升沉起伏一定程度上与西方"艺术"概念的生成和历史演进有异曲同工之妙。由此观之,由"技艺"概念史研究切入的艺术学基础理论研究和体系建构就在知识史和思想史等层面实现了中西方的交流互鉴与融通。

上述中西方艺术史上由技艺概念史为切入视角所实现的共通研究自然指向了一个重要命题,即艺术与科学之间的关系。艺术与科技之间关系的考察既是艺术史和思想史研究的核心内容之一,更是当前人工智能高速发展的时代在美学和艺术学领域激发出的前沿性理论热点,正是《柏拉图的艺术学遗产》以及《西方艺术学科史》等研究要努力揭示出的关键问题之一。关于这一问题,葛兆光在《中国思想史》中谈道:"早期中国最重要的知识就是星占历算、祭祀仪轨、医疗方技之学,星占历算之学是把握宇宙的知识,祭祀仪轨之学是整顿人间秩序

---

① 保罗·奥斯卡·克里斯特勒:《文艺复兴时期的思想与艺术》,邵宏译,第207—208页。

② 关于这一方面的研究参看文韬发表于《文艺研究》2014年第1期的《雅俗与正变之间的"艺术"范畴——中国古典学术体系中的术语考察》、张法发表于《中国社会科学》2021年第4期的《中国古代艺术的体系构成》等文章。

的知识,医疗方技之学是洞察人类自身的知识,而正是这些知识中,发生了数术、礼乐、方技类的学问,产生了后来影响至深的阴阳、黄老、儒法等思想,在这些思想还没有完全隔离并排斥它所依据的知识的时候,我们还能看到相当多的知识与思想相通甚至混融的地方。"①本书作者在《西方艺术学科史》一书中也写道:"艺术概念及其背后所依附的知识特征,体现为技艺性知识从理论下降到实践经验,以及艺术实操从经验向理性知识上升……艺术与科学的汇合为现代艺术思潮的到来准备了丰厚的理论基石,也从侧面证实在人文思想的隐性影响外,理性知识的洗礼才是西方艺术启蒙得以实现的显性条件。概言之,文艺复兴时期的人文学科是思想的点火器,而经验性知识与科学知识的合流才是艺术发展的核心动能,人文主义刺激下,经验与理性在恰当时间空间的碰撞交汇造就了艺术的辉煌时代。一时间兼通科学与艺术的'天才'如繁星密布,艺术与科学,如两颗璀璨明珠在历史的长河中闪耀。"②这两处论说都呈现出了一种时间跨度,从而能够对艺术与科学关系做一种历时性的考察和总结。《中国思想史》的论说是立足于早期中国知识与思想混融时期艺术与技艺的关系并向后做了一种延展。《西方艺术学科史》的总结立足于文艺复兴时代艺术与科技的关系,串联了其前后关联的时代,突出了艺术与科技之间密切的关联与互动所产生的学科价值。此外,这两项研究都突出了艺术与科学的同源性,揭示出了技艺概念所具有的知识属性和思想史意义。上述论说关联起了中西方哲学史上许多重要的哲学命题,如理性与信仰的关系等。这二者的总结都体现出了研究者高度的理论自觉和理论反思能力,都是立足于学术史和学科史发展所作的探索。

上述理论思考的触点都在《柏拉图的艺术学遗产》一书中有不同程度的体现,可以说这样一本篇幅不长的"小书"同时也是一本"大书",其中所体现出的理论方法和学科意识对当前中国艺术学科体系建设实有补益。

---

① 葛兆光:《中国思想史·导论:思想史的写法》,复旦大学出版社2013年版,第23页。

② 孙晓霞:《西方艺术学科史:从古希腊到18世纪》,第340页。

余论:《柏拉图的艺术学遗产》的阅读启示

柏拉图在《国家篇》中对格劳孔说:"亲爱的格劳孔,我们必须把这番想象整个地用到前面讲过的事情上去,这个囚徒居住的地方就好比可见世界,而洞中的火光就好比太阳的力量。如果你假设从洞穴中上到地面并且看到那里的事物就是灵魂上升到可知世界,那么你没有误解我的解释,因为这正是你想要听的。"[①]作为对人类知识的基本想象的洞穴之喻从古至今拥有了太多的解释。就个人阅读体验而言,洞穴隐喻亦可用于揭示《柏拉图的艺术学遗产》一书带来的对整体意识、反思意识和学科意识的启发,以及由此产生的对于艺术学理论研究的思考。因此,本文以从洞穴走向光明的路径选择和由光明返回洞穴的学术意义与勇气双重视角对这部著作进行简要回顾,以作余论。

《柏拉图的艺术学遗产》体现出作者"从洞穴走向光明"的独特路径选择。该书在系统梳理柏拉图美学和艺术学思想研究历史和研究面向的同时并没有沉没于浩瀚的文献之海,而是在政治学、修辞学等古典学和哲学研究传统的基础上,通过复现相关历史场景的整体观照下聚焦柏拉图的技艺理论研究。在文本选择上,这部著作关注众多以往鲜见于柏拉图艺术理论研究中的对话篇目,从而揭示出柏拉图思想不断发展完善的过程,既有对个体研究的分期意识又有思想研究的整体性视野。这样一种立足于学科体系建设与学术史反思基础上的研究体现出"双重构"的特点,一方面是对艺术学学科体系的建设而言,另一方面则是针对柏拉图艺术学理论的思想认识而论。书中关于柏拉图技艺理论和艺术论说的重新解读更多是受西方科学史研究启发而写就的,同时融入了法国年鉴学派的"长时段研究"以及克里斯特勒"现代艺术体系"研究所呈现出的大艺术观等研究观念和研究方法的影响,以概念史的视角探寻柏拉图技艺分类思想对后世艺术发展的多重影响,立意具体而深远,开掘出了重返柏拉图艺术理论的多种可能。

此外,该书也彰显了作者具有的"由光明返回洞穴"的学术勇气。这样一种学术勇气主要指向的是理论研究的"返本开新"之途。正如

---

① 柏拉图:《柏拉图全集 第二卷》,王晓朝译,人民出版社2003年版,第514页。

作者在书中所说:"在传统美学的理论叙事中,大多数倾心于一种基于现代审美理论的情感论、表现论等来证实技艺与艺术的不可相容性,从而热衷于对技艺理论进行围剿,最终在艺术理论的历史建构中彻底消除了与技艺有关的理性主义的痕迹与存在意义。"①针对这样一种研究现状,该书所做的呈现启发我们研究要突破原有传统美学在美的论说中寻章摘句的文本局限。用这样一种超越纯粹审美的价值意涵来理解艺术概念的研究颇具启发意义,尤其是和中国艺术体系的发展进行对照亦可寻得共通之处,艺术发展的真实历史进程与技艺的关系密不可分。此外,作者的研究也提示我们明晰学术发展进程才能更加有的放矢地展开研究。仔细阅读《柏拉图的艺术学遗产》和《西方艺术学科史:从古希腊到18世纪》二书,可以从中整理出一份研究艺术学理论的参考阅读书目指南,书中既有对经典著作的引述分析,也有对学术前沿著作的理论思考。概言之,"艺术"与"技艺"的交叠之处显现出的是历史意义和学科价值。最后也最为重要的一点是,这部著作中对"艺术"与"技艺"关系的学术研究显示出的还有方法论和实践层面的指导意义。柏拉图思想形成了一种严正广阔而富有生机的理论特性,实现了与其时艺术演进规律的两相契合。书中的"技艺"理论研究同样指出了如何完成对技艺概念的历史考察以及理论研究如何契合当前时代的艺术实践,具有极强的现实意义。

综上,由《柏拉图的艺术学遗产》所呈现出的研究特点带给我们的启示主要有:第一,写作要目标清晰、叙述简明,鲜明的问题意识贯穿全文各时期、国别的考察论述中,文献的选取与分析,问题的叙述始终要围绕着主题进行。第二,纵横两条线索,要兼顾诗学与史学双重维度。从某种意义上可以将该书视为一部简明的"技艺"理论发展史和柏拉图艺术思想史。其涉及的时间跨度从古典时期一直到18世纪,兼及众多国家的艺术理论和艺术实践发展状况。第三,要注重美学和艺术学思想研究中的哲学研究和史学研究维度,同时兼及个人经历与学术研究旨趣,从思想上见出连贯性。第四,对文献材料的掌握和分析需功底扎实,尤其是尽可能多地掌握包括手稿文献等在内的一手资料,对相关美学家和艺术家的作品、观点的总结评价应准确得宜。第五,研究视野应开阔,这部著作涉及了众多美学史和艺术史研究中的

---

① 孙晓霞:《柏拉图的艺术学遗产》,第32页。

大问题,其主体部分概述虽然到了18世纪就已经趋于结束,但书中也对于后续的美学艺术学发展以及柏拉图思想的演变作了简明扼要的延伸,因此不至于让读者的阅读体验和思考有明显的断裂之感。

从某种意义上讲,学科分化是学科知识发展和理论进步的标志,但在学科细化的当今时代回看其未分时的样态更是一种必要的努力。在学术研究中还概念以本来面貌,去除掉经典概念对相关概念的遮蔽,这样一种"去经典化"和"再经典化"的思考,对跨文化研究中因翻译过程中语义流失,古今含义的巨大差异被遮蔽等原因出现诸多误判的现象亦是一种有益且有力的修正。回归文本与历史的平实解读既是"笨功夫"又是"硬骨头",但肯下"笨功夫"去啃"硬骨头"才是"真学术"。《柏拉图的艺术学遗产》表明中国学者在美学艺术学领域的学术研究正在朝着这条道路努力迈进,这正是千百年来以柏拉图为代表的中西方哲学家共同的哲学理想:探寻本原,追问万有!

(作者单位:深圳大学人文学院)

学术编辑:崔晓红